The New Chimpanzee
A Twenty-First-Century Portrait of Our Closest Kin
Craig Stanford

新しい チンパンジー学

わたしたちはいま「隣人」をどこまで知っているのか？

クレイグ・スタンフォード 著　的場知之 訳

青土社

新しいチンパンジー学　目次

新しいチンパンジー学

――わたしたちはいま「隣人」をどこまで知っているのか？

ジェーン・グドールと彼女に続く
幾世代ものチンパンジー研究者たちに捧ぐ

まえがき

ここ二〇年で研究者たちがなしとげた、チンパンジーに関する多くの大発見のおかげで、わたしたちの人間観とチンパンジー観は変わりつつある。チンパンジーのフィールド研究は、およそ六〇年にわたる豊かな歴史をもつが、本書で取り上げる知見はほぼすべて、二〇〇〇年代に入ってから得られたものだ。ゲノム学から文化的慣習まで、新たな視点でわたしたちにいちばん近い親戚を見つめ、こうした新情報が人間の本質についての理解を刷新し、改善することにどう関係するのかを考えていきたいと思う。

野生チンパンジーの研究を生業にする人は世界にごくわずかしかいない。過去のどの時点をみても、野生チンパンジーを観察し研究する現役の研究者とその学生たちは、一〇〇人に満たないだろう。米国の大学教授のうち、野生チンパンジーの研究を中心にキャリアを築いてきたのは、おそらく十数人だ。関連分野で活躍する研究者と自然保護従事者、それに世界中にいるチンパンジーウォッチャーを含めると、その数は数百人程度になる。かれらが研究に使える資金は、他の科学分野と比べれば微々たるものだ。けれども、かれらがもたらす新たな研究結果は、人間の本質に示唆を与えるものであり、世界のメディアがトップニュースとして報道するのも決して大げさではない。

わたし自身がチンパンジーと関わるようになったのは偶然だった。一九八〇年代後半、わたしがバングラデシュでおこなっていた博士研究は、当時ほとんど情報のなかったサルの一種、ボウシラングールが対象だった。わたしは田んぼのそばの高床式の掘っ立て小屋に住み、近くの森を巡回するラングールの群れを追いかけて毎日を過ごしていた。ボウシラングールは美しい生きものだ。背中は灰色、腹側は対照的な明るいオレンジ色で、顔は黒い仮面をかぶったように皮膚が露出する。残念ながら、その行動はあまり面白いものではない。一日の移動距離はたった一〇〇メートルで、起きている間はほぼずっと、穏やかに木の葉をむしゃむしゃ食べている。数千時間に及んだわたしのラングール観察のなかで、もっとも興味深い記録は、高齢のメスがジャッカルの群れに襲われて死んだことだ。ジャッカルはそれまで、体重八キログラムに達するこの大型のサルの捕食者とは考えられていなかった。しかし、この地域からヒョウとトラが姿を消したことで、ジャッカルが代役に収まったのかもしれない。ある日の午後、群れの後を追いながら、目の前の地上で採食する高齢メスを観察していると、ジャッカルのつがいが突然やぶから飛び出し、メスを押さえつけ、引きずっていった。この鮮烈な光景は、捕食者が個体の生存と、この森のサルの個体群に強い影響を与えうることを、わたしに強く印象づけた。

博士課程が終わりに近づき、ポスドクの選択肢を考えるなかで、わたしはアフリカとアジアの各地のたくさんの霊長類研究者に手紙を送り、野生の霊長類個体群に対する捕食の影響をテーマにした研究プロジェクトを提案した。仲間のひとりが、ジェーン・グドールに手紙を送るといいと言ってくれた。タンザニアにあるグドールのフィールドは、一九七五年、反政府勢力に襲撃された。犯行グループは欧米の学生四人を隣国ザイール（現コンゴ民主共和国）へと連れ去り、身代金を要求した。学生たちは後に無事解放されたが、国立公園は以降一〇年以上にわたって、海外研究者の立入を禁止していた。そんなわけで、わたしは青の薄い航空書簡（まだインターネットのない時代の話だ）を送りはしたものの、返事は期待していなかった。ところが数カ月後、フィールドからカリフォルニア大学バークレー校に戻ると、グドールからの手紙がわたしを待っていた。彼女はわたしをゴンベに招き、チンパンジーとかれらの大好物であるアカコロブスの間の捕食者‐被食者関係の研究をするよう促してくれたのだ。一年後、タンザニア政府発行の研究活動許可証と、雀の涙ほどの研究資金を手に、わたしはゴンベに足を踏み入れた。こうして、その後何年にもわたって米国とタンザニアを行き来し、チンパンジーの狩猟行動と、狩猟が獲物であるアカコロブスに与える行動学的・個体群生態学的影響を調べる、研究の日々が始まった。

世界一有名な動物行動学研究拠点であるゴンベは、英国植民地時代には狩猟場だったが、現在は小さいながらも重要なタンザニアの国立公園のひとつだ。南北約一六キロメートル、東西約三キロメートルの長方形をした、タンガニーカ湖岸の森林に覆われた丘陵地からなり、港町キゴマからボートで二時間の場所にある。グドールが来るまで、キゴマについての情報といえば、港町であること、新聞記者ヘンリー・モートン・スタンリーが宣教師・医師・探検家のデヴィッド・

リヴィングストンを一八七一年に発見した町ウジジに近いことくらいだった。未舗装の幹線道路が一本、カフェが数軒、それにたくさんの古びた屋台が軒を連ねる、辺鄙な町だった。現在のキゴマは活気に満ち、ゴンベやマハレ国立公園にチンパンジーを見に行くエコツアーの拠点となっている。一九六〇年代以降、ゴンベはグドールとタンザニア人アシスタントたちの本拠地であり、そこへまもなく北米とヨーロッパの学生たちが加わって、野生類人猿の生活が詳細にわたって記録されてきた。動物の行動を学ぶすべての学生にとって、ここは聖地のひとつだ。

わたしがゴンベに来た主な目的はアカコロブスの研究であり、チンパンジーのお気に入りの獲物と、捕食者としてのチンパンジーの間の関係に焦点を絞っていた。ゴンベを訪れるほとんどの研究者とは違って、わたしは当初、チンパンジーのセレブな立ち位置のことをほとんど知らなかった。同じ母系に属する個体の頭文字が統一されていることは知っていたが、フィフィやフロド、グレムリンやゴブリンといった名前は、研究開始の時点では、わたしにとって特別な意味をもってはいなかった。けれども、わたしもすぐに変わっていった。チンパンジーのそばで長い時間を過ごせば、否応なしにかれらの生活や個性に直に触れることになる。研究者の日常は、チンパンジーの日常を中心に回る。いつどこへ行くかを決めるのはかれらであり、かれらと同じときに休み、かれらが険しい斜面を登るときは、汗だくになりながら、遅れないようついていかなくてはならない。

本書は、故郷であるアフリカ熱帯林に暮らす、チンパンジーの生活についての本だ。野生のチンパンジーとともに時を過ごした研究者のほとんどは、飼育下の研究に対して、さらには類人猿を動物園や研究施設で飼育し研究することの倫理性に対して、複雑な思いを抱いている。実験施設や霊長類センターで研究する心理学者たちは、チンパンジーの心のしくみについて、数々の驚くべき発見をなしとげてきた。これらのすばらしい発見は、わたしたち自身の知性、あるいはそもそも知性とは何かという問題に、深い洞察をもたらしてくれる。一方で、こうした研究の対象となるチンパンジーは、どれほど巧妙に設計された環境に暮らしていても、やはり囲いの中から出ることのできない、囚われの身だ。最良のケースに目を向ければ、大規模かつ資金豊富な霊長類センターは、チンパンジーの大きな社会集団を、広い屋外飼育場で飼育している。このような施設では、チンパンジーの社会行動を、自然生息地である起伏の激しい密林では不可能なレベルで、詳細に観察することができる。しかし、広さは相対的な概念だ。飼育下チンパンジーは、ものすごく運がよければ、立体構造の豊富な〇・八ヘクタールの人工島で一生を送れるかもしれない。だが、もしアフリカに生まれていれば、最大で五〇平方キロメートルもの森林を駆けめぐる生涯になるだろう。飼育環境は飢えや捕食者、病気とは無縁だが、それらと引き換えに、はかり知れない環境エンリッチメントは失われる。どんなに広く、すぐれたデザインを備えていても、檻は檻なのだ。それに、アフリカの森林で進化した行動についての研究は、当然ながら、アフリカの森林でおこなうべきだ。以上の理由から、わたしは野生のチンパンジーに関する最近の発見に重点をおき、飼育下での知見については、それはそれで興味深いものではあるけれども、紹介は最小限にとどめた。

本書の構成は、最近の研究の主要分野ごとに順を追って解説する形をとっている。第一章「チンパンジーの観察」では、研究の大前提として、ヒトとチンパンジーの進化的な近縁関係について説明し、現在おこなわれているチンパンジーの野外研究が扱う多くのテーマを概観する。第二章「食料と離合集散」では、チンパンジー社会の複雑な性質と、メスの排卵、および食料事情がそれらにどう関わっているかを述べる。第三章「政治とは流血なき戦争である」では、驚くほどマキャベリ的なチンパンジーの政治の世界をご案内しよう。第四章「平和のための戦争」では、集団内と集団間の暴力の特徴と原因にスポットを当てる。第五章「セックスと繁殖」では、セックスをめぐるチンパンジーの込み入った権力闘争を扱う。第六章「チンパンジーの発達」では、チンパンジーのオスとメスのこども時代と、おとなになってからの成功と失敗を分ける要因を紹介する。第七章「なぜ狩りをするのか」では、一九六〇年代初頭にグドールが初めて記録し、世界に衝撃を与えたチンパンジーの肉食行動を扱う。ここではチンパンジーの狩猟行動に関するわたし自身の研究を振り返り、その後に巻き起こった、チンパンジー社会における肉の価値についての論争を再考する。

チンパンジーは、わたしたちヒトを除けば、地球上でもっともテクノロジーに長けた生物だ。第八章「文化はあるのか？」では、かれらの知性を裏付ける、野生チンパンジーの道具使用についての近年の数々の発見を見ていく。第九章「血は水よりも濃い」では、類人猿ゲノム学という新興分野に注目する。ここ数年のチンパンジー遺伝学における新知見を紹介し、そこからヒトの進化史について何がわかるかを論じる。第十章「類人猿からヒトへ」では、本書の結びとして、わたしたち自身をよりよく理解するために、チンパンジー研究から得られる教訓を示す。類人猿の行動から初期人類の行動を類推することが、どんな場合に適切で、どんな場合に不適切なのかも議論する。

わたしの願いは、本書を通じて、読者のみなさんにチンパンジーの本当の姿を理解していただくことだ。かれらは、ヒトの劣化版でも風刺でもなく、わたしたちとともにこの地球に暮らすヒト以外の動物のなかで、おそらくもっとも興味深い種だ。チンパンジーは、わたしたちに自分自身を見つめるユニークな視点を授けてくれる。けれども、チンパンジーの野生生息地が破壊され、絶滅に向かうなかで、その贈り物も失われかねない危機にある。個体群の健全性のモニタリングがおこなわれ、わたしたちが危機のすべてを把握している厳正自然保護区に棲むチンパンジーは、全体のごく一部でしかない。アフリカの森林に生きる、残りの一五万頭のチンパンジーは、依然として情報に乏しく、未調査で、緊急に保全措置を必要としている。チンパンジーがもし野生生息地からいなくなったら、わたしたちはどれだけのものを失うのか。それは本書を読んでいただければわかるはずだ。

第一章　チンパンジーの観察

人類の歴史記録は、紀元前四〇〇〇年のシュメールや古代エジプトにまで遡る。さらに先史時代は、その二〇万年前、わたしたちホモ・サピエンスが、より原始的なヒト族から生じたところからはじまる。一方、チンパンジーは少なくとも一〇〇万年前から独自の進化史を歩んできたが、その最初の歴史記録はジェーン・グドールの言葉であり、記されたのはつい半世紀前だ。もしチンパンジーの歴史が、過去の数千世代にわたって連綿と綴られていたら、と想像してみよう。強大なアルファオスやメスたち、大戦争、多様な文化、ぞっとするような狩猟について、多くを学べるはずだ。けれども、実際にはチンパンジー歴史学者は存在せず、わたしたちが知りうるのは現在のことだけだ。

幸い、今ではたくさんのチンパンジーの長期研究が、かれらの進化の舞台であるアフリカの森林でも、飼育下でも進行中だ。チンパンジー研究の歴史は、一握りの霊長類学者たちによって、今も脈々と受け継がれている。わたしたちはチンパンジーの行動、食性、形態、心理を、数十年にわたって研究してきた。そして近年、分子遺伝学のテクノロジーの進歩により、かれらとわたしたちの類縁関係に関する新たな疑問を探求することも可能になった。

ヒトは、はるか昔からチンパンジーを観察してきた。類人猿とそっくりな初期人類は、同じアフリカの森林、あるいはその近くに棲む親戚であった類人猿と、競合関係にあった可能性さえある。約二〇万年前に登場したホモ・サピエンスは、野営地の近くの森林に棲む毛むくじゃらの類人猿について、思案を巡らせたことだろう。アフリカの農村に暮らす現代の人々は、隣人であるチンパンジーに対して、さまざまな意見をもっている。ある地域では、チンパンジーは狩猟対象であり、食料だ。チンパンジーが農地を荒らせば、食料をめぐる競争相手となる。チンパンジーは恐れられる存在でもあり、とくにオスの危険性はよく知られている。野生のチンパンジーが集落に侵入し、泣き叫ぶ子どもを攻撃してさらった記録は多数ある。一方、人がチンパンジーの子どもをペットにすることもある。何よりも、人々はこの隣人たちの知性と人間らしさに、驚異の念を抱いてきた。

野生チンパンジーを観察する

野生動物の研究という仕事には、禅に通じるものがある。いつか誰も見たことのない行動を目撃できると信じ、変わり映えのしない観察を、長く辛抱強く続ける。この仕事が務まるのは、一日のほとんどを自問自答して過ごすのが苦にならない人だけだ。どんなにいい時でも、チンパンジーは大半の時間をほとんど何もせずに過ごす。わたしたちは、何かが起きることを期待しながら、鬱蒼とした植生のなかの毛深い黒い背中を見つめるほかない。アフリカの森林で大型類人猿を観察して一日を過ごすと言えば、ロサンゼルスのオフィスのデスクに座りっぱなしよりも聞こえはいい。だが、どんな野生動物の観察も、その大部分は果てしなくスローペースだ。チンパンジーの社会において、束の間のセックス、暴力、メロドラマの幕間にあるのは、採食という仕事であり、かれらはそれに一日何時間も費やす。加えて、一日のうちの数時間を昼寝や休憩にあて、さらに夜間の約一二時間は寝床で眠っている。つまり、わたしたちの時間のほとんどは、眠ったり、虚空をぼんやり眺めたり、満足げに果物をほおばったりするチンパンジーの観察に費やされるということだ。

ほとんど何もしないというのは、わたしたちの本来の生活リズムの一部であり、それはそれで魅力的だとわたしも思う。そうは言っても、これは文化人類学者がカウチで寝ている人の研究をするようなものだ。わたしの同僚はアフリカの平原で大型ネコ科を研究している。いかにも壮大な冒険をしているようだが、実際にはたまの狩りのとき以外、研究者はトヨタのピックアップトラックのハンドルを握って、灼熱の太陽の下でへばっている。それに比べれば、木陰に座り、チンパンジーが起きて何かをするのを何時間も待ちつづけるのは、そう悪くない。動物の観察研究では例外なく、動物が研究者の日常のペースを定め、支配する。動物は、研究者の感情さえ左右する。先述のとおり、わたしはタンザニアのゴンベ国立公園で、チンパンジーの狩猟行動の研究をしていた。多くても週に一度か二度しか起きない行動を記録することが、研究の中心だったわけだ。時には二、三週間も狩りをしないこともあった。狩猟行動を観察し理解することこそがわたしの仕事だというのに、まるで何も成しとげていない気分になった（実際にそうだったのだから当然だ）。森の中ではいつも何かが起きている。チンパンジーが珍しいやり方で道具を使うのを観察したり、見慣れない鳥やニシキヘビを目撃することもある。とはいえ、研究のためにフィールドにいるのに、新しいデータを一つも取れない日が何週間も続くのは、辛いものがある。

野生チンパンジーの研究を始めるには、他のほとんどの野生動物研究とは異なるプロセスを踏まなくてはならない。何年もかけて研究者の存在に順応させ、自然な行動を阻害することなく、かれらの生活の細部を観察できるようにする必要があるのだ。野生のチンパンジーは、ヒトに対して健全な恐怖心を抱いている。そのため、研究者は毎日かれらに姿を見せ、まったく無害だと知らせることで、徐々に自分たちの存在に慣れさせる。遭遇時の距離は時を追うごとに短くなり、ついには群れの真ん中に座っていられるようになる。脅威をもたらさない風景の一部と認識され、チンパンジーたちがすぐそばで毛づくろいをしたり、交尾をしたり、争ったりするようになるのだ。わたしが初めてゴンベでチンパンジーを追跡した日のこと。わたしたちは夜明け前の暗闇のなか、ねぐらの場所に到着した。休息場所の木々の下の急斜面を登っていたとき、わたしは姿勢を安定させようと、そばにあった岩に手をかけた。ところが岩だと思ったのは、まだ寝起きでぼんやりしている、おとなのオスのチンパンジーの肩だった。二人ともびっくりして、わたしは思わず「すみません」と口走った。こうしてわたしは、野生類人猿がどれほどヒトの存在に順応するのかを、早々に身をもって学んだ。このように接近可能であることは、没入的研究の必須要素だ。

大型で社会性があり、昼行性で開けた場所に棲む野生動物、例えばゾウやキリンを観察するのは、そう難しくない。問題は、その一挙手一投足を見届けられるくらい近づけるかどうかだ。チンパンジーは密林に棲み、高い木の上で長い時間を過ごし、ヒトに嫌がらせを受けたり狩猟対象とされたことのある土地では用心深い。チンパンジーに存在を許容してもらうのは大変だが、その先には、かれらとともに生活を送り、かれらの喜びや悲しみを目の当たりにするという、すばらしい見返りが待っている。

観察中にドラマが起きることもある。例えば、茂みの中で昼寝をしているチンパンジーの群れと一緒に座っているとき、突如としてカオスが巻き起こる。頭上の木々の合間で狩りが始まり、怯えたサルが足元に落ちてきて、そこに捕食者と化したチンパンジーが飛びかかってくる。行動観察が散発的だというのはこういうことだ。退屈きわまりない不活発な時間が果てしなく続いたかと思えば、一瞬にして大混乱に陥り、個体の一生を左右する重要なできごとが、わずか数秒の間に起きる。その瞬間の録画映像がない限り、あるいはチンパンジーが鬱蒼とした植生の外にいない限り、できごとを再構成するのはまず不可能だ。とはいえ、視野を広げてみれば、森林よりも見通しの効かない環境で動物の研究をおこなっている同業の研究者もたくさんいる。イルカは魅力的だが、かれらが暮らすのは暗く深い海の中だ。多くの鳥たちは毎朝一〇キロメートルもの距離を飛び、研究者にはとても追いつけない。オランウータンでさえも、樹冠で生活し単独性であるため、霊長類学者は根気と我慢を強いられることになる。こうした他の多くの動物を観察する人々と比べれば、チンパンジーウォッチャーはずいぶん恵まれている。

何世代も前から、文化人類学者は、研究対象の日常生活のなかに身ひとつで飛び込んできた。参加型観察者になるためだ。かれらは村人たちと一緒にたき火を囲み、生活について話す。わたしたち霊長類学者が目指すやり方は、その対極だ。対象に限りなく近づきつつ、個人的な接触はしない。一緒にいながら、存在感を消す。これは容易なことではない。わたしたちはそのために、日中森にいる間は一切食事をとらない。チンパンジーが研究者とタダメシを関連づけて覚えないようにするためだ。また、意図せず風邪やインフルエンザに感染させたり、動きに影響を与えないよう、一定の距離を保ち、近づきすぎないよう気をつける。チンパンジー研究の歴史は、研究者が無意識のうちに研究対象の生活に干渉してしまった、苦い教訓に満ちている。

現代のフィールド研究の礎を築いたのはグドールであり、観察しやすいようにチンパンジーの行動を操作する慣習も、彼女が始めたものだ。グドールが研究を始めた当初は挫折の連続だった。丘の上の観察台から、はるか遠くのチンパンジーの声に耳を澄ませたり、ほんの一瞬姿を目にする程度だったのだ。やがて、白いあごひげを生やした年老いたオス、デヴィッド・グレイビアードが、タンガニーカ湖の浜辺に設置された彼女の小さなテントに近づいてきた。近くのヤシの木で採食するためだ。このオスが、非公式大使として、若き霊長類学者と、彼女がゴンベに来た目的である群れの間の架け橋の役目を果たした。デヴィッド・グレイビアードは、同じポイントに仲間を連れてくるようになり、ある時グドールのキャンプからバナナを盗んだ。それから、グドールはキャンプの周囲にバナナを何房も置くようになった。その後、森の一角を切り拓いて給餌場をつくり、警戒心の強いチンパンジーたちを近くまで誘い出して、撮影を試みた。目論見は大成功だった。まもなく、周辺のほとんどの個体が森から出てくるようになり、観察が可能になった。[1]

ゴンベでは、バナナで餌付けしたことで、馴化のプロセスを何年も短縮することができた。これ以降に各地でおこなわれた研究では、チンパンジーを研究者の存在に慣れさせるのに、はるかに時間がかかっている。霊長類研究の最初期においては、馴化のプロセス（霊長類学者はこれを「人づけ」と呼ぶ）が研究対象の日常をどれだけ変えうるかが、ほとんどわかっていなかった。ひらけた場所に果物の山を置いておくことは、事実上、その森で最大の果樹を植えるのと同じであり、チンパンジーたちは頻繁にそこを訪れ、人が用意したごちそうにあずかるようになる。これにより、多数のチンパンジーが長時間同じ場所にとどまる不自然な状況が生じ、バナナの分け前をめぐる争いが多発する。そこでは、本来の個体間の順位関係が誇張されることもある。しかし、グドールが研究を始めたころ、わたしたちはチンパンジーの行動について、またそれをどう研究すべきかについて、ほとんど何も知らなかった。バナナのおかげで、グドールはチンパンジーを誰も想像もできなかったくらい近くで観察でき、そして驚くべき結果が得られた。森の中でチンパンジーに忍び寄ろうと悪戦苦闘して数カ月を過ごした末に、グドールはただ座って、目と鼻の先でかれらを観察できるようになったのだ。

野生動物の未知なる生活を観察するとは、実際のところ、どういうことなのだろう？　ラボ研究者のほとんどは、意図的に条件を操作して、その結果を分析する。つまり、実験するのだ。自然のなかで実験をおこなう研究者もいるが、かれらも環境になんらかの形で手を加え、その効果の検証を試みる。これに対し、いくつかの研究分野では、何も操作をおこなわずに情報を収集する。例えば、古生物学者は新たな化石を探し、それまでの発見に基づいて練り上げられたアイディアを検証する。とはいえ、現代科学においては、単純に観察し記録するだけというのはきわめて珍しい。かつて博物学と呼ばれたこのような研究は、最先端のツールを駆使する新世代の研究者からは軽視されがちだ。わたしの仲間は、野生類人猿の尿サンプルを採取してホルモン動態を分析し、環境の影響を調べている。別のチームは、スピーカーでチンパンジーの他個体の音声を流し、対象集団がなわばりへの侵入者にどう反応するかを研究している。糞からＤＮＡを抽出し、社会関係における血縁の役割の解明に取り組む研究者もいる。これらの新手法はいずれも、野生下での実験におおいに役立つすばらしいものだ。けれども、このような研究に関しても、その基礎にはやはり、動物の観察がある。

わたしたちはふつう、チンパンジーの生活には干渉しない。かれらが飢餓に陥っても餌は与えないし、病気になっても医者に診せることはない。また、かれらの怒りを買うことも避ける。オスのチンパンジーのなかには、研究者をいじめるのは楽しいと学習した個体もいる。このような個体は、他のチンパンジーに示威行動をするとき、そばにいるわたしたちに通りすがりに平手打ちを食らわせることがある。時には手が付けられないほど暴力的になり、こうなるとかなり警戒しなければ近づけない。ゴンベのある個体（フロドと名付けられた大きなオス）には、研究者に暴力を振るう癖があった。フロドはある時、わたしを蹴飛ばしたあと、隣に座り、わたしの頭をぽんぽんと叩いて、少しの間グルーミングをした。そこで彼はわたしに興味を失い、去っていった。

危険な状態にある野生のチンパンジーを救うため、研究者が介入したこともある。ゴンベのオス、ゴブリンは、ごく若いうちにアルファの地位につき、以後長期にわたってその座を守り、集団内で一目置かれる存在だった。アルファの座を追われたあと、彼は返り咲きを目論んだが、その虚勢が他のオスたちの怒りを買い、攻撃され重傷を負った。彼は何日も瀕死の状態で林床に横たわり、傷口は化膿しはじめた。研究チームは、彼の命を救うため介入することを決めた。波乱万丈の彼の生涯が、この先どうなるかを知りたかったというのも理由のひとつだ。研究者たちは水と、抗生物質を仕込んだバナナを、彼が横たわるやぶの中に置いた。一度など傷口の消毒まで施した。ゴブリンは回復し、その後何年も生きた。彼の生涯は、彼が属するグループを対象として研究プロジェクトが始まったときから、すでに変わりはじめていた。見殺しにせず、彼の命を助けることにしたのは当然の判断といえる。この介入は倫理的に正しかったのか？　それは個体の命と、集団内の順位の移り変わりや生と死のプロセスへの不干渉、どちらに価値をおくかによる。

グドールが最初期の論文を学術誌に投稿したとき、彼女がチンパンジーの各個体を独自の個性をもつ存在とみなしたことに、査読者たちは度肝を抜かれた。グドールはひるむことなく、チンパンジーの個性は集団内の社会生活において決定的に重要だと主張した。五〇年後の今となっては、彼女の主張に異を唱える者はいない。けれども、類人猿よりもラットやマウスを相手にすることの多い科学界の大勢の見方を変えるには、かなりの時間がかかった。研究者たちのチンパンジーへの見方は、エモリー大学の霊長類学者フランス・ドゥ・ヴァールが「人間性否認(anthropodenial)[2]」と呼ぶ以前の見方から、一八〇度の転換をとげたのだ。今ではわたしたちは、個々のチンパンジーに個性があり、かれらの基本的な情動や心理のしくみはヒトと共通であると認識している。

しかしながら、現在のチンパンジー研究においても、擬人化はやはり大きな落とし穴のひとつだ。研究者がチンパンジーの行動を観察し、解釈しはじめる瞬間から、その危険が潜んでいる。もしあなたが、あなたの愛犬に恥や罪悪感といった感情があると考えているなら(たいていの人はそうだ)、チンパンジーとともに時間を過ごせば、かれらにもそういった感情があると思わずにはいられないはずだ。これについては、動物園ファンも同感だろう。類人猿のセックスや排泄のシーンに出くわして、恥ずかしさについ笑ってしまうのも、擬人化のなせるわざだ。わたしたちは何世紀もの間、類人猿にヒトの特徴をあてはめてきた。擬人化の常習犯は子どもたちやただの見物客だが、研究者もそれに加担してきた。その理由は明らかで、わたしたちはチンパンジーとヒトの性質に共通のルーツがあることをよく知っているからだ。動物の内面にある情動や心理を無視し、刺激に反応するだけの存在とみなすのは無知な見方だが、わたしたちの心的状態と、他種の霊長類の心的状態に、常に共通点があると考えるのも、同じくらい大きな間違いだ。

わたしたちはみな、チンパンジーの行動にみられる、ヒトとの共通祖先の特徴をもっと知りたいと思っている。現代のチンパンジーに直接つながる祖先種の化石記録はほとんどない。約五〇万年前に東アフリカに生息していた、チンパンジーに似た化石類人猿の歯がいくつか見つかっているだけだ。現生種の化石が存在しないのは、中央アフリカに広がるチンパンジーの分布域のほとんどは湿潤林で、死骸は化石になるはるか前に分解されること、そのため化石ハンターの探索行の目的地としては不人気であることが理由だろう。けれども、アフリカは人類のゆりかごであり、人間の本質が育まれた場所だと考えるなら、わたしたちの親戚であるチンパンジーにとっても同じことがいえる。現代のチンパンジーは、二〇〇〇万年以上も昔からアフリカの森林に生息していた、多種多様な類人猿のなかから生じた。現生の四種のアフリカ類人猿（チンパンジー、ボノボ、ローランドゴリラ、マウンテンゴリラ）は、かつて多様だった適応放散の名残だ。このなかで、ずば抜けて環境への順応性が高いのがチンパンジーであり、アフリカ東端のタンザニアの乾燥林から、四〇〇〇キロメートル西のセネガルの疎林サバンナまで、二〇〇万平方キロメートルにおよぶ分布域をもつ。その中間にあるコンゴ盆地の広大な森林地帯が、かれらの真の根城だ。域内の生息数は推定二〇万頭とされる。[3]

チンパンジー観察の歴史

アフリカの人々は数千年前から、集落の近くの森林に棲むチンパンジーを観察してきた。初期のヨーロッパ人探検家による報告のなかにも、森に棲むヒトに似た霊長類に関する散発的な記述が残されている。現生のチンパンジーに関する最初の本格的な研究は、行動学ではなく、解剖学に属するものだった。ハンターが射殺した野生チンパンジーの死骸は、時としてヨーロッパの博物館に送られた。一七世紀末、英国の解剖学者エドワード・タイソンのもとに、アフリカ南西部のアンゴラから一頭のチンパンジーが届いた。この個体はロンドンまでの輸送中に死亡し、塩漬け保存されていた。タイソンは解剖を実施し、各部位の形態と機能について、史上初のヒトと類人猿の比較をおこなった。たいした専門知識はなくても、顕著な類似性があるのは明らかだった。[4] 飼育下チンパンジーの研究はその数十年後に始まったが、数百年の間、興味の対象となったのは主に飼育下の類人猿の認知能力だった。チャールズ・ダーウィンもまた、ロンドン動物園のオランウータンに魅了された。

最初に出版された野外研究は、トロフィーハンターや最初期の野生動物写真家の手によるものだった。二〇世紀初頭には、類人猿に対する関心がおおいに高まり、サファリハンターから博物学者に転向して、獲物の生きた姿を（射殺するまでのごくわずかな時間だけでも）観察する者が現れるようになった。映画用カメラが発明されてまもなく、類人猿目当ての野生動物サファリが催行された。一九〇九年、当代随一の剥製師カール・エイクリーは、合衆国大統領セオドア・ルーズベルトのアフリカでの大型獣狩猟サファリに同行した。エイクリーは、後にみずから探検隊を率いてアフリカに戻った。目的は、ニューヨークの米国自然史博物館に新設されたアフリカ館に展示するゴリラを得ることだった。しかし、ヴィルンガ火山帯で数頭のマウンテンゴリラを仕留めたあと、彼は殺したことを悔やんだ。エイクリーがゴリラの行動を観察したのは短い間だけだったが、その記録は以後数十年にわたり、野生ゴリラに関するもっとも詳細な学術研究となった。[5]

このように、採集目的の探検で、殺す前に時たま獲物の観察記録が残された以外には、当時は野生類人猿の行動について、ほとんど何もわかっていなかった。

ジェーンの陰で

野生類人猿について何もわかっていなかった状態は、一九五〇年代後半に一変する。伝説的な生物学者ジョージ・シャラーは、一九五九年に中央アフリカ東部を訪れ、初めて体系的なゴリラのフィールド研究を実施した。シャラーと同時期に、同じく伝説的な存在である日本の霊長類学者、伊谷純一郎と今西錦司は、東アフリカでゴリラの調査をおこなった。こうして変革がはじまる。伊谷は後に、高名な化石ハンター、ルイス・リーキーとの文通のなかで、タンザニア西端のゴンベと呼ばれる場所で野生チンパンジーの研究ができそうだ、と述べている。ところが同年七月、タンガニーカ湖の砂利の岸辺にキャンプを張ったのは、ジェーン・グドールだった。ゴンベでの研究をぜひとも誰かにやらせたいと考えたリーキーが、彼女を派遣したのだ。じつは、ゴンベの研究に加わりたいと考えた伊谷は、この年のうちにゴンベのグドールのもとを訪れている。グドールが長期研究を念頭にキャンプを設置したことを知り（リーキーは伊谷に、グドールの研究は短期間になるかもしれないと伝えていたようだ）、伊谷らはそこから湖畔を一〇〇キロメートル南下したマハレ山塊に別の拠点をつくった。米国では、生物人類学者のシャーウッド・ウォッシュバーンが次世代の大学院生たちに、野生霊長類のフィールド研究を奨励した。時を同じくして、オランダの研究者アドリアン・コルトラントは、チンパンジーを探してベルギー領コンゴを訪れ、バナナ農園に隣接する森林に棲み、農園を荒らす集団を発見した。コルトラントは巨木の上、地上二五メートルの位置に観察用の足場を設置し、気ままに過ごすチンパンジーたちを長時間にわたって観察した。霊長類を対象に最初の野外実験を実施したのもコルトラントだった。彼はヒョウの剥製をチンパンジーのなわばりに設置して、パニック反応を観察した。[6]

グドールはパイオニアだが、一九六〇年代前半に「本物の」チンパンジーに関心を抱いた研究者は、決して彼女だけではなかった。しかし、長期にわたって滞在し、画期的な発見をなしとげ、霊長類の行動と人間の本質について、わたしたちの考えを一変させたのはグドールだった。道具使用と狩猟という、歴史的な大発見は彼女によるものだ。また、後にはチンパンジー社会に関する重要な情報をもたらし、それが後続世代の研究者に脈々と受け継がれた。一九六〇年代から七〇年代にかけてのグドールの発見がどれだけ衝撃的だったか、今の学生たちに伝えるのは難しい。当時は長期フィールド研究といっても、期間は週や月単位であり、何年、何十年と続くものはなかった。チンパンジーは道具づくりに長けているとか、協力して狩りをするとか、時に血に飢えた殺し屋になるとか、単純ながらヒトの文化にみられる特徴を示すといった言説は、一九六〇年代にはまるでSFの設定のように思えた。けれども一九七〇年代には、これらがチンパンジーの典型的な行動として知られるようになった。

もしグドールが典型的なキャリアパスを歩んでいたら、彼女は科学界のパイオニアになることも、誰でも知っている有名人になることもなかったかもしれない。大学の学部を卒業し、大学院に入学し、半年から一年をアフリカで過ごす（これでも当時のキャリア志向の若い霊長類学者にとっては十分に長い）かわりに、グドールは高校を卒業したあと、一九五七年、友人とともに子どものころからの夢だった東アフリカへの旅に出た。彼女は旅先で出会ったリーキーから、ナイロビにあるコリョンドン博物館（現在はケニア国立博物館の一部）の事務職のオファーを受けた。リーキーは、ゴンベ保護区で野生チンパンジーの観察をおこなう、熱意ある若者を探していた。ゴンベは英国植民地時代の狩猟場だ。一九六〇年代までには、ほとんどの大型獣は姿を消していたが、森林はほぼ手付かずで、チンパンジー個体群の生息記録があった。リーキーは数十年にわたって、乾燥した東アフリカの地で人類化石を探しつづけていた。三〇〇万年前、一帯は森林に覆われた湖畔だった。初期人類の暮らしぶりの解明に心血を注いだ彼は、野生チンパンジーの生活を知ることが、その最大の手がかりになると考えた。リーキーは他の候補者も検討したが、最終的にはグドールが、保護区の湖岸に降り立ち、キャンプを設置して、チンパンジーとの接触を試みることになった。彼女がおこなった驚異の観察は、今では伝説だ。野生動物映像作家のヒューゴ・ヴァン・ラーヴィックとともに、グドールが記録したチンパンジーの行動は、ヒト以外の動物に存在するとは誰も想像すらしないものだった。単純な道具の製作と、それを使った食料獲得。サルや他の哺乳類の狩猟と、その後の儀式的な肉の分配。それだけでなく、ヒトに広くみられる長期的な絆が、母子間や同盟を組むおとなオスの間にみられるといった基礎的な観察記録でさえ、当時の常識を覆すものだった。

ゴンベでの研究開始から一〇年が経つころには、並外れたフィールド研究であることがもはや明らかだった。一九六〇年代のうちに、グドールは他の若い研究者をゴンベに招いて共同研究をおこなうようになり、それぞれがプロジェクトに独自の視点や強みを加えていった。その後の数十年の間に、たくさんの欧米の学生やポスドクが、チンパンジーの生活のありとあらゆる面について研究をおこなった。それらが合わさって、他のどんな霊長類の種に関するものよりも詳細な記録ができあがった。加えて、ゴンベで研究をスタートした学生たちの多くが、霊長類学者としてキャリアを築き、かれら自身が学生を指導して、後世への遺産を今も積み重ねている。一九七〇年代、チンパンジーの集団が他集団のメンバーを残忍に殺す行動が初めて観察された。一九八〇年代には、学生四人の拉致事件を受けて研究が一時中断したものの、丹念に収集された時系列データが形をとりはじめた。一九九〇年代までに、三〇年にわたる観察記録から、世代を超えた伝統の継承という主題が見えてきて、わたしたちはゴンベのチンパンジーをまったく新しい視点で見つめなおすようになった。ゴンベの集団は、たくさんの多様な文化のひとつにすぎないと気づいたわたしたちは、アフリカの赤道周辺に点在するほかの長期研究拠点と比較しはじめた。ゴンベ自体も、もはや単なるひとつのチンパンジー集団の研究ではなくなった。北に隣接する二つめの集団、ミトゥンバ集団の継続的観察が、一九九〇年代前半にはじまったのだ。

マハレ

ゴンベをグドールに譲ったあと、伊谷のチームはタンガニーカ湖東岸を少し下った、マハレ山塊の麓にキャンプを設置した。のちのマハレ山塊国立公園である。一九六五年に始まった、一人の若い霊長類学者のフィールドでのキャリアは、その後四五年にわたって続くことになる。西田利貞の名前は、欧米ではジェーン・グドールほど広く知られてはいないが、彼とその共同研究者や学生たちの貢献は、グドールに引けを取らない。西田は生涯の大半をマハレ山塊でのチンパンジー研究に費やし、日本と欧米の数十人の研究者を育てた。日本の霊長類学は、長く世界をリードしてきた。北米やヨーロッパとは異なり、日本には野生のサルが分布する。日本の霊長類学は、まずはニホンザルの研究からスタートした。欧米と日本の霊長類学の方法論にみられる文化差については、多くの興味深い論説があるが、ここでわたしが言いたいのは、日本の研究者がチンパンジー研究にはかり知れない貢献をしてきたということだ。西田の発見の多くは、その五年前のグドールの報告がなければ、ずっと画期的なものになっていただろう。西田のチームは、狩猟や肉食を観察し、チンパンジーは生来雑食性であること、ゴンベでみられた肉食は例外ではないことを裏付けた。また、かれらがM集団とK集団の間の「戦争」を初めて報告したことにより、ゴンベでみられた集団間の暴力はチンパンジーの本来の生活の一部であり、異常行動ではないことが示された。[7]

チンパンジー研究の初期の大発見のひとつは、西田のグループによるものだが、必ずしも十分に評価されていない。ゴンベでの研究が始まった一九六〇年から、じつに一七年後の一九七七年

表 1.1　15 年以上続いているチンパンジーのフィールド研究の一覧。チンパンジー観察を目的としたエコツーリズムが主眼で、ある程度の調査も入っている場所は除外している。データの一部は Langergraber, Rowney, Schubert, et al. (2014) による。

研究対象集団	国	開始年度	期間(年)
カセケラ（ゴンベ）	タンザニア	1960-	58
ミトゥンバ（ゴンベ）	タンザニア	1990-	28
M集団（マハレ）	タンザニア	1965-	53
K集団（マハレ）	タンザニア	1966-	52
ソンソ（ブドンゴ）	ウガンダ	1960, 1990-	28
カニャワラ（キバレ）	ウガンダ	1987-	31
ンゴゴ（キバレ）	ウガンダ	1995-	23
タイ・ノース	コートジボワール	1979-	39
タイ・サウス	コートジボワール	1997-	21
タイ・ミドル	コートジボワール	2000-	18
フォンゴリ	セネガル	2001-	17
ボッソウ	ギニア	1976-	42

図 1.1　2017 年現在、研究継続期間がもっとも長いチンパンジー研究拠点の上位 7 カ所

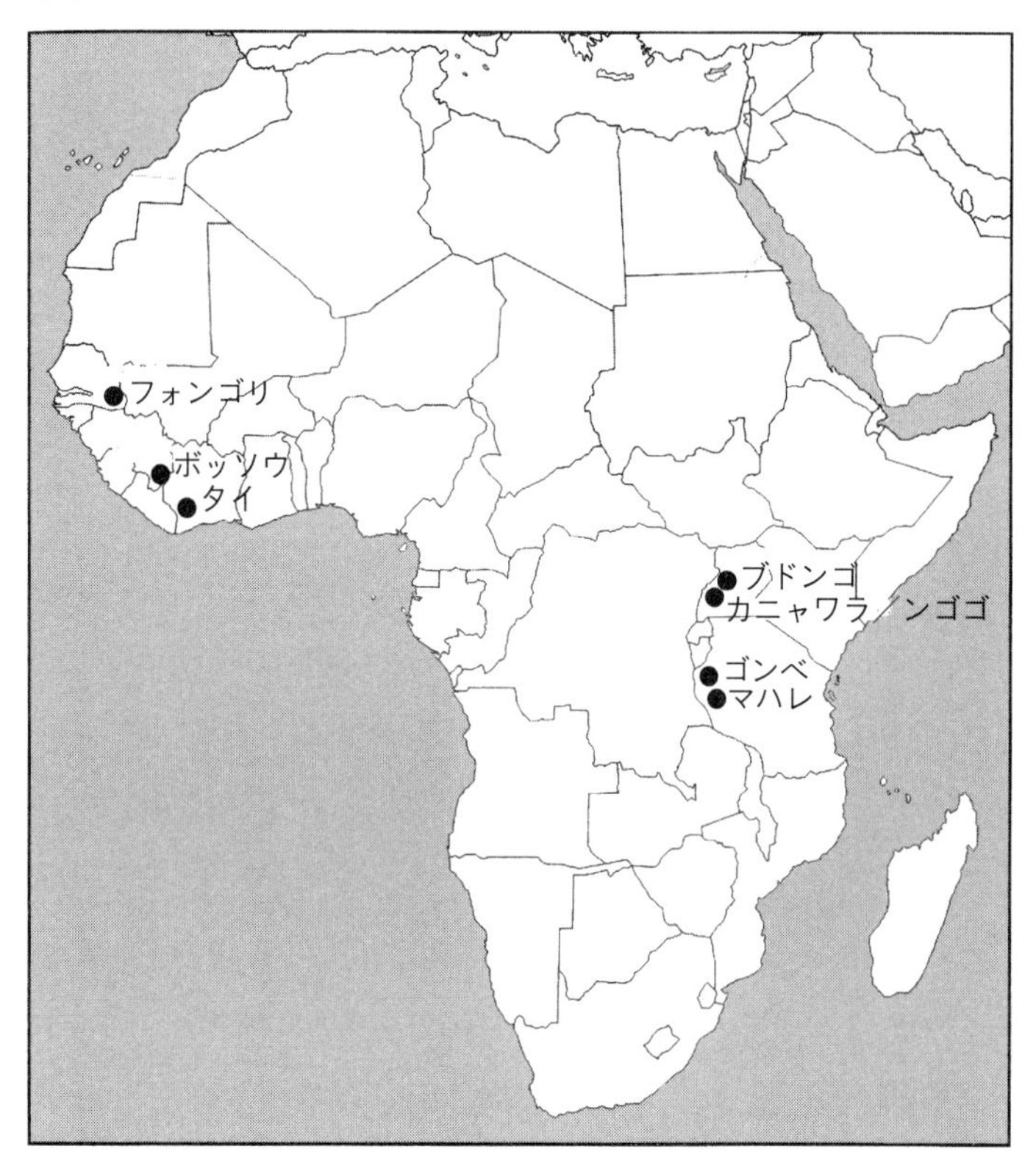

になって、ようやく野生チンパンジーの社会の基本構造が明らかになった。その突破口をこじ開けたのが西田たちだった。チンパンジーは当初考えられていたような見境なしの乱婚ではなく、統制された混沌の下に、社会構造が隠れていた。霊長類学用語で言う離合集散社会であり、これについてはのちほど詳述する。ゴンベとマハレの研究は、チンパンジーにおいて近隣集団の間に文化の違いがあることを示した最初の例でもある。ボートでほんの数時間の距離であるにもかかわらず、二つのチンパンジー個体群には興味深い違いがみられ、それらはＤＮＡではなく、土地に固有の学習された伝統に基づいている。

一九六〇年代、ゴンベとマハレの研究がその基礎を築く一方で、ほかの研究も芽吹きはじめた。一九六二年、英国の霊長類学者ヴァーノン・レイノルズが、ゴンベから数百キロメートル離れたウガンダ西部のブドンゴ森林に研究拠点を設置した。レイノルズは、西田より先に、グドールの研究結果を追認する成果をあげた。彼の滞在はわずか一年（とはいえ当時の基準では異例の長さだ）で、まもなくウガンダは長期にわたる内戦と政情不安に陥り、研究拠点は数十年にわたって放置された。その後、一九九〇年代に入って、野生動物保全協会（Wildlife Conservation Society; WCS）の霊長類学者アンドリュー・プランプターと、彼の後を引き継いだセントアンドリュース大学（スコットランド）のクラウス・ズベルビューラーの指揮のもと、研究が再開された。以降、ブドンゴはチンパンジーの社会行動研究の中心地のひとつとなり、野生動物の研究と保全、および国内外の学生の教育訓練がおこなわれる、総合研究拠点のモデルへと発展した。

チンパンジー研究の西部進出

一九七〇年代半ばまで、チンパンジー研究の拠点はすべて、広大なアフリカ大陸の東側にのみ存在した。しかし、これにも変化が訪れる。一九七六年、日本の霊長類学者、杉山幸丸が西アフリカのギニア共和国内のボッソウに研究拠点を設置した。ボッソウ集落はニンバ山塊の西麓に位置し、一九六〇年代初頭にコルトラントが初めてチンパンジー観察をおこなった場所にほど近い。現在、ボッソウは自由生活をおこなうチンパンジーを対象とした実験場として、再び脚光を浴びている。たいていの研究拠点では、チンパンジーは現地住民の狩猟対象であり、ヒトとの接近はチンパンジーの本来の行動を観察する機会を損なうのだが、この地の先住民マノン族は、敬意をもってチンパンジーに接している。フィールドの運営を主に担うのは京都大学で、ここ数十年は同大の松沢哲郎が統括している。ボッソウのチンパンジーは、石のハンマーと金床を使ってアブラヤシの種を割る「ナッツクラッカー」として有名だ。ボッソウの研究者たちは、たくさんの巧妙な野外実験をおこない、チンパンジーに道具を与え、道具使用に必要な認知能力の解明に取り組んでいる。

チンパンジー研究が西へと拡大するなか、一九六〇年以降に始まった研究のなかで、おそらくもっとも画期的だったのが、コートジボワールのタイ国立公園での研究だ。一九七九年、スイスの霊長類学者クリストフ・ボッシュとヘートヴィヒ・ボッシュ＝アカーマンは意を決して、西アフリカの赤道一帯に広がる手付かずの熱帯雨林におけるチンパンジーの暮らしぶりの解明に乗り出した。一九六〇年代から七〇年代初頭にかけて、初期のチンパンジー研究が東アフリカで始まったのには多くの理由がある。グドールがゴンベに降り立ったころ、東アフリカはまだ英領東アフリカであったため、研究実施の許可を得やすかった。また、東アフリカはサファリ観光のインフラが整っていたが、西アフリカや中央アフリカには当時こうしたものは一切存在しなかった。それに、東アフリカの住民の多くは英語話者であり、フランス語嫌いの英国人たちにとって好都合だった。そんなわけで、フランス語圏の西アフリカは、熱帯雨林の類人猿に興味をもち、フランス語を話せる研究者が現れるまで手付かずだったのだ。ボッシュはこの地で、霊長類学の歴史に残る数々の驚くべき発見をなしとげた。

タイ国立公園のチンパンジーは、ゴンベとは異なり、断片化された森林と草原からなる環境に棲んではいない。中央アフリカのコンゴ盆地を覆う熱帯雨林は、途切れ途切れにではあるが、西アフリカ沿岸まで広がっている。なかでもタイは、残存する最大の森林地帯だ。一九八〇年代初頭、ボッシュはじつに驚くべき光景を観察した。タイのチンパンジーは、林床で石や枝を集め、ナッツのなる大木の下まで運んでいき、これらの道具をハンマーとして使って硬い殻を叩き割っていたのだ。ゴンベとマハレでもみられた狩猟行動はタイでも観察されたが、参加個体の間により多くの協力がみられた。さらにボッシュは、チンパンジーが広い分布域のなかで、単純なレベルではあるものの、ヒトにみられるような一種の文化的多様性を示すことを明らかにした[8]。

一九八〇年代半ばまでに、チンパンジー研究は複数の長期研究拠点を有するまでに拡大し、チンパンジーの生活の詳細が明らかになりはじめた。多くの意味で、フィールド研究はここからさらに面白くなった。ウガンダでは、ハーバード大学のリチャード・ランガムが、以前から研究が続いていた生息地を再訪した。ウガンダ西部のキバレ国立公園は、政府の管理下にある森林保護区であり、複数のチンパンジー集団が生息している。ランガムはキバレ・チンパンジー・プロジェクトを設立し、カニャワラ集団の研究を開始した。ランガムのプロジェクトは現在も進行中で、さまざまな研究テーマを掲げる多くの研究者が参加している。キバレのもうひとつの集団であるンゴゴは、一九七〇年代後半にマイケル・ギグリエリが研究対象とし、いったん途絶えたあと、一九九〇年代半ばにミシガン大学のジョン・ミタニとイェール大学のデヴィッド・ワッツがプロジェクトを再開した。ンゴゴはこれまで記録や研究があるなかで最大のチンパンジー集団であり、現在一四〇頭以上からなる。ほとんどの既知の集団の三倍の規模だ。

二〇一六年の時点で、群を抜いて長く続いているチンパンジー研究は七つある。セントアンドリュース大学のウィリアム・マグルーは最近、学術論文が刊行されたことのあるチンパンジー野外研究拠点をすべて数え上げた。期間の長短を問わないこのリストには、一二〇カ所が記されている。[9] チンパンジーの野外研究を維持し、新たな観察結果を得るには、長い年月と多大な努力を要する。少数の人々が、資金難や地域の政情不安、それにフィールド研究につきもののさまざまな困難をものともせず、ひたむきに努力を続けたおかげで、これほど多くの研究がおこなわれてきたことは、本当にすばらしい成果だ。

これらの研究に加えて、期間こそ短いものの重要なフィールド研究も多数あり、本書で折に触れ取り上げていきたい。どの研究拠点にも、独自の視点があり、存在理由がある。東アフリカでは、ケヴィン・ハントがウガンダ西部のトロ＝セムリキ野生動物保護区でチンパンジーの長期研究をおこなっている。この地のチンパンジーは森林とひらけた土地の境に棲んでいるため、同様の環境に生息していたと考えられる、初期人類の祖先の行動様式を考察するうえで、ヒントを与えてくれるだろう。カリフォルニア大学サンディエゴ校のジム・ムーアや、わたしのもとで博士号を取得したR・アドリアーナ・エルナンデス＝アギラルは、タンザニアのウヴィンザ地域でチンパンジー研究をおこなっている。ゴンベやマハレの湖畔林からそう遠くない、広大な乾燥した灌木地帯だ。ここは、鬱蒼としたタイの対極と呼ぶべき、乾いた土地だ。食料が得られる木々はきわめてまばらで間隔が長く、チンパンジーのなわばりは数百平方キロメートルに達するため、かれらを追跡し、その暮らしを解き明かすのは困難だ。ウヴィンザの研究は現在も継続中で、新世代の霊長類学者たちが研究に取り組んでいる。

一九九〇年代半ばから二〇〇〇年代半ばにかけて、わたしはウガンダのブウィンディ原生国立公園の険しい山々に棲むチンパンジー個体群の研究をおこなった。ここのチンパンジーにはユニークな特徴がある。マウンテンゴリラと生息地を共有しているのだ。わたしは、これら二種の大型類人猿がどのように共存しているのかを明らかにすることで、わたしたちの祖先が、かつてアフリカで複数の類人猿とどう共存していたのかを考察する手がかりが得られると考えた。ここから西へそう遠くない、キヴ湖の対岸では、京都大学の山極寿一とアフリカ野生動物保護財団

(African Wildlife Foundation) のオーガスティン・バサボセが、ローランドゴリラとチンパンジーの共存という同じ疑問に、一五年にわたって取り組んだ。

さらに西のコンゴ盆地北部では、セントルイス・ワシントン大学のクリケット・サンズとデヴィッド・モーガンが、同じくチンパンジーとローランドゴリラの生息するコンゴ共和国のグアルゴ三角地帯で、新たな行動様式や生態学的特徴を次々に記録している。サンズとモーガンは、新たな様式の道具使用を報告したほか、社会構造や生態に関しても知見を積み重ねている。さらに西に目を移すと、ロンドン大学の霊長類学者ヴォルカー・ソマーのチームは、ナイジェリアのガシャカ＝グムティ国立公園でチンパンジー研究をおこなっている。数少ない西アフリカの研究拠点のひとつであるガシャカは、森林と草原のモザイクであり、トロ＝セムリキと同様、初期人類がいかにして同様の環境に適応したかを知るヒントになるかもしれない。

最後に取り上げるのは、チンパンジーの分布域の最西端であり、ここでも驚くべき新発見が相次いでいる。セネガル南東部に位置するフォンゴリは、疎林と乾燥草原の広大な混交地域だ。過去一五年にわたり、アイオワ州立大学の霊長類学者ジル・プルエッツが率いるチームは、この地で誰も想像もしなかったチンパンジーの行動を観察してきた。フォンゴリのチンパンジーは、水たまりの中に座りこみ（チンパンジーはふつう膝ほどの深さの水さえも避け、それより深い水には瞬く間に沈んでしまう）、洞窟で眠る。いずれもフォンゴリの猛烈な暑さを避けるための行動だ。そのうえ、かれらは枝の新たな使い道を発明した。樹洞に突っ込んで、不運な小型霊長類ガラゴを叩きのめして動けなくしたあと、食料にするのだ。

あといくつ研究拠点があれば、あと何年研究を続ければ、チンパンジーについて知っておくべき重要なことがすべてわかるのか？　そんな風に聞かれることがよくある。質問の意図は、おそらくこういうことだ：これ以上時間と予算を使う意味はあるのか？　わたしはいつも、質問者にこう聞き返す：人間行動の研究をあとどれだけ積み重ねれば、わたしたち自身についての問いすべてに答えが出るだろう？　米国政府は、毎年数千万ドルの予算を、思春期の性からギャンブル依存まで、人間行動にまつわるありとあらゆるテーマの研究につぎ込んでいる。だからといって、わたしたちヒトという種について、近い将来、完全な理解が得られる見込みがあるわけではない。もしわたしが、あなたの日常を数年間観察し、家族や友人とのつきあいを記録したとして、その結果をヒトという種全体に一般化できるだろうか？　世界には何千、何万という文化や言語があるのだから、当然ながら、わたしは少なくとも、同じくらいの時間を他のいくつもの文化にも費やして、何世代にもわたって調査をしなければならない。今のチンパンジー研究者は、まさにそれをしている最中なのだ。わたしたちは、少数ながら総合的な長期研究を実現してきたことで、ごく初歩的な個体群間および文化間の比較ができるようになった。チンパンジーの寿命の長さ（野生で四〇年以上、飼育下ではさらに長い）と成長の遅さ（わたしたちヒトとほぼ同じペース）を考えると、チンパンジーがどんな生きものかを理解するには、まだあと何十年もかかるだろう。チンパンジーが野生から姿を消すまでに、それだけの時間が残されているかどうかは、誰にもわからない。

第二章　食料と離合集散

朝の光が、一本のイチジクの木を照らす。ここは東アフリカのウガンダ。夜の雨と、肌寒い明け方の霧が晴れ、アフリカらしい眩しい日差しが戻ってきた。急斜面に座っているわたしは、かかとを泥にうずめて、谷底に滑り落ちないよう、どうにか踏ん張っている。周囲の山々は高木に覆われ、林床に光が射す場所では、分厚いシダのマットのような下層植生が繁茂する。英国人が「閉ざされた森（Impenetrable Forest）」と名付けたこの場所は、現在ではブウィンディ原生国立公園（Bwindi Impenetrable National Park）として知られる。五〇メートルほど先、わたしの目の高さに、一本のイチジクの巨木の樹冠が広がっている。板根の張り出した幹があるのは、はるか下の谷底だ。わたしがこんな危なっかしい場所まで這い上ってきたのは、この樹冠で繰り広げられるドラマを、俯瞰で観察するためだ。

ウガンダには数十種のイチジクが分布し、そのほとんどが森の動物たちの重要な食料源となっている。多くの種のイチジクは雌雄異株であり、現地住民はしばしば雄株と雌株を別の名前で呼んでいて、これがただでさえややこしい分類の混乱に拍車をかけている。[1] 目の前のこの巨木は、小さな種の詰まった幅一センチメートルの緑の果実を、毎年ゆうに数十万個は生産しているだろう。類人猿はイチジクに目がない。イチジクにとっても、類人猿はお得意様だ。

この巨木は孤立していて、周囲数百メートルの範囲にイチジクの木は存在しない。何よりも大切な日照を遮る競合樹種もない。巨大なイチジクの雌株にとって、じつに好都合だ。彼女の繁殖戦略は、森の動物が無数の果実を食べ、樹冠の陰よりも遠くまで移動してから排泄して、種子を散布することにかかっている。母樹も、その種子も、果実食者も得をする、ウィン＝ウィン＝ウィンの関係だ。

今、果実をたわわに実らせるこの巨木には、さまざまな動物たちが集い、夢中になって採食にふけっている。チンパンジーのほか、わたしたちが観察できたのは、ゴリラ、ロエストモンキー（美しい白黒のサルで、羊飼いの杖のように先の曲がった尾をもつ）、インコ、サイチョウ、ジャコウネコだ。もちろん、日没後は交代で夜行性動物たちが訪れる。イチジクの木々の結実サイクルは一本一本ずれていて、それぞれ異なる月にピークを迎える。このため、果実食者たちは常に気を配り、食べごろを迎えた木は宴会場の様相を呈する。結実木はたいてい谷に一本か二本で、同時に複数がピークを迎えることはめったにない。温帯林を見慣れているわたしたちは、どの木もほぼ同時に春に芽吹き、数カ月後の秋に葉を落とすと考えがちだ。熱帯林にもリズムはあるが、それはもっと微妙な変化であり、必ずしも季節と連動していない。イチジクの場合、ある木がすべての果実を一斉に実らせるとき、周辺の他のイチジクの木は不毛だ。これにより、どの木も種子散布を担う動物たちの注目を一身に浴びることができる。

にぎやかなフートのコーラスが、チンパンジーのパーティの到着を告げる。つややかな黒い背中は、谷底に密生する植生に隠れて見えない。昨夜、かれらはイチジクの巨木のそばで眠った。遠くから観察されるのには慣れているが、近づくことはできない。もし近づけば、かれらはすぐさま地面に降りて、下草の中に姿を消してしまうだろう。そのため、わたしたちは双眼鏡を使い、遠くから観察するだけにとどめている。この方が、わたしたちにとっても好都合だ。この急斜面と鬱蒼とした下草では、チンパンジーたちがいる木の下に立ってみたところで、何も見えはしないのだから。

巨木にたどり着き、登りはじめたチンパンジーたちは、もうすぐごちそうにありつける心からの喜びを示す、フードグラントと呼ばれる声をあげる。大柄なオスたちが先を争って樹冠に駆け上がり、日向に実る完熟の果実をものにする。青空に浮かぶチンパンジーのシルエットから、かれらが幅三〇センチメートルの大枝の上に立ったり座ったりして、果実を次々にもぎとっては口に運んでいるのがわかる。日が昇るにつれ、個体の区別がつくようになる。ンボネイレ（現地のキガ語で「色男」を意味する）は採食グループの中心に陣取り、イチジクを選び放題だ。盛りを迎えたこの漆黒のオスは、このコミュニティのアルファだ。年老いたオスのキデヴ（「ひげの男」の意、白い山羊ひげがあるため）が、ンボネイレの隣に座っている。キデヴは自由の利く方の手でイチジクを摘んでいる。もう片方の手は萎縮し硬化していて、おそらく何年も前に密猟者の罠にかかったためだろう。大柄なメスのマーサが、二本足で立って頭上のイチジクに手を伸ばす。その背中には、赤ん坊のメイがしがみついている。

　日差しが強さを増すなか、チンパンジーたちは大枝から大枝へと移動しながら、果実を摘む。こういう機会は、社会行動の観察にはもってこいだ。お気に入りの採食スポットから、誰が誰を追い出すかが、集団内の順位のシグナルになる。数時間が経過したところで、チンパンジーたちは満足したらしく、不活発になった。一番太い枝の上で二時間、満足げにくつろいだあと、グループは一斉に目を覚まし、幹を降りた。そして地面に着いたとたん、かれらは下草の中に消えた。鳴き交わす声から、採食パーティが少なくとも二つの小グループに分かれ、反対方向に向かったことがわかった。両グループは一日中別行動をするかもしれないし、再合流するかもしれないし、あるいはさらに分裂するかもしれない。朝には一二頭からなるひとつの採食パーティだったのが、一日の終わりには二、三頭の小グループ、あるいは単独で、それぞれ遠く離れた別々の谷に落ち着くこともある。各々はおそらく別の結実木に向かい、翌日か翌々日にはこのイチジクの大木に戻ってきて、残りの果実を収穫するだろう。夜のとばりが降りるころ、チンパンジーたちは、ひとりでいる個体も、ペアやトリオ、大集団で過ごす個体も同様に、林冠へと登り、寝床をつくり、眠りにつく。

離合集散

一九七〇年代前半までに、ジェーン・グドールはチンパンジーに関する数々の大発見をなしとげた。道具使用、肉食、ヒトとそっくりな母子の絆。けれども、配偶システムは依然として謎に包まれていた。グドールは、ランダムに行き来しているように見えるかれらの行動に基づき、チンパンジーの社会には母子以外に安定した構成要素は存在しないと考えた。チンパンジーたちは、撮影用に森林を開墾してつくった餌場に毎日現れた。オスは、一頭のときもあれば、同盟相手と一緒のときも、集団全員でやってくるときもあった。メスは単独で現れることが多く、連れているとしても幼子だけだった。交尾は乱婚制のようだが、おとなオスの間には、交尾の優先権をめぐる争いがみられた。一方、グドールは若く低順位のオスと高順位のメスが隠れて交尾するところも何度も観察した。高順位オスであっても、父性は確実とはいえないようだ。

ゴンベでの初期の研究は、大部分が開墾地での観察に基づいていた。グドールと弟子たちが組織的にチンパンジーを追跡し、はるか遠くの谷にまで足を踏み入れるようになってようやく、かれらの日常の全体像が見えてきた。チンパンジーは、きわめて多様な食性をもつ。一九七〇年代、リチャード・ランガムが記録したゴンベのチンパンジーの餌植物は一〇〇種以上にのぼった[2]（その後のほとんどのチンパンジー研究サイトでは優に二〇〇種を超えた）。きわめて多様な果実主体の食性が、果樹を探してはるか遠くまで放浪する、チンパンジーの行動特性と関連することが明らかになった。

同時に、研究者たちは、メスがオスよりも非社交的であること、ただし三五日の生理周期のなかで一二日前後はオスにつきまとわれたり、逆にオスにつきまとったりすることを知っていた。[3]

この発情期の間、普段はばらばらのチンパンジーのコミュニティの大部分が、メスのまわりに集結する。この大きなパーティは、何日も一緒に過ごしたあと、メスの性皮腫脹が収まると解散する。このような流動的な集合パターンは、チンパンジーがほとんどの社会性哺乳類とは異なり、凝集的な群れをつくらないことの最初の証拠となった。だが、この社会システムの内部構造は依然として不明だった。

数年後、湖岸を一〇〇キロメートル下ったマハレ山塊で、西田利貞らのチームが同じパターンを観察し、チンパンジー社会の基本構造は、霊長類学者の間で「コミュニティ」と呼ばれるようになった。コミュニティは明確な境界線のある行動圏をもち、隣接コミュニティの侵入に対して激しい防衛行動をとる。コミュニティ内部では、母子関係を除き、すべての個体間のつきあいは一時的なものだ。西田や当時の他の霊長類学者は知る由もなかったが、チンパンジーの社会構造は、赤道アフリカ一帯の広大な分布域のどこでも、驚くほど一貫している。東アフリカの落葉樹林とパッチ状の草原のモザイク地域でも、コンゴ川流域の広大な低地熱帯雨林でも、同じコミュニティ構造がみられる。さらに、はるか西に目を移し、熱帯雨林から半乾燥草原と疎林へと景色が変わっても、社会構造は変わらない。チンパンジーの社会行動の主要な特徴は、アフリカに広がる分布域全体で、驚くほど画一的だ。

ただし、コミュニティのサイズにはかなりの幅がある。最小で一五頭、最大では二〇〇頭近くに達するが、ほとんどの既知のコミュニティは四〇〜六〇頭の範囲に収まる(4)。コミュニティのなかでは、常にすべてが流動的だ。コミュニティを構成する個体は、単独で採食することもあれば、最大五〇頭の「パーティ」で採食することもある。パーティのサイズとその変動は、手に入る食料とその分布、および交尾可能なメスの存在に強く影響されるというのが、チンパンジー研究者の共通見解だ。その他の要因として、生息地の質、捕食圧、授乳中のメスが単独行動を好むこと、おとなオスどうしがコミュニティの防衛のために同盟を組む傾向にあることも、パーティサイズの劇的な変化やそのタイミングに影響を与えている可能性がある。

毎日の食事

食料探しは、どの野生霊長類においても生活の大部分を占める。多くの研究から、霊長類も他の動物と同様に、エネルギー収支のぎりぎりのところで生きていることがわかっている。カロリーや栄養の摂取量は、食料探索に費やすカロリーを上回っていなくてはならない。採食に失敗した日は、エネルギーストレスに陥り、日常生活のその他の面に悪影響が及ぶかもしれない。野生霊長類のなかには、ホエザルのように、あまり動き回らず、主に葉を食べるものもいる。葉は、熱帯林に豊富にある食料のなかでもっとも入手しやすい。ホエザルの食性は、どこにでもあり、繊維質豊富な葉が中心だ。だが、葉は必ずしも手軽なエネルギー源とはいえない。暗色で厚みのある成長しきった葉は、細胞を支えるインフラである繊維の塊だ。また、葉はしばしば防御物質を大量に含む。植物は代謝副産物に手を加えたものを、植物食者に食べられないよう葉に蓄積するのだ。植物食者は、消化しやすく栄養豊富な、柔らかな若葉を見つけなくてはならない。木にとって、果実は手放すべきものであり、そうすることで繁殖が可能になる。これに対し、葉はエネルギー生産の場であり、できるかぎり害が及ばないよう守るべきものだ。繊維と不快な防御物質のおかげで、植物食者にとって消化は大仕事であり、そのためチンパンジーなどの霊長類は、エネルギー源や栄養源として、より好ましいその他の食料を探す傾向にある。

ホエザルなど植物食の霊長類とは異なり、チンパンジーは日中ナックルウォークで森のなかを歩き回り、木に登って樹冠で食料を探す。果実は、すぐに消化できる貴重なエネルギー源だ。オスは一日に数キロメートル移動し、メスの移動距離はふつうオスよりも短い。一日の移動ルートは、主に結実期の樹種の群生や、ひときわ巨大なイチジクなどの果樹の探索行として説明できる。チンパンジーのコミュニティの一日の移動や季節移動をマッピングしたいなら、まずは行動圏のなかのすべての果樹の位置を書き込むところから始めるのが得策だ。研究者たちは、このことをよく知っている。ドイツのライプツィヒにあるマックス・プランク進化人類学研究所のカーリン・ヤンマートらは、コートジボワールのタイ国立公園のチンパンジーが、果樹の巨木の位置情報をどのように記憶し、数カ月から数年にわたって食料探索に利用しているかを調べた。その結果、タイのチンパンジーは、同じ樹種のなかで最大の木を見つけ出していて、熟した果実の有無も把握していることがわかった[5]。ヤンマートらの三年分のデータから、チンパンジーは以前に果実が豊富だった特定の巨木を、同種の低い木よりも頻繁に訪れることがわかった。かれらは明らかに、いつどこでごちそうが手に入るかを覚えているのだ。

これまでにおこなわれた食性に関するどの長期研究でも、チンパンジーの食料の六〇～八〇％は熟した果実だった。ほとんどの研究で、その値は六七～七五％の間だった。チンパンジーは雑食性であり、葉、花、昆虫、小動物の肉も食べるが、完熟果実のスペシャリストと形容しても、あながち間違ってはいない。チンパンジーが長距離の食料探索に出かけられるのも、果実から得られる炭水化物のおかげだ。けれども、すでに見てきたとおり、熟した果実の旬は短い。季節的かつパッチ状に存在し、しばしば広範囲に分散している。果実がパッチ状に分布し、季節的に増減することは、腹をすかせたチンパンジーにとって大問題だ。グループ全体が奪い合うことなく採食できるくらい大きな木を見つけるためには、数キロメートルは歩かなくてはならない。食料の質と分布という問題の解決には、高カロリーの果実を熟したタイミングで発見でき、かつ果実をめぐる競争を回避する能力が重要だ。主食である果実のパッチ状の分布と、断片的で流動的な集団形成パターンという図式は、他種の霊長類でもみられる。チンパンジーの最近縁種であるボノボや、新大陸のクモザルが好例で、いずれも熟した果実のスペシャリストだ。

果実食であることの影響は、チンパンジーの社会システムの他の面にも見てとれる。果実といっても千差万別だ。一年を通じて手に入る果実はごくわずかしかないため、チンパンジーのパーティは、常にそのとき結実期を迎えている樹種を狙って採食しなければならない。得られる果実の季節ごと、月ごとの変動は、採食パーティサイズの季節や月ごとの変動に影響を与える。このことは、ウガンダのキバレ国立公園のンゴゴではジョン・ミタニ、デヴィッド・ワッツ、マーティン・マラーによって、ブドンゴではケント大学のニコラス・ニュートン＝フィッシャーのチームによって、ゴンベではわたしを含む多くの研究者によって示された。[6] 果実の質と入手可能性は、同じ森のなかでも異なることがある。ジョージ・ワシントン大学のカーソン・マレーらがゴンベでおこなった研究によると、メスは個々にお気に入りの採食パッチへのアクセスを支配していて、これが子の順位に影響を与える。[7] また、メスは行動圏のなかのコアエリアにいるときの方が、エリアの外にいるときよりも攻撃的になる。後者は最近、ジョージ・ワシントン大学のジョーダン・ミラー、アン・ピュージーらによる、ゴンベのデータの分析で明らかになった。[8]

今では、アフリカの各地でチンパンジーの食性が詳細に記録されている。チンパンジーが観察に慣れていない場所でも、糞内容分析が可能だ。さらに、糞や体毛（寝床から回収される）の安定同位体分析をおこない、まだ見ぬチンパンジー個体群の食性を推定することさえできる。樹木、灌木、草は、それぞれ固有の生化学的特徴をもっているからだ。結果はどの場所でも似通っている。ワッツらは、ンゴゴのチンパンジーの採食記録をまとめあげ、採食時間の約四分の一をイチジクが占めていることを明らかにした。なかでも、イチジクの一種 *Ficus mucoso* が、ンゴゴでもっとも重要な食料であることがわかった。全体として、ンゴゴのチンパンジーは少なくとも三八科一六七種の植物を食料にしていた。食べていたパーツは、葉、髄、中果皮、花、種子、草、樹皮の形成層、根などさまざまだった。きわめて多様な食性ではあるものの、上位一五種の植物に採食時間の八〇％を費やしていた。チンパンジーはキノコ、蜂蜜、蜂の巣、シロアリ、芋虫、土も食べていた。加えて、少なくとも一〇種の脊椎動物も食料にしていて、これには森に同所分布する他種の非ヒト霊長類すべてが含まれていた。[9] また、ヒトの居住地に近い地域では、チンパンジーはヒトが持ち込んだ侵略的外来種や農作物も食料にすることが、わたしの元教え子で現在は南カリフォルニア大学およびマックス・プランク進化人類学研究所に所属する、モーリーン・マッカーシーらの研究によって明らかになっている。[10]

食性調査における長期データの重要性は明らかだ。研究期間が長いほど、食料リストは長くなる。長期研究は、干ばつや重要樹種の不作の年も考慮した、長期的パターンの解明につながる。また研究期間が長ければ、観察される行動圏やなわばりは広くなる。チンパンジーがめったに行かない場所を探索する行動が記録されるからだ。ただし、チンパンジーのコミュニティの間には、たとえなわばりがすぐ近くであっても、ある程度の食性の違いがみられる。イェール大学のケヴィン・ポッツらは、行動圏がほぼ隣接するキバレ国立公園のンゴゴとカニャワラの両コミュニティにおいて、食性が重複し、数種の果樹がどちらにおいても重要な役割を果たしていることを示した。一方、ンゴゴのチンパンジーの食性の幅はより狭く、果実の割合がより高かった。また、木から木への移動がカニャワラよりも頻繁だった。ンゴゴの植生の多様性は熱帯林としては平均的だが、カニャワラと比べて果実生産量が多いため、食性の幅を広げなくても食料の質を高く保てるのかもしれない。端的にいえば、ンゴゴには豊富にあるが近隣のカニャワラにはまったく存在しない *Ficus mucoso* が、ンゴゴのチンパンジーの採食戦略に大きな影響を与えているようだ。ンゴゴとカニャワラの違いは、前者が生産性の高い成熟した森林であり、混交二次林である後者よりも概して食料の質が高いことに起因すると、ポッツらは指摘した。別の研究で、果実生産量の非常に多いンゴゴの森林では、チンパンジーの個体密度が高いにもかかわらず、採食効率も高いことがわかっている[11]。

生息地を問わず、チンパンジーの主食は熟した果実だ。このことは、コートジボワールのタイ国立公園のような低地熱帯雨林でも、セネガルのフォンゴリのようなパッチ状の森が点在する草原であっても変わらない。どの生息地でも、食料となる植物は一〇〇種を超える。チンパンジーの果実への固執ぶりは、他の多くの霊長類がもっと広範な食性をもつのと対照的だ。ヒヒやその他の旧世界ザルの一部は、手に入るものを何でも食べ、同所分布するチンパンジーが食べない植物のパーツも餌にする。ワッツらによれば、チンパンジーがンゴゴに分布するその他の霊長類と大きく異なる点は、たとえ不作でもお気に入りの果実を探し求めることだ。アカオザル、ブルーモンキー、ホオジロマンガベイは、果実が乏しいときには別の食料に切り替える。チンパンジーは単に、より遠くまで、より広範囲の探索にエネルギーをつぎ込み、イチジクなどお気に入りの果実を見つけ出す。

食性と採食についてはンゴゴとカニャワラでとりわけよく研究されているが、同様の結果は東アフリカのゴンベ、マハレ、ブドンゴ、中央アフリカのグアルゴでも得られていて、チンパンジーは本質的に熟した果実のスペシャリストであることが裏付けられている。霊長類もそれ以外も含めた果実食動物には、一定の行動パターンがある。果実食者は、長距離かつ広範囲を移動して点在する果樹を探し、いったん果樹を見つけると、集団内の他個体と果実をめぐって争う。質が高く、エネルギーと炭水化物が豊富な食料という見返りがあるからだ。移動パターンは食料の質、つまりは果樹と密接に関わっている。アントワン・ンゲサンらは、タイ国立公園において、チンパンジーのパーティが果実の乏しい時期に一日の移動距離を減らすことを発見した。またシモーヌ・バンらは、同じチンパンジーたちが、同時期に脂肪分の多い果樹のある方向に移動することを報告している[12]。チンパンジーが果実の乏しい時期に代替食料に切り替えることを示す証拠はわずかだ。ランガムらは、カニャワラのチンパンジーとその他の霊長類が、必要に迫られたときは、葉や樹皮といった、質は低いが安定して手に入る食料を利用することを示した。また、パーティサイズを変化させたり、新たな果樹を求めて行動圏のなかの普段行かない場所を訪れたりすることが、ランガムやグレート・エイプ・トラスト（Great Ape Trust）のレベッカ・チャンセラーらの研究から判明している[13]。

ニュートン゠フィッシャーらは、ブドンゴのソンソ・コミュニティのチンパンジーを対象に、果実の量と分布の影響を調べた。果実をめぐる競争によって、断片的で流動的なパーティ採食システムが形成されたのだとしたら、果実の豊凶とパーティサイズの変動は同期するだろうか？実際に、これらは関連していた。パーティサイズは、コミュニティの行動圏全体をみると、ニュートン゠フィッシャーが推定した果実量とは関連していなかったものの、食料パッチのサイズ（主に結実木の有無によって決まる）と関連がみられた。また、要因は食料の豊凶だけではないようだ。ソンソのチンパンジーは、食料が豊富なときは採食をおこなうパッチの数を増やし、必ずしもパーティサイズを大きくするわけではなかった[14]。

京都大学霊長類研究所の橋本千絵らは、果実とパーティサイズの関係を、東アフリカと中央アフリカの四つの研究サイトで比較した。その結果、パーティサイズは果実量と強く相関することがわかった。一方、不可解なことに、パーティサイズの季節変動は果実量の季節変動とは無関係だった。季節ごとのパーティサイズの変動には、果実以外の要因が関わっているのだ。それはおそらく社会的要因であり、果実量とは無関係な要因だろう。橋本らの仮説では、果実量がパーティサイズの季節変動に影響するのは、そもそも一年の大部分において果実量が少なく、パーティサイズが全体的に小さい傾向にある個体群に限られる。この場合、果実が豊富な時期にパーティが大きくなるのは、果実そのものではなく、発情メスの有無などの社会的要因によるものだ。すなわち、果実の影響は実際にあるが、過大評価されやすい。橋本らの研究は、果実量とパーティサイズの同期という通説に異を唱えるものとして、特筆に値する。また、果実とパーティサイズの関係を複数の研究サイトの間で直接比較している点でもユニークだ[15]。

結論として、植物性の食料、とりわけ果実の質、豊凶、分布は、チンパンジーがどこでどのように採食するか、一日にどれだけ移動するか、どれくらい社会的に食料の探索をおこなうかに、強い影響を与えている。しかし、重要な要因がもうひとつある。それは社会的要因だ。こうして浮かび上がった、食性と社会行動の関連というテーマは、霊長類学者たちを半世紀以上も悩ませ、魅了してきた。

食料、メス、社会構造

半世紀前、一握りの野心的な生態学者たちが、霊長類の配偶システムの多様性を、生息環境と関連づけて理解しようと試みた。その中心にいたのは、ジョン・ハレル・クルック、スティーヴン・ガートラン、ポール・ハーヴェイ、ティモシー・クラットン゠ブロックといった、当時の動物進化生態学の俊英たちだった。霊長類の配偶システムと食性を結びつける複数の論文が刊行され、霊長類の社会は食料と呼応して進化したとの主張がなされた。かれらは、一夫多妻の配偶システムを示す(一頭または少数のオスが多数のメスと交尾する)種は果実中心の食性をもつ傾向にあることを指摘し、一夫多妻と果実の関係を論じた[16]。

このような一対一の対応関係は、今では単純すぎたことがわかっている。霊長類研究の対象種が増えるにつれ、配偶システムは食性のカテゴリーに都合よくあてはまらないことが明らかになった。一九八〇年代までに、霊長類学者たちは、食料とセックスが集団生活に及ぼす、相反する影響を実証的に調べ、霊長類社会の謎の解明に取り組むようになった。いくつかの研究で、霊長類においては集団が大きくなるほど繁殖成功度が下がることが示された。おそらく、食料をめぐる競争が激化するためだろう。一方、ランガムの主張はこれと真逆で、場合によっては、大集団の方が果樹を占有し防衛するのに有利であるとした。この場合、集団が大きいほど、個体あたりの食料摂取量も多くなる。ランガムは、オスが生まれたコミュニティで生涯を過ごし、メスが分散する、チンパンジーの特異な離合集散型社会システムを説明しようとしたのだ。このパターンは、ランガムが理論を構築した一九八〇年代前半に考えられていたほど例外的なものではないことが、いまや明らかになっている。それでも、ランガムの理論は、一九八〇年代から九〇年代にかけて、霊長類社会の内部にはたらく見えない力を検証する枠組みとして、大いに役立った[17]。

多くの霊長類では、メスが社会集団の中核をなす。中心メンバーである母親、娘、姉妹、祖母たちは、同じ群れで生涯を過ごす。一方、オスが出生集団に残る種では、オスたちは強力な同盟を形成し、熟した果実が豊富な木などの食料パッチへのアクセスを支配する。こうしたオスたちには、協力しあう動機、あるいは少なくとも、過度の競争を避ける動機がある。協力しあうことで、単独では実現できないことをなしとげられるのだ。同盟を組むチンパンジーのオスたちは、メスや権力の獲得をめぐっても、シェイクスピア顔負けの陰謀を張り巡らす。

つまり、オスが分散する種よりも、メスが分散する種において、オスたちが集団構造の核となるのだ。かれらは兄弟やいとこどうしのことが多い。チンパンジーのコミュニティはまさにこのような基本構造をもち、メスが複数のコミュニティの間を移動する一方、オスはなわばりを支配し防衛する。オスのチンパンジーは生まれたコミュニティにとどまり、メスは離れるため、同じコミュニティのオスのほとんどは血縁関係にあると考えられる。オスどうしに血縁関係があるということは、なわばりの境界パトロールや狩りなどで、協力しあう遺伝的な動機があることを意味する。ところが、複数の研究により、オスどうしの血縁度は実際にはさほど高くないことがわかった。今では、オスどうしの協力は主として共通の利益に基づくもので、血縁淘汰の役割は部分的なものにとどまると考えられている。このような社会システムがなぜチンパンジーで進化したか、はっきりとはわかっていないが、状況証拠からすると、このようなパターンはすべての大型類人猿の祖先形質であり、おそらく初期人類にもみられたのだろう。どの霊長類にもいえることだが、現在の配偶システムを形成するうえで、種の進化史が果たす役割はきわめて重要でありながら、解明が進んでいない。また、系統進化要因と生態学的要因が社会システムに与える影響を切り分けるのは容易ではない。

霊長類の社会行動と配偶システムを読み解く現代の進化的アプローチは、過去の大雑把な生態学的比較と比べて格段に進歩している。各個体の利己的な関心と、それがオスとメスでどう違うかを考慮することで、チンパンジーが今の集団形成パターンをとるようになった、いくつかの要因が浮かび上がる。チンパンジーのオスとメスの繁殖戦略は、いずれも最終目的は繁殖成功であるものの、対立関係にある。どちらの性も、性成熟し繁殖可能なおとなになるまで成長できる子をつくる可能性を最大化しようとする。それはメスにとって、質の高い食料へのアクセスを確保し、健康な子を産み、その後こどもの授乳や世話を何年も続け、離乳が済んだら繁殖に復帰することを意味する。一方、オスにとっては、できるだけたくさんの排卵している可能性のあるメスと交尾し、かつライバルのオスがそういったメスと交尾するのを防ぐのが基本だ。

食料は、オスよりもメスにとって、行動と繁殖に関わる重要な要素になる。だからこそ、研究者たちはメスを生態学的な性とみなし、社会性哺乳類の配偶システムの進化に関する理論のほとんどはメスが基礎になっている。オスはふつう食料資源への依存度が低い。オスの社会集団形成は、むしろメスへのアクセスを最大化する傾向にある。オスのチンパンジーは同盟を組み、なわばりの境界を防衛し、敵集団を攻撃する。かれらはメスが棲むなわばりを防衛し、メスを直接、しばしば強制的に支配しようとする。しかし、メス自身にも決定権はある。他の哺乳類でもそうだが、メスは配偶相手が見つからないことを心配する必要がない。オスはいつでもメスを見つけるのだ。メスは熟した果実を探して日中を過ごし、見つけたごちそうを分け合うことには消極的だ。オスはメスのいる場所に陣取っていなければならないので、果実が乏しい季節には、広いエリアに散らばるメスへのアクセスを維持しようとする。

オスの同盟はこうしたメスたちを支配しようとし、なわばりの境界では、侵入を企てる隣接コミュニティのオスと激しく争う。このように考えることで、単なる果樹の共同防衛よりも、チンパンジーの社会システムのあり方をうまく説明できるだろう。メスは自分にとって都合のいいときだけオスと一緒にいたがる。つまり、排卵中や、オスが果樹を見つけたり、獲物を捕えたりしたときだ。霊長類の一般的な傾向として、分散する方の性は社会性が低いが、これはチンパンジーにもよくあてはまる。東アフリカでの研究（ゴンベ、マハレ、ブドンゴ、キバレ）により、メスはオスよりもずっと社会性が低いことがわかっている。このことから、東アフリカでは、メスのチンパンジーはオスやコミュニティ全体よりも、なわばりやその中のコアエリアと強く結びついているといえるだろう。ゴンベとマハレで、一部のメスが、長年コミュニティの一員でありながら周辺部にとどまり、自身の採食エリアにパーティが入ってきたときにだけそこに加わるのも、こういった理由からかもしれない[18]。メスのコアエリアはふつう、オスが監視するなわばり、すなわちコミュニティ全体の行動圏よりも、はるかに狭い。

これまでのチンパンジー研究のほとんどはオスに注目したものだった。オスはより社交的で、人づけの初期段階から大胆にふるまう傾向にある。あるいは研究者自身に、「オスのやることの方が面白い」という、凝り固まった偏見があったのかもしれない。メスの集合性は、ある程度コミュニティの大きさに比例する。個体数が多いほど、メスが他個体と過ごす時間も増えるのだ。しかし、マックス・プランク進化人類学研究所のジュリア・レーマンとクリストフ・ボッシュの研究によれば、タイのチンパンジーの場合、メスの社会性はオスにわずかに劣るだけだ。タイが他の研究サイトとはっきりと異なっているのは、タイの特殊な状況がメスどうしの協力を促進しているためなのか、それとも東部と西部のチンパンジーに一般的にみられる差なのか、まだわかっていない。タイのコミュニティサイズが伝染病と密猟によって激減した際、社交性はむしろ増した。パーティサイズと個体がパーティのなかで過ごす時間が増加したことから、レーマンとボッシュは、小さなコミュニティほど凝集性が高く、個体どうしの絆もオス・メス両方で強まると結論づけた。[19] 実際に、既知の最大のコミュニティであるンゴゴでは、他の研究サイトよりもチンパンジーが単独で観察される割合が高いが、これはどの時点をとってもコミュニティのメンバーのなかに採食している個体が多いためかもしれない。

ゴンベはいくつかの点で特殊かもしれない。ゴンベのメスは、他のどの研究サイトよりも三分の一以上長い時間を単独で過ごす。ゴンベのすべてのメスのうち、約半分は性成熟を迎えても分散しない点は、他の研究でみられるチンパンジー社会の典型とは異なっている。リヴィア・ウィティガーとボッシュは、タイのメスの集合性が、果実の分布と、その時点で性皮腫脹中のメスの数の両方によって決まっている可能性を示した。果実が密に分布する（果樹の群生が一斉に熟すなどの）場合、メスはより社交的になる。タイのメスは、他のチンパンジーのコミュニティのメスよりも、メスのみからなるパーティで過ごす傾向がずっと強い。[20]

食料とメスの行動の結びつき

食料の豊富さと入手可能性は、概してパーティサイズの増加と結びついているが、常にそうとは限らない。一方で、発情中のメスがいる場合、パーティは必ず大きくなる。オスが排卵の可能性のあるメスの近くにとどまるためだ。これには、父性データと行動観察のどちらからみても、皆の注目を浴びる発情メスとの間に子をつくる可能性がほとんどないオスも含まれる。ゴンベでは、わたしの研究と長期データ分析から、パーティサイズは食料の不足する乾季にむしろ増加することがわかっている。この時期、ほとんどの研究者はチンパンジーの体重減少を記録している。ただし、わたし自身の研究に関しては、狩猟パーティに注目していたため、必ずしもパーティサイズ全般にあてはまるとは限らない。ノーザン・ケンタッキー大学のモニカ・ウェイクフィールドは、ンゴゴのメスの社会性を分析し、それまで考えられていた以上に複雑な社会関係をもつことを明らかにした。メスたちはパーティに加わるだけでなく、積極的に近接を保って「クリーク(clique)」と呼ばれる緊密な小集団を形成する。[21] メスがこのような集合性を示すのは、群を抜いて生産性の高いンゴゴの森林のおかげで、メスどうしの競争が緩和されるせいかもしれない。この研究は、「チンパンジーのメスは社会性に欠ける」という常識を覆し、タイとンゴゴに共通点を見出した。

マハレ山塊では、京都大学の松本晶子らが、もっとも頻繁にみられるパーティサイズは一〜五頭であり、オスだけのパーティの約九五％を占めることを明らかにした。パーティサイズの平均は二度の雨季に最大となり、二度の乾季に最小となった。パーティサイズが最大となる時期は、果実食傾向がもっとも強まる時期でもあった。また、性皮の腫脹したメスがいる時の方が、パーティサイズは大きかった。パーティサイズ、果実食、メスの性皮腫脹の間の強い相関は、ほとんどの研究サイトで確認されている[22]。どちらの影響がより大きいかを解明することが今後の課題だ。

食料の入手可能性がパーティサイズに与える影響の強さは、コミュニティによって異なる。これは、重要な結実樹種の密度と数の差が、チンパンジーの近接パターン、さらには集合性に強く影響するためであると、ウィティガーとボッシュは主張する[23]。果実が乏しいとき、例えばゴンベの数カ月にわたる長い方の乾季の間、チンパンジーは広範囲に分散し、体重が減少し、小さなパーティまたは単独で採食する。フードコールをあげる頻度も低下する。これはおそらく、熟した果実を見つけたときに、不要な注目を浴びることを避けるためだろう。乾季はチンパンジーにとって明らかに試練の時であり、タイなど他のサイトと比べ、ゴンベではさらに長く厳しいのだろう。果実不足がゴンベのチンパンジーの集団形成パターンに影響することを示唆する、このような間接的証拠は、タイと他のコミュニティとの間で食料とパーティサイズや集団形成パターンの関係が異なる理由を解き明かす鍵になりそうだ。

寝床

チンパンジーは毎晩、自分だけの寝床をつくって眠る。この寝床は必ずといっていいほど樹冠につくられる。ただし、まれには地面近くに寝床をつくったり、それ以上に珍しいことだが直接地面につくることもある。母親はこどもを寝床に連れていくが、それ以外の個体は単独で眠る。チンパンジーの社会を理解するうえで、寝床は空間利用の明確な視覚的証拠という意味で重要だ。研究者は、ある森に棲むチンパンジーの個体数を、寝床を数えることで推定できる。統計的補正をおこなうことで、寝床の古さを推定し、毎週いくつ新たに寝床がつくられるかを計算できる。類人猿によく似た最初期の人類も、おそらく夜間に隠れる場所を用意したと考えられるため、チンパンジーの寝床づくりの生態学的・認知的側面を理解することで、初期人類の行動についても示唆が得られるだろう。興味深いことに、類人猿のなかには、きわめて複雑な寝床をつくる種も、オランウータンのようにまったくつくらない種もいる。例えばゴリラは通常、夜間に群れが移動をやめると、決まって巨大だが単純なボウル状の寝床を地面につくる。ただし、わたしの研究サイトであるウガンダのブウィンディ原生国立公園では、樹上につくることもある[24]。大型類人猿は、時に昼間にも昼寝のために寝床をつくるが、これらは夜間の寝床に比べると簡素なつくりをしている。

霊長類学者たちは何十年もの間、寝床と寝床づくりにほとんど関心をもたずにいた。一九八六年に刊行されたゴンベのチンパンジーに関するグドールの大著でさえ、寝床づくりには簡潔な言及があるだけだ。しかし近年、チンパンジー研究者たちは寝床の構造や用途の細部に注目しはじめた。今では、例えばタイのチンパンジーが多数の果樹の位置を記憶してその近辺に夜間の寝床をつくることがわかっている。これは翌朝の朝食バイキングのためだと考えられる。トロ＝セムリキ野生動物保護区とブウィンディのチンパンジーは、寝床の土台にするのに特定の樹種を好む。セムリキでは、頑丈かつ快適な寝床を支えるのに適した構造を備えた木であることが選択基準になっている。オスロ大学のR・アドリアーナ・エルナンデス＝アギラルは、乾燥した樹木密度の低い地域に棲むチンパンジーの場合、同じ木や寝床を複数回使うことを明らかにした。これは他地域のチンパンジーではきわめて珍しい行動だ[25]。

樹上の寝床が通例ではあるが、地域によっては地上に寝床をつくることもある。ブウィンディ原生国立公園のチンパンジーは急斜面の地上に寝床をつくる。谷側に倒木や林床の落葉落枝の土台があり、見た目こそ粗末だが、平坦につくられた人間の野営地のようだ。さらに他地域では、地上の寝床がより頻繁にみられる。ハーバード大学のキャサリン・クープスらは、西アフリカにあるギニアのニンバ山塊でチンパンジーの寝床づくりを研究した。わたしたちと同様、クープスらの研究でも、チンパンジーが寝床の設置場所として、特定樹種または少なくとも特定の構造を選んでいることが裏付けられた。選ばれるのは、背が高く、標高一〇〇〇メートル以上の場所に生えていて、低い位置に大枝のある木だった。クープスらは、寝床づくりのパターンを説明する複数の仮説を検証した結果、寝床は体温調節と多湿環境の回避の機能をもつと結論づけた。高温多湿の季節には、寝床は木のより高い位置、より高標高に設置される傾向がみられたのだ。また、オスの方が頻繁に地上に寝床をつくる傾向も確認され、体格の違いによるものと考えられている。[26]ゴンベでは、フロイトというアルファオスがしばしば地上で夜を過ごし、時には寝床をつくることさえしなかった。お気に入りの発情中のメスがいる木の根元に居座るのが彼の常だった。

ネバダ大学ラスベガス校のデヴィッド・サムソンと同僚のケヴィン・ハントは、セムリキのチンパンジーが寝床をつくる木を慎重に選んでいることを明らかにした。数にして森林全体の一〇%に満たない一種の樹木に、寝床の七四%がつくられていたのだ。チンパンジーの夜間の寝床は頑丈であり、安定した土台になる太い枝と適切な木の構造が必要だ。サムソンとハントは、この樹種が寝床用に選ばれるのは、大枝が丈夫で安定した土台になるためだろうと考えている。[27]

長い一日を終え、移動をやめたチンパンジーのパーティは、選んだ木に登り、各々に寝床をつくって、ばらばらに眠りにつく。この時点で、研究者もフィールドノートを閉じ、キャンプに戻る。チンパンジーはそこから一二時間、観察されずに過ごすが、夜の間も興味深いことが起きているのかもしれない。チンパンジーは時折、前夜に入ったのとは別の寝床から朝起き出すことがある。なんらかの理由で夜間に活動し、暗闇のなかでもう一度寝床をつくったか、あるいは他個体から寝床を奪い取ったということだ。こうした観察事例は珍しいが、夜間観察自体がほとんどおこなわれていないので、実際の頻度の推定は不可能だ。逸話的な観察事例として、満月の夜にチンパンジーが農地を横切って移動したという、グドールらの報告がある。また、岡山の林原類人猿研究センターの座馬耕一郎は、マハレ山塊国立公園の野生チンパンジーにおける睡眠と覚醒のサイクルを研究した。野生の大型類人猿の夜間活動に関する研究は事実上これだけだ。座馬によれば、チンパンジーは頻繁に夜間に目を覚ます。その理由は、わたしたちヒトが夜に目を覚ますのと同じで、近くで動物あるいは侵入者がたてる物音を聞いたり、排泄を催したりといったものだ[28]。ブウィンディ原生国立公園でわたしがチンパンジーとマウンテンゴリラの研究をおこなった際、キャンプは谷の入口にあり、そこは対象の類人猿たちがしばしば寝床を設置する場所でもあった。微風とともに谷間から物音が響き、夜間にチンパンジーやゴリラが近くで鳴き交わすのを、わたしたちはほぼ毎日、時には数時間にわたって耳にした。

寝床で眠ることはチンパンジーの福祉に必須ではないが、かれらの日課のひとつだ。飼育下では寝床の材料を与えられることが多く、そうでない場合、わたしたちは、チンパンジーが基本的な欲求充足の機会を奪われているように感じる。寝床がかれらに安心感を与えることは明らかだが、天敵から身を守り、雨風をしのぐのにも、ある程度役立っている。ケンブリッジ大学のフィオナ・スチュワートらは、寝床の重要な機能はマラリアを媒介する蚊などの寄生虫から身を守ることであると考えている。スチュアートは検証のため、チンパンジーの生息地で月に一度、夜間に屋外の地面と寝床（自作のものとチンパンジーがつくったもの両方）で眠ってみた。すると、直の地面では眠りが浅く、頻繁に目が覚めた[29]。野生チンパンジーが寝床をつくる本当の理由は、睡眠の質にあるのかもしれない。

音声コミュニケーション

音声はチンパンジーの社会生活のなかで重要な役割を果たしている。チンパンジーは至近距離でもさまざまなコールを発するが、チンパンジー社会の目立った特徴といえるのは、長距離コール、および長距離コールと食料との関連だ。分断された離合集散社会に暮らすチンパンジーはしばしば個体間の視覚的コンタクトがとれなくなる。単独または小パーティで採食するチンパンジーがコンタクトを保つ手段がパントフートだ。グドール以降の研究者たちは、パントフートには発声個体を特定する情報を遠くの個体に伝える機能があると主張してきた。ヌーシャテル大学のパヴェル・フェドゥレックらの最近の研究によれば、パントフートは発声個体の順位、年齢、個体情報を伝えている可能性がある。[30]

けたたましいパントフートはさまざまな文脈で発せられ、手や足で木の板根を叩く大音量のドラミングを伴うこともある。パントフートは採食パーティの移動や集合を調整するのに欠かせないようだ。移動中のチンパンジーがパントフートを発すると、しばしば離れた場所にいるパーティがパントフートやコーラスでこれに応える。時には、チンパンジーがいるとは思えないほど静かだった谷から、突然パントフートが響いたかと思うと、離れた位置からも聞こえてくる、といったこともある。フェドゥレックらは、ウガンダのキバレ国立公園のカニャワラのオスの社会行動において、パントフートが果たす役割を調べ、この長距離コールが発声個体どうしの強い絆の指標になることを明らかにした。グルーミングと同じように、誰と誰が同盟を組んでいて、どの個体間の絆がもっとも強いかを、パントフートのコーラスのパターンから読み取ることができたのだ。フェドゥレックらは、パントフートがパーティ内およびパーティ間の相互作用を調整するうえで、複雑かつ重要な役割を担っていると結論づけている。[31]

パントフートの音声には、個体群間で違いがあることがわかっている。これはヒトの方言に相当するのだろうか？　コーネル大学のアダム・クラーク・アーカディィらはそう考えている。一方、ミタニらは、体サイズや森林環境の特性が、地理的に離れた個体群間のコールの音声構造の差異を生み出すと主張する。[32] ここで、わたしの経験を紹介しよう。ゴンベの巨大なオス、フロドが単独でカコンベ渓谷を移動するのを追っていた時のことだ。前方の滝の上から、パントフートのコーラスが突如として聞こえてきた。フロドがこういうとき、そっけなく応答したり、無視するところを、わたしは何度も観察してきたが、このときはコールの聞こえた方に頭を向けたかと思うと、猛スピードで走りだし、滝の横の崖をよじ登った。滝の周囲を迂回したわたしが一五分後に追いついたときには、フロドは他のオスたちとアカコロブス狩りに興じていた。明らかに、パントフートのコーラスそのもの、あるいはその文脈によって、フロドが加わりたいような何かが起きているというメッセージが、彼に伝わったのだ。彼が聞いたコールの音声分析ができれば、その内容がフロドにとってどんな意味をもっていたかがわかったかもしれない。けれども、彼が知るべきことは、文脈によって伝わった可能性の方が高い。彼の反応は、何十年も同じ山道を歩きつづけ、たくさんの状況で自分に呼びかける同じ声を聞きつづけた結果なのだ。

チンパンジーは、森の中で二つのパーティが接近しているときにパントフートを発する。またディスプレイの際にも、単独または複数個体のコーラスとして発せられる。自己主張や探索の意味もあるようで、オスがある場所にやってきて、巨木の板根を叩きながらパントフートを発するときなどは、これにあたるだろう。クラーク・アーカディらは、タイのオスによるドラミングを調査し、ヒトの耳で一キロメートル先まで聞こえる低周波ドラミングは、オスの個体によってテンポとリズムが異なり、個体情報を伝えている可能性があるとした。また、タイとカニャワラではドラミングのスタイルとパターンが異なり、彼らはこれを個体群間の文化差だろうと考えている[33]。

パントフートの意味は完全には解明されていないが、それ以外のコールは、チンパンジーの日常生活における関心事と明確に結びついている。フードコールは、パーティが熟した果実のなる木に到着したときによく発せられる。この声は満足やリラックスを表しているのかもしれない。あるいは、チンパンジーがいつも以上に空腹であるか、食料がとてもおいしく、高揚感をもたらすものであることと関係があるのかもしれない。チンパンジーがごちそうを見つけた喜びを表現しているところは、想像にかたくない。たくさんの果実を発見すると、チンパンジーはより騒々しくなる。飼育下では、フードコールは食料があることだけでなく、その量が多いかどうかも表している。マックス・プランク進化人類学研究所のエイミー・カランらは、タイのチンパンジーが、発見した果樹の大きさや、果実の種類によってフードコールを調整していることを示した。価値の高い果実を見つけたときには、高いピッチのコールを発した。この研究では、コールが聞き手の個体にどんな影響を及ぼすかは調べられていないが、カランらはコールの違いには単なる感情の高ぶり以上の理由があると考えている。そこには何か重要なことを伝える意図があるのだ。[34]一方、ブドンゴのオスは、主として親密なパートナーや同盟相手が近くにいるときにフードコールを発すると、ヨーク大学のケイト・スローカムらが報告している。オスたちはまた、手に入る食料の量や、独占可能かどうかによって、発する音声を調整していた。つまり、かれらは見つけた食料が独占できる程度の量かどうかを判断していて、それ以上である場合は、コミュニティの他のメンバーと分け合うことに、より寛容になるのだ。[35]

アラームコールもチンパンジーの音声レパートリーのひとつだ。他のコールと同じで、アラームコールも他個体の心的状態を理解し、影響を与える能力を示唆するものだ。しかし、危険な状況で発せられるという性質上、チンパンジーの個体の福祉により直結する。「ウラアア（wraa）」というアラームコールは、ヒョウやニシキヘビといった天敵や、よそ者のチンパンジーが突然現れたときに発せられる。セントアンドリュース大学のキャサリン・クロックフォードらは、野外実験で、ブドンゴのチンパンジーに危険な状況（作り物のヘビ）を提示し、アラームコール反応を検証した。これにより、ある個体がアラームコールを発するのは、主にパーティを組む他個体がヘビを見ていなかった、または最初のアラームコールが発せられたときにいなかった状況であることがわかった。言い換えると、ブドンゴのチンパンジーは、アラームコールによって状況を理解していない仲間に危険を知らせているのだ。[36]

コールは多くの情報を含み、わたしたちはそのごく一部を理解しはじめたにすぎない。チンパンジーが同じコミュニティの他個体から攻撃を受けた場合、音声での反応は悲鳴か、「ワア（waa）」

という吠え声、またはその両方だ。フェドゥレックらは、別の画期的なフィールド研究でこの二つの音声を調べ、攻撃された個体は「ワア」のあとは反撃に転じるが、悲鳴のあとは反撃しない傾向を見出した。このことは、「ワア」という吠え声が攻撃個体への反撃宣言の機能をもつことを示す。一方、悲鳴は、すぐさま反撃に転じるシグナルというよりも、周囲の他個体に助けを求める意味があるようだ。[37]

離合集散の理由

チンパンジーの社会構造は特殊だ。それは食料の分布と入手可能性、そしてメスへのアクセスの組み合わせの産物であり、系統進化のテンプレートからも多少の影響を受けている。食料とメスという、検証しやすい二つの変数を定量化することでわかったのは、メスのチンパンジーはアフリカの森林地域において、熟した果実へのアクセスを最大化し、それをめぐって争う他個体の数を最小化するかたちで散在しているということだ。この方程式に変化が生じるのは、メスの性皮が腫脹し、より社交的になるときだけで、この間はオスがメスに惹きつけられる。食料とメスの繁殖サイクルという二要因がパーティサイズを決定し、二要因の変動とパーティサイズの増減はきわめて正確に同期する。ただし、どちらも重要な要因ではあるものの、食料の分布と入手可能性の影響力は、メスへのアクセスには劣るようだ。他にも見過ごされている要因はあるかもしれないが、それらは定量化しづらいか、すべてのコミュニティに共通ではないのだろう。チンパンジーのコミュニティの構造について、わたしたちの理解はまだ完全ではないと考える研究者もいる。その根拠は、コミュニティにおけるメスの位置づけが時に不確かであることだ。一部のメスは、文字どおりの意味でも比喩的にも「周辺」の存在であり、何年もの人づけの期間を経たあとでも、限られた場所と機会でしか観察されない。

オスの社会行動にも謎は残されている。チンパンジーのオスはメスよりも集合性が強い。しかし、アリゾナ州立大学のケヴィン・ランジャーグレイバーらは、オスどうしの社交性はランダムな相互作用よりも有意に強いとはいえない、と主張する。だとすると、チンパンジーのコミュニティの中心は血縁関係にあるオスたちだという従来の見解は、間違いではないにしても、過去の研究には多少の誇張があったのかもしれない。メスにも同じことがいえる。ンゴゴでは、メスの全体的な社交性の低さを統制した場合、メスどうしのやりとりはランダムよりも有意に多い結果になった[38]。これまでの定説である、同盟を組むオスと個人主義で集合性の低いメスという見方には、再検討が必要かもしれない。

社会構造と個体の行動をつなぐ要素のなかで、研究が大きく遅れているのが、チンパンジーの認知能力だ。過去二〇年の間に、大型類人猿を含む動物のこころの研究は飛躍的に進んだ。けれども、チンパンジーの認知研究は、ほぼすべてが研究施設や動物園の飼育下個体を対象としたものだ。状況を操作し、さまざまな刺激への反応を記録することで、思考のプロセスを解明するところの研究は、自然下でおこなうのがきわめて難しい。しかし、これからの数十年で、次世代の霊長類学者には、まさにこうした研究をおこなうことが期待される。チンパンジーの嗅覚、聴覚、視覚は、ヒトのものとほとんど同じだ。そのため、非常に鋭敏な嗅覚をもつイヌや、エコーロケーション能力をもつイルカの感じる世界を理解するよりも、ハードルは低いはずだ。

チンパンジー社会は流動的だというグドールの最初の印象から、西田が明確な社会の構成要素を解明するに至るまで、一七年の歳月を要した。構造的なコミュニティと流動的な採食パーティというモデルが確立されて以来、環境要因と社会的要因を定量化する研究に、さらに数十年が費やされてきた。今では、いくつもの研究サイトのデータに基づいて、社会構造の地理的変異はきわめて小さく、それらは個体群構成と森林環境そのものの違いに起因するものだと、確信をもっていえる。よく研究されている他種の霊長類と比べ、チンパンジーの社会行動は、広い分布域全体で驚くほど一様だ。チンパンジーは、低地熱帯雨林でも、草原と森林のモザイクからなる乾燥地帯でも、同じコミュニティ構造と同じパーティシステムをもつ。チンパンジーの行動の複雑さや、行動に影響する無数の要因を考慮すれば、この均質性は意外だ。チンパンジーが世界をどう見ているかをよりよく理解し、かれらが日常生活のなかの社会的・生態学的課題への対処に知性をどう生かしているかを解き明かすことが、今後の課題だ。

第三章　政治とは流血なき戦争である

ラウトは、約一五メートルはなれて、毛を逆立て、イエルーンのまわりをまわる。足をふみならし、手のひらで地面をたたく。石や棒切れを、かたっぱしからひろい、投げる。イエルーンは、草むらに座り、ときどき、ラウトをすばやくちらっと見る。挑戦者が背後にきても、イエルーンは、体の向きをかえない。頭をすこし動かして、ラウトの行動を、肩ごしにさりげなく見まもる。ラウトは、ほんの数メートルのところにくることがある。そんなとき、イエルーンは、毛を逆立てて立ちあがり、数歩あるく。この短時間の対決のあいだ、両者は、おたがいをけっして見ない。ラウトが通りすぎるやいなや、イエルーンは、ただちに草むらの彼の座っていた場所にもどる。

Frans de Waal, *Chimpanzee Politics* (1982)
(『政治をするサル――チンパンジーの権力と性』西田利貞訳)

オランダの動物園で起きた、アルファオスのイエルーンに対するこの挑戦は、アルファの地位をめぐる長くドラマチックな戦いの初期段階を描いている。これは単なる一対一の戦いではない。一般に、支配性は、個人の性格の本質的部分である、リーダーシップと関連するとみなされている。しかし、ヒト以外の霊長類においては、支配性は個体に属するというよりも、個体間の関係から創発する特性であると、わたしたちは考える。個体間の支配的関係は、長期にわたって繰り返される相互作用から生じる。従来の理解では、霊長類の集団内の上位個体とは、例えば、自分がグルーミングをするよりも他個体からグルーミングされることの方が多い個体、攻撃されるよりも攻撃することの方が多い個体、けんかの時に他個体の加勢を受けながら自分は他個体に加勢しない個体のことだ。支配とは権力の不均衡なのである。霊長類学者はしばしば、支配的関係を判断するのに、グルーミングをした頻度とされた頻度を基準にする。こうすることで、長期観察に基づいて、各個体の順位を暫定的に決めることができる。ただし、パントグラントの方向性など、後から測定される他の要素も、社会的地位を理解するうえで重要であることを忘れてはいけない。

わたしたちはふつう、社会的相互作用をもとに、群れの個体を直線的ヒエラルキーに並べる。これを「つつきの順位」と呼ぶのは、ニワトリの群れの順位関係を調べた初期の研究からきている。だが、これには問題がある。支配的関係はたいてい厳密に直線的ではないし、また相互作用は必ずしも一対一のものばかりではないからだ。つつきの順位の過ちは、霊長類の順位に関する最初期の野外研究にもみられる。研究者たちは、オスのヒヒ二個体の間にピーナッツを置いて、上下関係を知ろうとした。決まってどちらか一方がピーナッツを獲得する様子が丁寧に記録された。だが、これは予言の自己成就だった。オスたちに相対的順位を確かめる手段を与えたことで、最初の段階では不明確だった個体間の支配的関係を、研究者自身がつくりだした、あるいは少なくとも強化した可能性があるのだ。[1]

では、支配性とはいったい何だろう？　群れの他個体からピーナッツを奪い取ることができるといった、単純なこと？　それとも、好みのメスと交尾できること？　配偶相手への優先的アクセスは、優位に立つことの主要なメリットであり、チンパンジー社会においても、そのことがたびたび示されている。けれども、話はそれだけではない。支配性とは、チンパンジーの権力関係における非対称性のことだ。ヒエラルキーが完全に直線的であることは珍しい。アルファはベータより優位であり、ベータはガンマよりも優位だ。しかし、個体間関係の網はふつうもっと複雑で、同盟、連合、友好関係、それにありとあらゆるマキャベリ的な他個体の操作がはたらいている。

チンパンジーでは、体の大きさと支配性は無関係だ。オスもメスも順位制をもち、すべてのおとなオスは、通常すべてのおとなメスに対して優位に立つ。若者オスはふつう、典型的な順位争いに興じることはない。このことは、ミシガン大学アンアーバー校のアーロン・サンデルらの研究でわかった。[2]若者オスどうしは服従を示すパントグラントをせず、かれらの間の順位関係は判別しづらい。しかし、若者からおとなになると、オスはより高い順位をめざして、おとなメスを一頭ずつ標的にしては威圧していく。上位メスの大部分を従えた時点で、若いオスはオスのヒエラルキーの最下位につく。長い時間をかけ、上位のオスたちと何度も一騎打ちを演じて、ようやく自身が到達できる最高順位が決まる。サザンオレゴン大学のホーガン・シェローらは、ンゴゴのオスどうしの支配的関係は若者の時期にすでに確立されていることを示した。[3]一部のオスは根っからの上昇志向で、高順位のオスやメスに取り入り、目的のために賢く立ち回る。一方、粗暴な脅しに頼るオスもいるが、こうした個体が必ずしも勝利するわけではない。そして、なかには社会的地位にほとんど関心を示さず、争いから距離を置いた暮らしに満足するオスもいる。

支配性は、チンパンジー社会のなかでさまざまな形をとる。視覚的には、ボディランゲージやパーソナルスペースの使い方として。触覚コミュニケーション、音声コミュニケーション、メスをめぐるオスどうしの争い、メスによるオスの選り好み。オスが優位ディスプレイで、毛を逆立て、若木を折ったり倒木を投げたりしながら森の中を突進するさまは、自然ドキュメンタリー番組には映えるが、実際に見ることは多くない。ドゥ・ヴァールが記録した、同盟形成をともなう支配的行動がみられるのも、たいていは社会が混乱している間だ。

アルファとはどんな存在か

「アルファオス（alpha male）」という表現は、英俗語として定着している。この言葉は、いい意味でも悪い意味でも使われる。スティーヴ・ジョブズを「パーソナルコンピュータ革命のアルファオス」と評する場合は、リーダーシップと権威を指す。一方、パーティ参加者の男性をアルファオスと呼べば、それは彼が威圧的な「オラオラ系」であり、支配的パーソナリティを発揮して人に危害を及ぼすという意味になる。わたしたちとアルファオスの間の愛憎入り混じる関係は、チンパンジー社会にもあてはまる。アルファの地位に上りつめたオスは豹変する。オスは一日中リーダーとしてふるまい、外見的にも毛を逆立てて堂々と見せることで、挑戦をはねつけようとする。それまで順位の上昇に役立ってきた、同盟相手のご機嫌伺いのような行動はなりを潜め、権力を維持するための行動に取って代わる。チンパンジーの歴史記録のなかで、もっとも有名なアルファオスは、マハレで長期政権を維持したントロギであり、彼は肉を平等に分配することでのし上がっていった。しかし、西田利貞が示したとおり、いったんアルファの地位につくと、彼は寛容さを捨て、主として政治的支援が必要な相手に肉を分け与えるようになった。(4)

アルファオスは通常、一〇代後半から二〇代前半の青年期のうちにトップにのし上がる。そうなれなかったオスは一生アルファになれないのがふつうだが、特筆すべき例外がある。ゴンベのゴブリンは性成熟を迎えたばかりの一五歳でアルファになり、(他のオスの挑戦により断続的にではあるが)二〇代半ばまでその地位を維持した。マハレのカメマンフは三九歳という壮年でアルファになり、四三歳までとどまった。アルファの在位期間は数カ月に終わることもあれば、長年にわたることもある。最長記録はントロギの一六年だ。(5) コミュニティ内でもコミュニティ間でもばらつきが非常に大きいため、平均にはあまり意味がないが、もっとも記録の多いアルファの在位期間は約四年だ。

賢いグルーミング

日常生活のなかでオスのチンパンジーが支配性を発揮する、もっともわかりやすい方法がボディランゲージだ。高順位のオスが低順位の個体に近づくと、低順位の個体は立ち上がって歩き去る。すると優位個体はそのまま通過するか、空いたスペースに座る。劣位個体はふつう優位個体が間近に迫る前に移動するので、慣れないうちは二者の行動は無関係に見える。チンパンジーの社会生活は、このような社会的地位の高低を示す、微妙なディスプレイに満ちている。

グルーミングは上下関係の重要指標であり、観察者が個体の社会的地位を判断するシグナルでもある。霊長類学者は、グルーミングの互恵性、あるいは互恵性の欠如を、社会性霊長類の順位を定める基準にしている。アルファは集団の多くのメンバーからグルーミングを受ける。低順位のチンパンジーは、自分が受けるよりもずっと多く他個体へのグルーミングをおこなう。チンパンジーは一日のうち一定時間をグルーミングに費やし、そのパターンは血縁度と順位に従う。デューク大学のジョセフ・フェルドブラムらは最近、ゴンベでのグルーミングのパターンの分析をおこない、グルーミングのパートナーの数が順位を定める重要な変数であることを示した。オスは、特定の個体と親密なグルーミングをおこなうことよりも、できるだけ多くの他のオスとグルーミングの関係を築くことで、順位の上昇に成功した(6)。

一方通行または不均衡なグルーミングは、相互グルーミングよりも理解しやすい。低順位個体はふつう、集団内の上位個体にグルーミングをすることで、同盟の地盤を固めようとする。こうした努力をすることは、低順位個体にとって、ほとんどコストにならない。グルーミングの返礼を受けることはあまりないが、多少なりとも互恵性があるなら、かれらの利益になる。物乞いは選り好みできないのだ。これに対し、相互グルーミングには両者の長期的な絆を強める効果がありそうに思える。だが、ハーバード大学のザリン・マチャンダらの研究によれば、相互グルーミングの主な機能はグルーミング自体を長引かせることであり、必ずしも長期的利益の確保にはつながらないようだ。(7)

グルーミングは、ジョン・ミタニがいう「永続的で平等な」オスどうしの社会的ネットワークの一部だ。多くの社会性動物が、直近のニーズ(けんかに加勢してくれる短期的パートナーを見つけることなど)を満たすため、一時的な友好関係を築くが、生涯続く永続的な絆を形成する種は多くない。オスのチンパンジーは、生まれ育ったコミュニティにとどまるため、長期的な絆が利益をもたらすのは明白だ。また、配偶相手、同盟の仲間、宿命のライバルといった個体間関係を、数十年にわたって記憶するだけの知性を備えている。ミタニは、オスどうしの絆の安定性が血縁度と社会関係の質に依存し、後者はグルーミングパートナーのパターンによって定義できることを示した。意外ではないが、グルーミングは、他の基準によって決定した順位の影響を大きく受けていて、一方で血縁度も重要要因だった。母系の半兄弟(母親が同じで父親が異なる)は、血縁のないオスどうしよりも平等に相互にグルーミングをおこない、かれらの絆はより長く続いた。オスが生涯にわたって同じエリアにとどまる種に予想されるパターンのとおり、兄弟間のグルーミングの関係はもっとも長く続き、もっとも平等だった。(8)

オスの絆は日々の相互グルーミングによって強化される。オスたちは、グルーミングをする頻度もされる頻度もメスよりも高く、またメスよりも多くのグルーミングパートナーをもつ。これは、メスどうしがめったにグルーミングをしないのに対し、オスはメスにも他のオスにもグルーミングをおこなうためだろう。グルーミングは順位のヒエラルキーをのし上がるのに非常に重要であるため、もしかするとオスは、グルーミングのやりとりの機会をめぐって争っているかもしれない。セントアンドリュース大学のケイト・アーノルドとアンドリュー・ホワイテンは、ブドンゴ森林での観察により、オスのチンパンジーは上位個体にグルーミングをすること、順位が隣接するオスどうしは順位の離れたオスどうしよりも頻繁にグルーミングをしあうことを示した。アルファやそれに近い順位のブドンゴのオスは、多くの交尾機会を獲得し、自身がグルーミングをしていないメスとも交尾することができた。[9]

デヴィッド・ワッツは、ンゴゴでの自身の研究に基づき、順位とグルーミング戦略の関係について微妙に異なる見解をとっている。ンゴゴでは、コミュニティ内のオスの個体数が多いため、グルーミングの機会は膨大であり、オスの社会的相互作用は複雑だ。ここでも、高順位オスほどグルーミングパートナーの数が多い。グルーミングの互恵性は、全体として低順位オスから高順位オスへという傾向がみられ、ヒエラルキー下位のオスは自身が受けるよりもずっと多くのグルーミングをおこなう。しかし、グルーミングは順位の近接するオスどうしに集中する。これはブドンゴなど、他のサイトにも共通するパターンだ。ワッツは、グルーミングパートナーになりうるオスの個体数の多さが、自身の観察した強い互恵性を生み出すのだろうと結論づけた。[10]

オスのチンパンジーにおける、グルーミングと順位の高低の関係や、グルーミングと順位の近接の関係は、すべての研究でみられたわけではない。マハレ山塊国立公園のMコミュニティでは、グルーミングのパターンはコミュニティ内のパートナーの数の影響を受けていたが、順位との関係は不明確だった[11]。同様に、デヴィッド・バイゴットによるゴンベでの初期の研究でも、オスの順位よりも年齢が重要であり、年長のオスほど頻繁にグルーミングを受けるという結果が得られている[12]。

シェイクスピア的なオスたちの物語

霊長類のフィールド研究の勃興期、研究者の関心はオスに偏っていた。最初の研究対象となったヒヒは、体が大きく、大規模な社会集団を形成する。ヒヒは人馴れしやすく、東アフリカの多くの動物保護区に豊富に生息する。オスたちはいつでも威張り散らし、他のオスにこれ見よがしにディスプレイをして、研究者たちはそんな姿を夢中になって観察した。一方、母親とこどもはそう簡単には打ち解けず、安全なやぶの中に隠れるのが常だった。ヒヒの観察をおこなった一九五〇年代から六〇年代の霊長類学者たちが、メスよりもオスに注目したのは、まさにこういった理由からだ。メスの観察もおこなわれたが、本来は社会集団の中心であるにもかかわらず、大幅に過小評価されていた。当時の研究者がほぼ全員男性だったのも、偶然ではないだろう[13]。

オスのチンパンジーの社会行動が当初重視されたのは、観察者のバイアスもあるが、オスの生活がメスのものよりも順位のステータスに支配されているのは確かだ。よくあるシナリオは、同じコミュニティで一緒に育った二頭の兄弟が、共通の目標のために共謀するというものだ。時には、順位をめぐる両者の敵対関係がより際立つこともある（ヒトの例でいえば、リチャード三世が憎き兄のエドワード四世を王座から追いおとす、シェイクスピアの史劇が有名だ）。オスどうしのコミュニティ内の政治的関係は複雑で、血縁個体どうしが組むこともあるが、常にそうとは限らず、また時とともに変化する。チンパンジーの生涯は、長く波乱に満ちている。同盟相手やライバルとともに育ち、思春期からおとなへとゆっくりと成長し、順位のヒエラルキーを必死で上りつめる。その結果を予測するのは難しい。政争におけるオスどうしの協力は血縁関係に基づくと、長らく考えられてきた。一九九〇年代以降、野外でのDNAサンプリング技術が進歩し、この仮説を検証できるようになった。そして、複数の研究で、仮説は間違いか、少なくとも単純すぎたことがわかった[14]。これにより、オスの政治同盟の研究は新たな展開を迎えた。オスの同盟は、血縁個体間の協力だけでなく、共通の目標のための共謀でもあったのだ。

オスはなぜ、それほど順位に執着するのだろう？　高順位の獲得は、長年の努力、多大なエネルギー、ストレス、負傷のリスクを伴い、見返りは不確かだ。インディアナ大学のマイケル・ミューレンバインとワッツ、およびわたしの元教え子であるニューメキシコ大学のマーティン・マラーとリチャード・ランガムが独立におこなった二つの研究で、高順位のオスは、ストレスの生理指標であるコルチゾール濃度が高いことがわかった。また、スタンフォード大学の心理学者ロバート・サポルスキーがおこなった、ヒヒにおける順位とストレスに関する著名な研究は、高順位個体ほど寄生虫保有量が多いことを示している(15)。

高順位の利点は数十年にわたって検討されてきた。共通見解として、さまざまな苦労に見合うだけの繁殖上の利益があるはずだとされている。交尾成功と順位の関係は、アカシカからゾウアザラシまで、さまざまな哺乳類で知られており、霊長類でも例がある。単雄群（オスが一頭だけの集団）を形成する種は、一頭のオスが複数のメスを独占しようとするため、このオスがほぼ一〇〇％の父性を獲得する。アカホエザルなどはこのパターンに合致し、ヒヒやパタスモンキーでも八〇％以上の値がみられる。

しかし、アルファオスや高順位オスであっても、必ずしも大部分のメスと交尾できたり、ほとんどのこどもの父親になれるわけではない。グレン・ハウスファターがおこなった初期のサバンナヒヒの研究など、いくつかの研究では、優位オスがメスへのアクセスの優先権をもち、とりわけメスの排卵中に顕著であることが示された。最近では、デューク大学の生物学者スーザン・アルバーツらが、父性検査により、これらの発見を裏付けた。一方で、順位と交尾成功は無関係であるという結論に至った研究も少なくない。カリフォルニア大学サンディエゴ校の霊長類学者シャーリー・ストラムは、コミュニティを移ってきたばかりのオスが、ヒエラルキーの最下位にいるにもかかわらず、高い交尾成功を収めていることを示した。アルバーツらによれば、とりわけ順位のヒエラルキーが不安定な集団では、新入りのオスが目新しさを武器に幅を利かせる。一九八〇年代の研究で、バーバラ・スマッツは、メスのヒヒが盛りを過ぎたオスと一緒に行動し、交尾するのを好むことを示した。これはおそらく、メスがこうしたオスによる保護とサポートを得られる一方、交尾機会をめぐる闘争に巻き込まれるリスクが相対的に低いためと考えられる。[16]

チンパンジーは凝集的な社会集団ではなく離合集散社会に暮らしているため、順位と繁殖成功を結びつけるうえでの課題も異なる。少なくとも、イリノイ大学アーバナ・シャンペーン校のレベッカ・スタンプとクリストフ・ボッシュの研究では、ストラムがヒヒで観察したのと同じく、メスは低順位のオスを好んだ。[17] けれども、ほとんどのチンパンジー研究では、順位と繁殖成功の関係はより複雑だ。離合集散社会では、各個体（とりわけメス）は生涯のほとんどを森の中でばらばらに過ごすため、支配的関係を示す直接的な相互作用は多くない。数時間単位で変化するパーティの構成が、順位をめぐる争いの結果に大きく影響するのかもしれない。低順位オスがメスとの交尾を試みるのは、ふつうアルファの視界の外にいるときだけだ。個体BとCが共謀してアルファオスAに挑戦するためには、まず三個体が同じ場所にいなければならず、また反乱の直接のきっかけは、それ以外に一緒にいる取り巻き個体がけしかけることかもしれない。このような筋書きは、チンパンジー社会における支配性の形態としては、単純すぎるくらいだ。アルファの地位はふつう明確だが、そうでないこともあり、二頭のオスが共同統治と相互監視をおこなう例もある。また時には、コミュニティに明確なアルファが存在せず、支配と交尾の混沌と混乱が数週間から数カ月にわたって続くこともある。

オスの順位は、しばしば個体がおかれている社会的状況に依存する。一個体の行動が、即座に周囲の他個体を巻き込んだ連鎖反応を引き起こし、三方向、四方向の社会的相互作用になるのだ。

同じことが同盟にもいえるため、単独で力のある個体よりも、短期的に同盟を組む低順位のオスに有利にはたらく。わたし自身のフィールド研究では、常に単独のアルファオスがいたが、彼の権力はその瞬間に周囲に誰がいるかで大きく変化した。一九九〇年代、ゴンベでは元アルファのゴブリンが地位を失い、他のオスとの闘争で危うく死にかけた。ジェーン・グドールの判断で、水と抗生物質を仕込んだバナナが与えられ、彼はなんとか生き延び、怪我からの長い回復期間を経て、ようやく社交の場に復帰した。彼は二度とアルファに返り咲くことはなかったが、影の実力者として如才なく立ち回り、新たな挑戦者たちから引く手あまたの老獪な高順位オスとなった。[18] 王座を追われたアルファオスの多くは、彼ほど幸せな余生を送れない。ブウィンディの若く力強いアルファオス、ンボネイレは、オスたちと一、二頭のメスの支援に頼って地位を維持した。彼は排卵中のメスへの優先的アクセスをめぐる混沌とした闘争を避ける傾向にあり、そのために性皮腫脹中のメスを連れてコミュニティの他個体から離れる長期間のコンソート（通称「サファリ」）をおこない、腫脹期間が終わるまで戻ってこなかった。

結局、雄のチンパンジーは、なぜ順位にこだわるのだろう？　もっとも可能性の高い、繁殖成功に関して、直接検証できるようになったのは、糞からのDNA抽出が実用化されたここ一五年のことだ。それ以前は、チンパンジーの新生児が生まれる約二二〇日前に性皮腫脹を迎えていたメスの行動記録を遡って調べるしかなかった。チンパンジーの妊娠期間は、研究サイトによって二〇五〜二四〇日と幅がある。二二〇日というのはゴンベでの平均値だ。ゴンベの研究で、スタンフォード大学のエミリー・ウォブリュースキーらは、雄の順位と父性の関係を調べた。驚くべ

図3.1　ゴンベにおける、12歳以上のオスの受胎可能な交尾の回数と繁殖成功（Wroblewski et al. 2009 より）

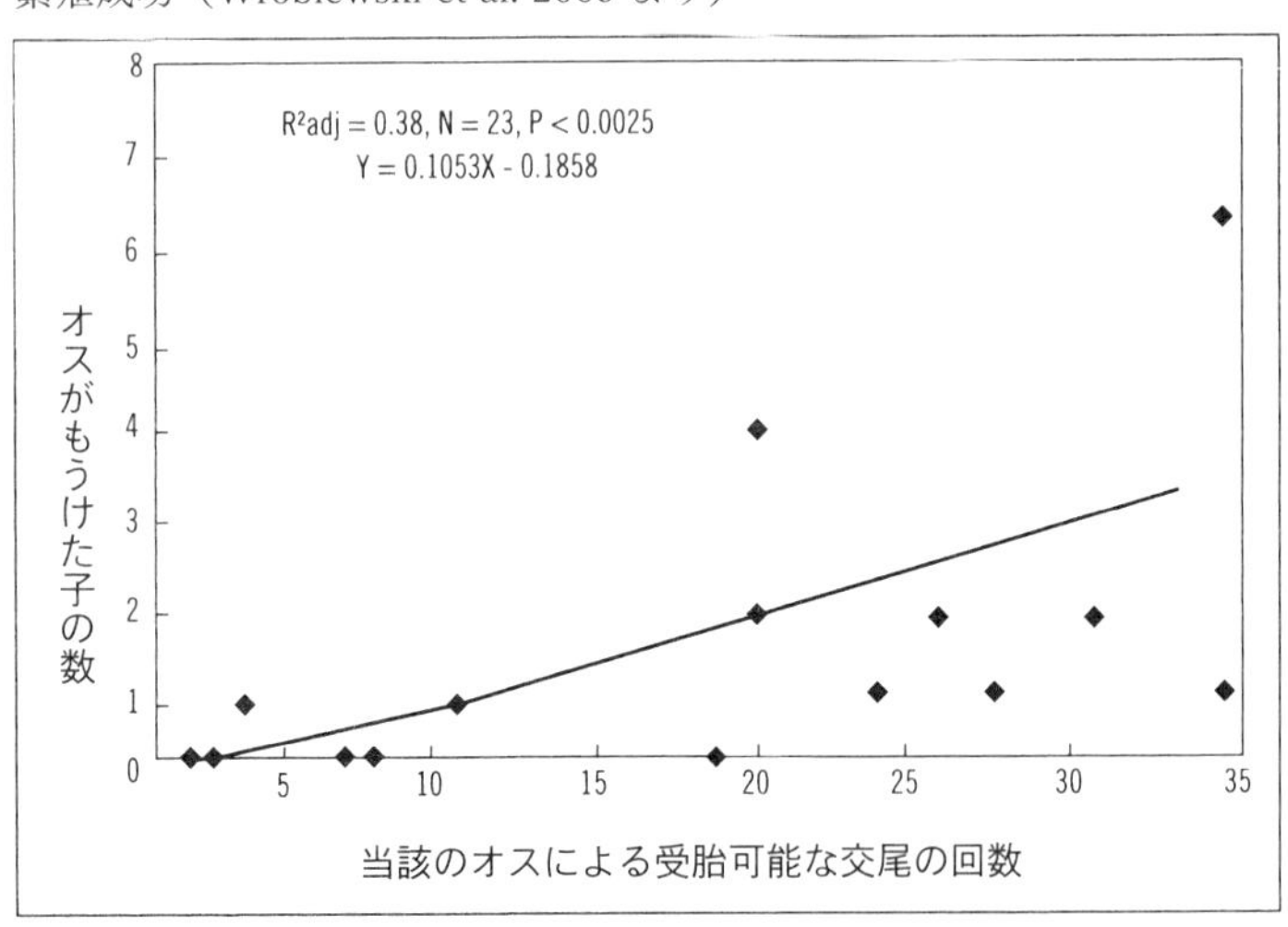

きことに、ゴンベのオスは順位にかかわらず、少なくとも一頭の子をもうけていた。また、オスの交尾機会の数はもうけた子の数と強く相関しており、チンパンジーは極度の乱交性であるため個々の交尾機会にたいした意味はないという、従来の見方を覆す結果となった。ほとんどの新生児の父親は一〇代のオスだった。だからといって、必ずしもメスが若者オスを好むとは限らない。高順位のオスは若いうちにその地位を獲得し、すぐに地位を利用して子をもうけるということかもしれない。ところが、一九歳を過ぎると、オスの順位の上昇は続くにもかかわらず、子をもうける可能性は低下した。

この研究から、問題の複雑さが見てとれる。順位と繁殖成功の関係は、明快なものとは限らない。ゴンベでは、低順位オ

図 3.2　ゴンベにおけるオスの順位と繁殖成功の関係について、優先的アクセスモデルからの予測値と実際の観測値（Wroblewski et al. 2009 より）

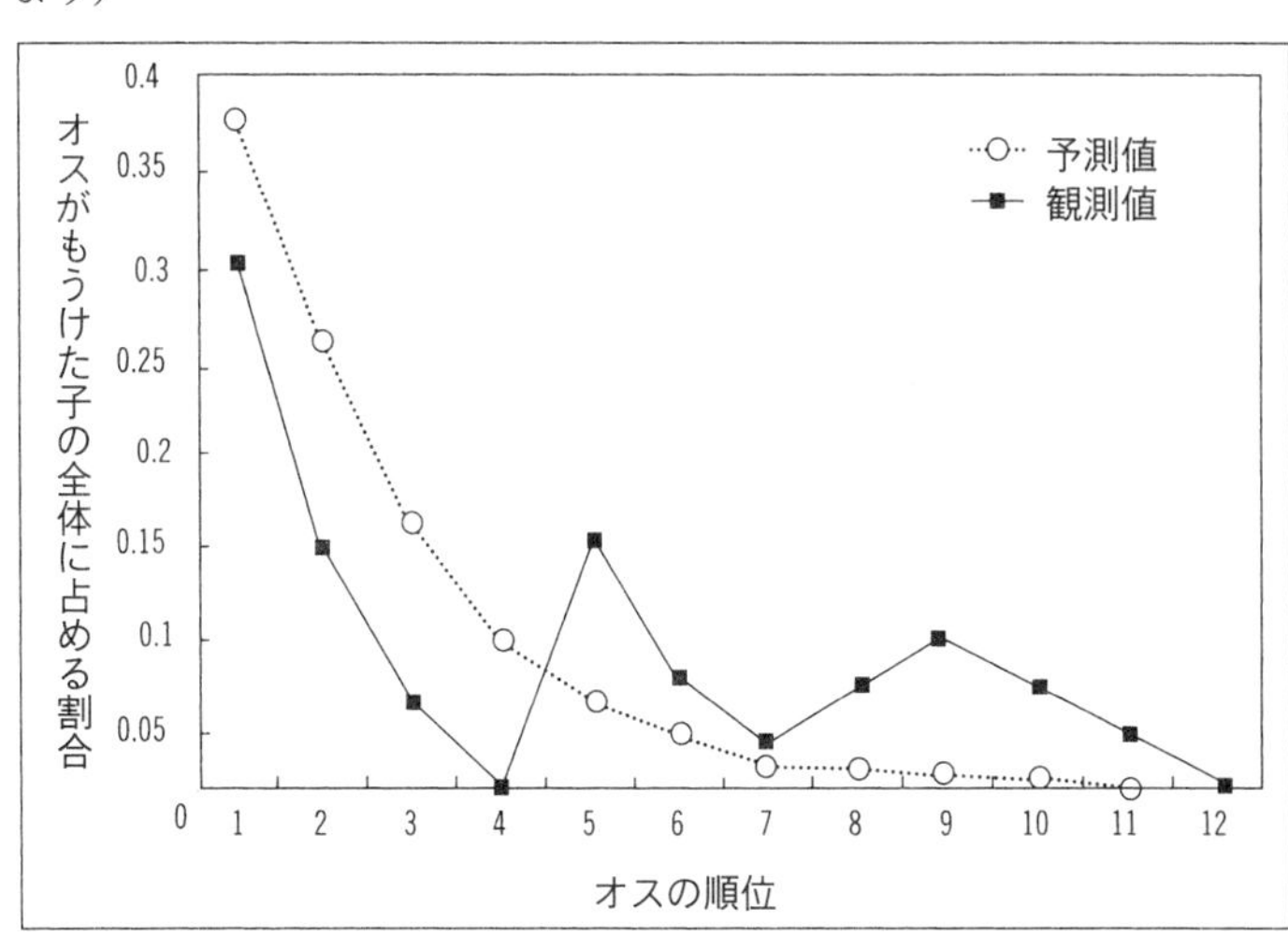

スのなかに、高順位オスよりも多く子をもうけた個体が存在した。また、低順位オスは概して、モデルからの予測よりも高い繁殖上の成果を残した。この結果は、前述の複数のヒヒの研究結果とそう変わらない。

一方で、ウォブリュースキーらの研究では、オスの繁殖成功は順位が上がるほど増加していた。アルファオスはすべての子の約三分の一の父親であり、これは繁殖成功度で二位と三位のオス（順位でいえば二位と五位）を合わせた数をさらに五〇％上回る。おとなオスと思春期オスの数には、二一年の研究期間を通じて変動があったものの、全体としてアルファオスは、偶然から予測されるよりも多くの子を残した。順位の効果は大きくはないものの、統計的に有意であった。[19]

比較するに、ゾウアザラシやアカシカでは、優位オスがその年生まれる子の八〇％の父親となることもある。これこそが繁殖成功というものだ。

ゴンベでは、高順位を手にしたオスへの繁殖上の見返りが、他の場所よりも小さいようだ。例えばタイ国立公園では、ボッシュらの研究で、優先的アクセスモデルにより適合する結果が得られている。父親を特定できた子のうち半分がアルファオスの血を引いていたのだ。交尾機会をめぐってアルファと競合する高順位オスが多いほど、アルファの繁殖成功は低下した。ライバルが五～九頭いるとき、アルファは三八％の父性を占めたが、ライバルが二、三頭のときは六七％にのぼった。[20] ウォブリュースキーらは、チンパンジー社会の離合集散という特徴のために、アルファオスが交尾成功を独占できないのではないかと考えた。近くにいないメスをガードすることはできないからだ。一方、ボッシュは、タイではパーティサイズとコミュニティサイズが大きいために、オスは多くのメスにアクセスでき、したがってより多くの子をもうける可能性が生じると主張した。ただし、メスのチンパンジーは性皮腫脹中しか交尾をしないことを忘れてはいけない。ボッシュらは、予測どおり、ある時点で同時に性皮腫脹期間を迎えているメスが多いほど、父性の独占は弱まることを示した。アルファは高い繁殖成功を収めることができるが、交尾可能なメスがたくさんいて、交尾したがるオスも多ければ、すべてのメスを独占することはできない。このパターンの顕著な例外がボッソウだ。ここでは、コミュニティ内におとなオスが一頭しかおらず、必然的にほぼすべての子はこのオスのものだった。[21] このような父性の希釈効果は、ヒヒやカニクイザルなど、他の霊長類でも報告されている。

オスのチンパンジーは、アルファの地位を獲得しても、他の数種の社会性哺乳類とは異なり、父性をほぼ独占できる見込みはない。それでも、長命な種であるチンパンジーは、数年にわたってアルファの地位を維持し、四〇年以上も生きるため、一年あたりの繁殖成功の増分はわずかでも、生涯で残す子の総数に大きく影響する可能性がある。

高順位であることは、間接的にも生涯繁殖成功に関係しているかもしれない。数年前のある日、南カリフォルニア大学の同僚であるケイレブ・フィンチとわたしは、社会的地位と長寿について議論していた。ヒトの寿命の権威であるフィンチは、欧米社会において社会経済的地位と健康、富、長寿には強い相関があることを示す研究を、わたしに教えてくれた。米国医師会ジャーナル(Journal of the American Medical Association)に当時掲載されたばかりだった、イリノイ大学シカゴ校のS・ジェイ・オルシャンスキーの論文は、合衆国大統領の寿命に関するものだ[22]。大統領は任期中に急速に老け込むというのが一般的なイメージで、少なくとも白髪としわは増えるようだが、実際には大統領は平均的な米国人男性よりも長生きする。暗殺された大統領を除外し、退任後に自然な寿命を迎えるまで残りの人生を送った大統領だけを考慮すると、かれらは概して長生きした。驚くべきことに、一八世紀と一九世紀の最初の八人の大統領の平均寿命は八〇歳であり、これは二一世紀の米国人女性の平均寿命にほぼ匹敵する。自然死を迎えた三四人の大統領のうち、二三人が当時の平均寿命よりも長く生き、はるかに長い人生を送った例も少なくない。大統領は、とりわけ米国史の初期において、一般大衆よりも栄養状態がよく、すぐれた医療を受けることができた。かれらが上流階級の出身であったためだ。それでも、この結果にはやはり驚かされる。

同じ相関は、チンパンジーにもみられるのか？　フィンチはわたしに尋ねた。わたしは最初、これを否定した。アルファオスは高いストレスホルモンレベルに曝され、寄生虫保有量も多いためだ。そして実際に調べてみることにした。わたしの研究室の大学院生だったモーリーン・マッカーシーとフィンチとわたしは、既存の文献から、オスの在位期間と寿命の情報をできるだけ多く集めた。そして、アルファオスの寿命と、生涯アルファにならなかったおとなオスの寿命を比較した。チンパンジーは長生きするため、研究開始以前に生まれ、正確な年齢がわからない個体はやむなく除外した。また、知られているかぎりアルファオスの最年少記録である一五歳に文献刊行の時点で達していなかった個体や、研究開始の時点ですでに一五歳を超えていた非アルファ個体も省いた。

その結果、ほんの数カ月でもアルファについたことのあるオスは、生涯アルファにならなかったオスよりも、有意に長生きしたことがわかった。生涯アルファにならなかったオスの平均寿命は二五・五歳で、アルファの平均寿命は三三・四歳だった。アルファが陥落する年齢は、他のオスの死亡年齢とほぼ同じで、その後さらに平均で八年生きた。アルファオスの一八％が、非アルファでもっとも長く生きた個体よりもさらに長生きした。アルファについての長期データが存在する研究サイトは少なく、サンプルサイズは小さかったものの、結果は統計的に有意であった。[23]

アルファに上りつめることと長寿に相関関係があることはわかったが、アルファになることが長寿の原因なのかどうかは不明だ。逆に、遺伝的にも栄養状態についても、もっとも健康なオスが高順位に到達する傾向にあるのかもしれない。アルファオスの寿命に関するわたしたちの発見は、合衆国大統領の研究や、欧米の産業社会における高所得者層と低所得者層の平均余命の差を示した複数の長期研究の結果に類似している。ヒトの平均余命と社会的地位の関係には、進化的起源があるのかもしれない。良好な栄養状態やすぐれた医療といった直接の効果もあるだろう。一方で、高順位であることが心理的高揚をもたらし、それが長く健康な人生につながるといった、間接的効果が作用している可能性もある。

服従のシグナル

二頭のオスのチンパンジーが、山道の反対方向から互いに接近する。一方はアルファ、他方は力をつけはじめた若いおとなオスだ。二頭の距離が近づくにつれ、低順位のオスがアルファを見つめ、すれ違いざまに低いパントグラントを発する。二頭は衝突することなく歩き去る。だが数カ月後、同じ山道で、同じ二頭のチンパンジーが、まったく違ったやりとりをする。今度は、低順位個体はアルファとすれ違うとき、パントグラントをしない。オフィスの廊下で上司とすれ違うときに「おはようございます」と言わないようなものだ。その効果はすぐにわかる。アルファはくるりと向きを変え、無礼な若いオスに向かって突進し、当然の罰を与える。アルファは、自分を見くびるようなジェスチャーの欠如を、権威への挑戦として、正しく認識したのだ。その後の数週間から数カ月、挑戦者は事あるごとにアルファに食ってかかる。彼はやがて返り討ちにあうか、非服従からはじまる下克上を完遂するかのどちらかだ。

音声コミュニケーションは、ほとんどの高等動物の生活に欠かせない役割を担っており、それは大型類人猿にもいえる。チンパンジーの社会的地位の研究においては、パントグラントがどちらからどちらに発せられたかが、順位を知る材料となる。チンパンジーは霊長類で唯一、そして社会性哺乳類でもおそらく唯一、個体が自身の社会的地位を音声によってはっきりと表出する種だ。パントグラントが支配的関係の確認手段であり、ボディランゲージや肉体的闘争だけでない支配の形式がチンパンジーに存在することを最初に示したのは、グドールと、彼女の最初の弟子の一人であるバイゴットだった[24]。パントグラントは強力な音声シグナルであり、しばしば服従を示すボディランゲージを伴う。身をかがめたり、メスなら性皮を見せたりといった具合だ。

興味深いのは、劣位のチンパンジーが常にパントグラントをするわけではないことだ。それはつまり、劣位個体が次に起きる社会的相互作用を推測し、敬意を示すべきかどうかを判断しているということだ。ブドンゴ森林での例では、一時的に二頭のオスの同盟が共同でアルファの地位についたとき、彼らは互いにパントグラントをしなかったと、ニコラス・ニュートン゠フィッシャーが報告している[25]。パントグラントはチンパンジーの社会生活において日常的な行動だが、それを引き起こす社会的要因はよくわかっていない。義務ではないため、予測されるタイミングで必ず発せられるわけではないうえ、優位個体と劣位個体が互いにパントグラントを鳴き交わすこともある。この場合、単なる服従ではなく、相互の社会的評価を意味するのかもしれない。つまり、どちらの個体も互いの社会的地位の認識に自信がないということだ。こうした文脈依存の自己分析は、チンパンジーのこころのはたらきを推量する手がかりになる。このような認知的評価が野生状態でおこなわれるのを観察できることはまれだ。

セントアンドリュース大学のマリオン・ラポルテとクラウス・ズベルビューラーは、ブドンゴのメスのチンパンジーがオスにパントグラントをするかどうかに影響する社会的要因を検討した。コミュニティのすべてのメスは、すべてのオスに対して劣位であるため、メスからオスへのパントグラントは常に一方通行であるはずだ。この研究により、メスのパントグラントは文脈依存的であり、決して厳格で儀式的なコールではないことが示された。メスは、攻撃的な場面よりも友好的な状況でパントグラントを発する傾向にあった。つまり、メスは必ずしもオスをなだめたり、オスの攻撃を緩和させるためにパントグラントを使うわけではないのだ。アルファオスがいるとき、メスは彼に対して、当然ながら念入りにパントグラントをおこなったが、周囲の他のオスにはしなかった。メスはアルファの権威を「敬う」あまり、他の高順位オスに同程度の敬意を示す気にならなかったようだ。メスは高順位オスの機嫌を伺う手段としてパントグラントを利用すると、ラポルテとズベルビューラーは結論づけた。[26] したがって、パントグラントは単なる順位ヒエラルキーの直接の結果ではなく、チンパンジーが社会関係を構築する際に用いる重要な社会的ツールのひとつと解釈した方がよさそうだ。この意味で、パントグラントとヒトのあいさつには共通点があると、ラポルテとズベルビューラーは述べている。

ホルモンと支配性

一般に、テストステロンは男性の男らしさ、攻撃性、支配性の基盤であるとされている。研究により、男性テニスプレーヤーどうしが試合をすると、勝敗が両者のテストステロン濃度に確かに影響することがわかっている。敗者のテストステロン濃度は大幅に低下し、勝者ではある程度上昇するのだ。テストステロンは高齢男性向けの健康サプリメントとして広く流通しているが、テストステロン注射が気力・体力・性的能力を向上させるという証拠はまったくない。「テストステロンで若返る」という男性の妄想はさておき、ニュージーランドのヴィクトリア大学で霊長類の性行動研究プロジェクトを統括するアラン・ディクソンは、男性におけるテストステロンの実際の役割を、モチベーションから胎児および思春期の生殖器発達、生理に至るまで、徹底的に調べあげている。[27] 例えば、パヴェル・フェドゥレックらは、カニャワラのオスのチンパンジーにおいて、テストステロンが長距離コールであるパントフートの頻度に影響することを示した。テストステロン濃度の日内および月内変動が、パントフートの頻度と相関していたのだ。[28]

皮肉なことに、ホルモンとオスの行動に関する研究のほとんどは、動物よりもヒトを対象におこなう方が簡単だ。先のテニスプレーヤーの研究では、研究者は参加者二人に尿サンプルを提供してもらうだけでよかった。野生の非ヒト霊長類は、ヒトを対象とした研究の結果を解釈するベースラインになりうるという点で重要だが、自発的に生体サンプルを提供したり、指示どおりに排泄したりはしない。それでも、研究者たちが知恵を絞ってサンプルを得る方法を開発し、またサンプルの保存や野外での分析の新たなテクノロジーが登場したことで、興味深い知見が得られるようになった。

テストステロンがオスの攻撃性に及ぼす影響を調べるためのモデル動物は、当初は哺乳類ですらなかった。カリフォルニア大学デイヴィス校のジョン・ウィングフィールドは、オスの鳥類において、春の交尾期にテストステロン濃度が上昇することを明らかにした。この時期、オスは営巣のためのなわばりとメスをめぐって互いに争うため、戦闘モードに切り替える必要があるのだ。ウィングフィールドは、テストステロンのインプラントを施し、人為的にテストステロン濃度を上げ、野外実験によってオスの行動への影響を調べた。季節的なテストステロンの急増は、配偶相手をめぐって争う時期にオスは攻撃性と支配性を示す必要があることを考慮すれば、理にかなっている。ウィングフィールドはこの考えを「チャレンジ仮説」と呼び、以後多くの研究において、テストステロンが交尾行動に及ぼす影響を検討するための基礎理論となった[29]。この因果関係は、多くの鳥類によくあてはまった。しかし、霊長類を含む社会性哺乳類では、話はそう単純ではなかった。サポルスキーは、東アフリカの野生のサバンナヒヒを対象に、社会行動の内分泌的基盤に関する画期的な研究をおこなった。彼は、テストステロンと行動の関係はもっと複雑で、社会的文脈によって変化することを示した。高順位オスが攻撃的になるのは、主に順位のヒエラルキーに混乱が生じたときだ。このような時期には、優位を保つことがもっとも個体の利益につながる。そして、テストステロン濃度も、こうした順位の混乱期が値のピークだった[30]。

高順位オスがほぼいつでも低順位オスよりも攻撃的であることを考えると、血中ホルモンは何か別のかたちでも行動に影響しているはずだ。マラーとランガムは、ウガンダのキバレ国立公園のカニャワラ・コミュニティを対象に、オスのチンパンジーにおけるテストステロンと攻撃の関係を調べた。テストステロンのサンプル採取は容易ではなかった。マラーとフィールドアシスタントは、高い木の上の葉でつくった寝床から夜明けにチンパンジーが起きだすのを、木の下でじっと待った。わたしたちヒトと同じで、チンパンジーも起きてすぐに排尿する。そのサンプルを、長いポールの先にビニール袋をつけた道具で回収し、葉の上に落ちた尿の滴はピペットで集めた。そして、オランウータンの繁殖生理に関する先行研究で使われた紙フィルターを利用して、尿の成分を分析した。

マラーとランガムの研究で、まず、テストステロン濃度は朝にもっとも高いことがわかった。これはヒトを含む霊長類に共通の特徴だ。朝のサンプルのテストステロン濃度は、順位とは無関係だった。一方、午後に回収したサンプルの濃度は、順位と相関していた。アルファオスは、一貫して他のオスよりも高いテストステロン濃度を示したのだ。また、ウィングフィールドが鳥の研究で示したとおり、オスのチンパンジーの尿中テストステロン濃度は、交尾可能なメスのチンパンジーをめぐって争う時期にもっとも高くなった。メスの効果は、交尾可能な個体に出産経験がある場合にだけみられた。メスが未経産である場合は、たとえ性皮腫脹がみられても、オスのテストステロン濃度は変化しなかった。オスのチンパンジーは熟女好きで、これはおそらく、年長のメスが高順位であることや、内分泌的状態が整っていることによるものと考えられる。予測どおり、高順位オスは低順位オスよりも攻撃的だった。マラーとランガムの研究は、因果関係を示すものではない。テストステロンと攻撃性の関係は示されたが、テストステロンとセックスは必ずしも結びついていなかった（一部の交尾可能なメスは、テストステロン濃度の高いオスたちの争いの的にはならなかったからだ）。また、朝と午後で性ホルモンの濃度が異なることから、それがオスの一日の行動パターンに影響する可能性が示唆された。狩猟採集民を対象とした研究でも、似たような結果が示されている。[31]

マックス・プランク進化人類学研究所のローマン・ウィティッグらは、二頭の野生チンパンジーのオスの間にたった一度の攻撃的やりとりがあっただけで、糖質コルチコイド濃度が上昇することを示した。[32] 一方、ミューレンバインらは、キバレ国立公園のンゴゴ・コミュニティでテストステロンと順位の関係を調査し、マラーとランガムの研究に符合する結果を得た。[33] カニャワラの研究と同様、相関関係がみられたのは社会が不安定化した時期だけで、順位の逆転の際にはみられなかった。どちらの研究グループも、テストステロンと順位の関係の不明瞭さは、チンパンジーの社会行動の質に起因するものと考えている。離合集散型の配偶システムは、無数の予測不可能な社会的文脈を生み出すため、優位個体への挑戦のパターンが鳥類とは異なる。そのためチンパンジーは、ウィングフィールドのチャレンジ仮説のモデルには向かないのだ。

ストレス

チンパンジー社会における支配と服従の関係には、ある負の側面がつきまとう。それはストレスだ。オスのヒヒにおける性ホルモンと社会的順位の関係についての、サポルスキーの先駆的研究は、コルチゾールと行動の関係にも注目している。コルチゾールは、ストレスおよびその他の身体機能に関わるホルモンだ。ストレスと社会的文脈に関する初期の研究に基づき、霊長類学者は、チンパンジーやヒヒなど厳格なヒエラルキー社会に生きる種では、低順位個体が高いストレスレベルを経験し、血中ストレスホルモン濃度も高いだろうと予測した。このような関係は、いくつかの種にはあてはまるが、顕著な例外もみられた。そのうえ、ややこしいことに、支配性（正確には服従）とコルチゾールの関係がみられた種において、関係がもっとも顕著になるはずの、順位が入れ替わるタイミングで、逆に相関関係が崩れることがあった。おそらく、順位の入れ替わりそのものが関係するすべての個体にとってストレスフルであるために、高順位個体にも低順位個体にもストレス反応がみられたのだろう。ストレスや高濃度のストレスホルモンは、社会性哺乳類として生きることに伴うコストなのかもしれない[34]。

マラーとランガムは、チンパンジーの場合、攻撃行動は高いエネルギーコストを伴うため、それがストレスホルモンの分泌に影響している可能性があると主張した。チンパンジーの攻撃行動では、しばしば長く激しいディスプレイがおこなわれ、時にはオスどうしの肉体的闘争に発展する。アルファオスは、朝目覚めて寝床のある木から降りたとたん、長々とエネルギッシュに森のなかを駆けめぐるディスプレイで一日をスタートすることがよくある。野生のオスのチンパンジーのコルチゾール濃度を調べたマラーの研究では、攻撃行動、順位、ストレスの相互作用が示された。第一に、オスの順位と攻撃行動の頻度には、ほぼ直線的な関係がみられた。第二に、コルチゾール濃度は午後の攻撃行動の頻度と相関したが、朝の攻撃行動とは無関係だった（マラーとスーザン・リプソンは先行研究で、朝のホルモンレベルには変動が大きいことを示していた）。朝の尿サンプルは長時間の睡眠のあとに採取されたものなので、オスたちは目覚めたときには比較的低ストレスの状態と考えられる。そこから、日中に社会生活のなかで大なり小なりストレスフルな状況を経験し、ストレスが蓄積されていく。ただし、マラーとランガムの研究では、高順位オスにおいて、ストレスの蓄積による高レベルのコルチゾールは確認されなかった。[35]

重要なのは、こうしたストレスも、多くの子を残すことにつながるのであれば、オスのチンパンジーにとっては背負うだけの価値があるということだ。すでに見てきたように、高順位オスは多く子を残す傾向にあるが、その見返りは莫大とはいえないようだ。オスのチンパンジーは、覇権をかけた試練と苦痛（ストレス、寄生虫、怪我のリスク）に耐えなければならない。そうしてアルファオスになることができれば、高い繁殖成功という戦利品が得られる。けれども、もし繁殖成功が約束されたものではないとしたら、支配性についての議論は循環論法と化す。カリフォルニア大学バークレー校の霊長類学者セルマ・ローウェルは、順位関係は支配よりも服従に基づくと考えている。メンバーは自分に相応の地位を知り、そこにとどまる傾向にあるためだ。[36] 優位個体への挑戦は比較的まれで、常にリスクを伴う。もし逆転に成功しても、その結果として生じる社会の混乱は、自分自身にも血縁個体にもストレスをもたらしかねない。それに、沈静化したあと新たに形成される社会秩序が、自分好みのものになるとは限らないのだ。

メスの順位

順位をめぐる争いは、オスに限った話ではない。オスどうしのやりとりの特徴である厳格なヒエラルキーは、メスの間には存在しないように見えるが、だからといってメスの生活が上下関係と無縁というわけではない。霊長類学者のカーソン・マレーらは、メスのチンパンジーにおける支配的関係の研究のため、二年間に起きたメスどうしの攻撃的やりとりとパントグラントのパターンを分析した。その結果、オスどうしよりもはるかに少ないサンプル数ながら、直線的ヒエラルキーを見出した。[37] デューク大学のステファン・フォースターとアン・ピュージーらは、ゴンベのカセケラ・コミュニティにおけるメスの順位をカテゴリーに分類し、その推移を記録した。この研究で、メスは順位を上げる機会を辛抱強く待つ傾向が示された。上位個体に積極的に挑んでいくオスの戦略とは対照的だ。[38] ランガムらは、ウガンダのキバレ国立公園のカニャワラのメスについて、同様の結果を報告している。[39] これに対し、ブドンゴ森林のソンソ・コミュニティの調査をおこなった霊長類学者のキャサリン・フォーセットは、メスを一貫して順位の大まかなカテゴリーに分類することは不可能だと主張する。[40] ウィティッグとボッシュは、コートジボワールの

図 3.3　ゴンベのメスの生存した子の数と、メスの順位（Pusey, Williams, and Goodall 1997 より）

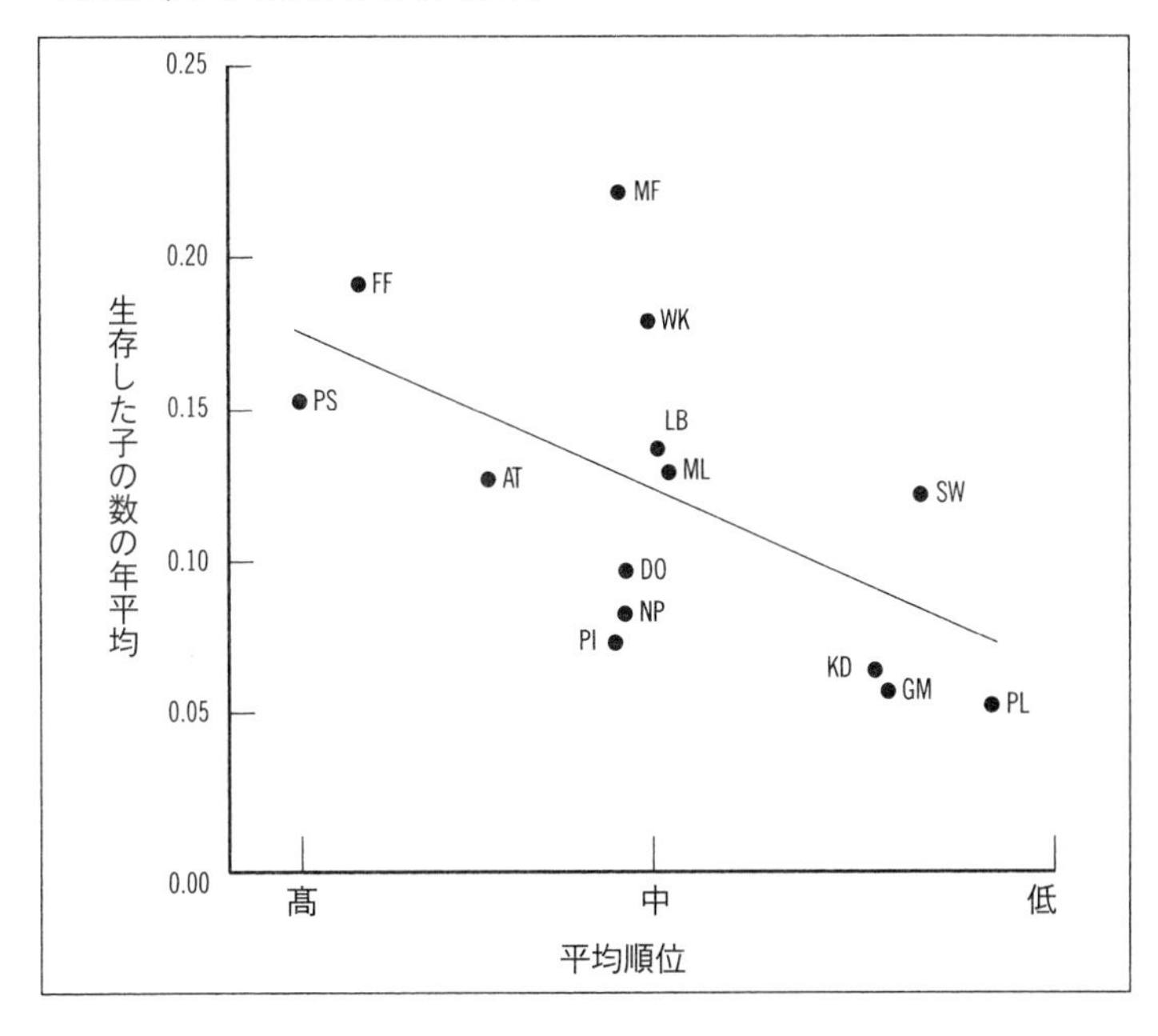

タイ国立公園におけるメスの支配的関係を調べた。メスの優位 - 劣位の関係は、オスのものとは異なり、パントグラントからははっきりしなかった。メスどうしの遭遇場面の三分の一では、どちらもパントグラントを発しないか、相互のパントグラントがおこなわれた。全体では、メスどうしのあいさつの頻度は、同期間に観察されたオスどうしのあいさつの一六分の一にすぎなかった。これはチンパンジーの離合集散社会の結果で、メスはそもそもオスほど社交的ではない。しかし、数少ないメスどうしのサンプルから、ウィティッグとボッシュは、メスどうしの直線的ヒエラルキーを解明し、明確なカテゴリーに分類することができた。タイでの研究で、メスの順位がもっとも明確に示されたのは、食料をめぐる小競り合いの場面だった。餌に占める割合はごくわずかであるにもかかわらず、分配される肉をめぐる競争が、ほとんどのメスどうしのけんかの原因だった。これは、戦利品である肉が独占できるものだからだろう[41]。

ウィティッグとボッシュは、採食パーティにメスの個体数が多いほど、葛藤の頻度も高いことを示した。直線的順位がメスの生活に与える影響を調べたところ、順位は年齢に関係していることがわかった。年長のメスは年少のメスよりも優位だったのだ。これはオスのパターンとは異なる。オスでは、アルファはふつう一八歳から二〇代で、三〇代以上のオスはたいてい元アルファか、生涯アルファにならないかだ。一方で、メスの順位は主に食料をめぐるいさかいの結果によって決まり、年齢は副次的要因にすぎなかった。コミュニティ内でのメスどうしの関係は緊密ではなく、心温まるものばかりでもなかった。メスたちは食料を独占し、他のメスに奪われないようにするために攻撃行動を示す。長期的にみると、こうした対決の結果が蓄積されて、年長のメスが食料をより効率よく独占する、メスのヒエラルキーができあがる。独占できる食料の代表例が肉であり、オスはお気に入りのメスに肉を分配しようとするため、肉の分配の場面がメスの順位を見定めるのに役立つのだ。

メスの順位はオスほど顕著ではないものの、高順位メスは重要な利益を手にする。オスの場合と同じく、問うべき疑問は、あるメスが他のメスたちに対して、わざわざ示威行動をする苦労に見合った報酬とは何なのかだ。健康な子を妊娠し、出産し、育てあげることが、メスのチンパンジーの生きる目的そのものだ。ピュージーらは、ゴンベ国立公園の長期データを分析し、メスの順位と産んだ子の数、幼児期の子の生存率、子の成長速度に相関を見出した[42]。

ピュージーらは、メスのチンパンジーが高順位を獲得するまでの社会的プロセスはよくわかっていないと指摘する。彼女らは、パントグラントの方向性から、メスを上位、中位、下位のおおまかなカテゴリーに分類した。他の研究と同様、年長のメスほど優位になる傾向がみられた。上位メスはより繁殖速度が速かった。ただし、これは高齢かつ高順位だが一度も出産せず、不妊と考えられるジジを除外した結果だ[43]。上位メスの娘は下位メスの娘よりも最大四年も早く思春期を迎えた。チンパンジーの出産間隔の長さを考えると、上位個体は下位個体よりも生涯を通じて一頭多く子をもつ計算だ。繁殖成功におけるこの大きな差は、社会的優位に根ざしたものかもしれない。ボッシュによるタイでの研究で、高順位メスは娘よりも息子の育児により時間をかけ、結果としてオスの幼児期生存率を高めることがわかっている[44]。チンパンジーにおいて、オスの支配性と競争力は、体サイズとは無関係だと考えられている。ゴリラなど他の多くの種とは異なり、チンパンジーの高順位オスの多くは小柄だ。高順位メスによる息子びいきには、なんらかの原因と結果があるはずだ。また、高順位メスは寿命がやや長い。メスのチンパンジーに閉経はないので、このことも子の数を増やすことにつながる可能性がある。

メスにおける順位の影響の大部分は、食料に及ぶ。ゴンベのカセケラ・コミュニティでは、高順位メスはコアエリアを占有することで、生産性が高く安定した食料源を利用できた。ゴンベの有力家系に属するメスのなかには、性成熟を迎えても分散しないものもいる。これはおそらく、理想的な採食ハビタットであるコアエリアに優先的にアクセスできるためだろう。マレーらは、ゴンベでのメスの森林空間利用に対する順位の影響を調査し、新たにコミュニティに加入した個体は、高順位個体が利用するエリアから離れた場所に落ち着くことを示した。低順位の新入りは放浪者であり、コミュニティの行動圏のなかの特定の一カ所にとどまることはなかった。一方、高順位メスは小さなコアエリアを利用するので、良質な食料を得るために消費するエネルギー量が少ないと考えられる[45]。つまり、高順位メスは最高の餌場を独占し、そこで何年も採食を続けるため、その餌場を隅々まで知り尽くしているということだ。これにより、高順位メスは食料不足の時期にも良質な食料を得られ、それが高い繁殖成功や子の生存率につながる。

図 3.4　メスの順位と森林空間の利用（Murray, Mane, and Pusey 2007 より）

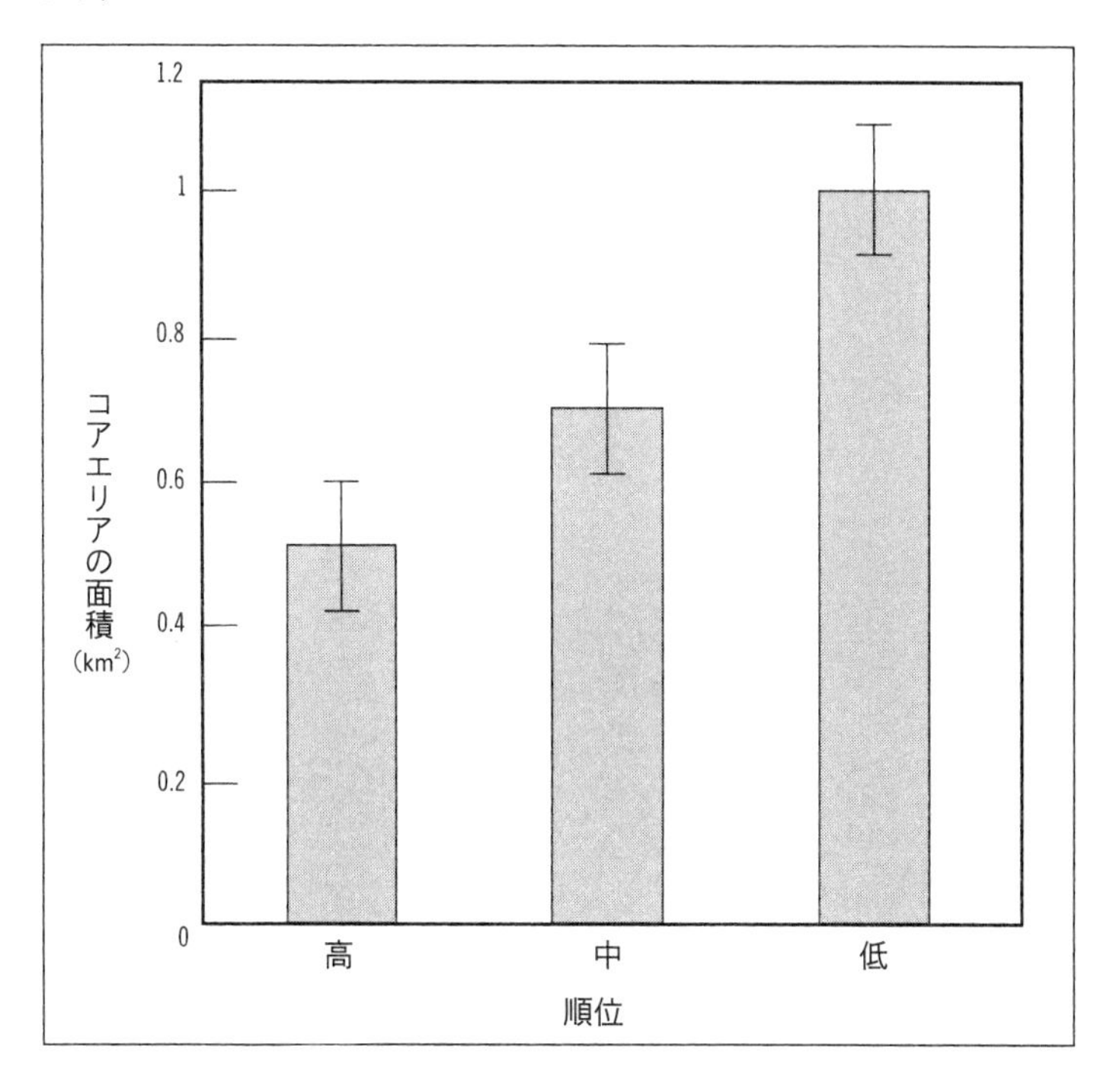

チンパンジーの順位は生まれか育ちか？

ここまでの解説で、以下の二つの要点をご理解いただけたことだろう。第一に、オスのチンパンジーがアルファや高順位を目指す理由は完全には解明されていない。順位と繁殖成功には、直接・間接を問わず関連があるはずで、これを示唆する証拠が得られている。第二に、チンパンジーが高順位を獲得する方法の詳細も、とりわけメスについてはよくわかっていない。メスにおける順位をめぐるやりとりは、極めて少なく散発的で、仮説検証に足る十分なデータを得ることが難しい。根本的な疑問は、順位が生まれか育ちかだ。オスのチンパンジーの子の成長期間は長い。かれらはコミュニティ内での役割を学び、思春期からおとなになるにつれ、ヒエラルキーのなかの上位個体に挑みはじめる。長期にわたる詳細な家系の情報があるコミュニティにおいて、アルファの地位につき、数年にわたってそれを維持したオスは、高順位個体の家系に属することが多い。血縁関係にあるゴンベの四頭のオス、フィガン、フロイト、フロド、フェルディナンドは合計で、ゴンベでのチンパンジー観察期間の半分近くに相当する、二二年以上にわたってアルファに在位した[46]。これに高順位メスのメリッサの息子であるゴブリンを加えると、ゴンベのチンパンジー史の約三分の二が、二つの有力家系の支配下にあったことになる。血縁者の助けなしにアルファに上りつめた個体もいたが、ほとんどのアルファは、かつてアルファを輩出した家系に属していた。オスが王座につくには、長年の策略と根回し、同盟相手への恩着せ、それに相当な度胸が必要だ。

現段階では、順位の高低に、学習や経験の影響と遺伝子の影響がそれぞれどの程度あるのかを切り分けることはできない。オスの政治的な戦略・戦術や、血縁者や同盟からどのような援助を受けたかについては、詳しく研究されている。ほとんどの研究者は、これらが高順位につながる要因であると考えてきた。しかし、高順位個体に他個体を支配する遺伝的素因がある可能性は否定できない。順位の高低が遺伝的素因によって決まっていると仮定しても、そこから予想されるパターンは、実際のものとほぼ同じになるからだ。ということは、高順位は高い繁殖成功につながるかという問いに加えて、逆の因果関係の可能性も考慮しなければならない。ある家系が高い繁殖成功を収めることで、その子孫が高順位を獲得しやすくなるのかもしれない。とくにメスの場合、順位の行動指標が乏しいため、遺伝的要因が優勢であると主張しやすい。

ほとんどのオスのチンパンジーはきわめて上昇志向が強いため、トップに立つことには何らかの見返りがあるはずだ。そして、オスたちはそのための努力を、目をみはるような政治的策略という形で積み重ねる。チンパンジーの社会戦略は他の哺乳類と大差ないと主張する動物学者もいるが、チンパンジー研究者でこれに同意する者はほとんどいない。社会の複雑さにおいて、チンパンジーに匹敵するヒト以外の動物はいない。ゾウやイルカの社会システムは、チンパンジーのものと同様、多層的で文脈依存的ではあるかもしれない。だが、高度な政治的行動においてチンパンジー（および近縁のボノボ）に匹敵するのはヒトだけだ。発達した政治の一部は、脳の機能というよりも、たどってきた進化の道筋にともなう副産物なのかもしれない。イルカのように海中に棲み、手がなければ、行動文脈や他者操作のやり方も大きく異なるだろう。しかし、大型類人猿、とりわけチンパンジー属において、脳の大きさや関連形質との相互作用により、ヒト以外の動物のなかでもっとも高度な政治的行動が進化したことは明らかだ。

第四章　平和のための戦争

チンパンジーは、ヒトに置き換えれば身の毛もよだつような方法で暴力を振るう。南カリフォルニア大学のわたしの同僚であるクリストファー・ボームの推定によれば、野生チンパンジーにおける非致死的暴力の頻度は、ほとんどの人間社会を上回る。[1] リチャード・ランガムらによる別の研究も、チンパンジーと伝統的狩猟採集社会に暮らすヒトの「殺人率」について同様の結果を示しており、また非致死的暴力の頻度もチンパンジーの方がはるかに高かった。[2] なわばりや資源をめぐって日常的に殺しあう霊長類は、わたしたちを除けばチンパンジーだけだ。ヒトの社会においてもそうであるように、殺しを実行するのは、ほとんどいつもオスだ。ランガムは、このことを著書『男の凶暴性はどこからきたか』〔訳注：原題は Demonic Males（悪魔のごとき男たち）〕で指摘している。[3] チンパンジーは、スマートな殺し屋に欠かせないと思われるような武器を備えていない。指先にあるのはかぎ爪ではなく平爪だ。犬歯は威圧的だが、肉食獣のものには到底及ばない。にもかかわらず、かれらは同種他個体、なかでも隣接コミュニティの個体に対して、残忍な襲撃を実行する。オスはメスに交尾を強要する。そして、オスもメスも子殺しをおこなう。

チンパンジーは殺戮マシンではない。かれらの生活の九九％は平和に営まれる。もちろん、同じことがわたしたちにもいえる。人は誰でも暴力的行動を起こす可能性を秘めているが、発露することはまれで、生涯まったく実行に移さない人もいる。そして、ヒトが暴力を選択肢として考慮する前に、さまざまな方法で対立を鎮めるのと同じように、チンパンジーにも致死的暴力を回避するための多くの安全装置がある。小さなもめごとの後の和解や、社会の調和を回復する方法は、暴力と同じくらい興味深く重要なのだが、研究者もメディアも後者に注目しすぎる傾向がある。

生まれつきの殺し屋？

地球上のすべての哺乳類にいえることだが、チンパンジーは他個体に身体的危害を及ぼす能力を備えている。しかし、チンパンジーの暴力を効用主義の観点で理解するのは、他の哺乳類の場合よりも難しい。他個体を傷つけ、殺すからといって、チンパンジーが不道徳なわけではない。チンパンジーは道徳的判断の外にいる存在であり、かれらの暴力は目的を達成するための手段だ。ライオンが他個体を攻撃したり、シマウマを殺しても、わたしたちは怒りを覚えたりはしない。ライオンとはそういう動物だからだ。わたしたちは、ヒトと進化的に近いがゆえに、大型類人猿を特別視する傾向にある。動物行動学のひとつの潮流として、ヒトの道徳のルーツは非ヒト霊長類の原初的な道徳行動にあるという考えに基づき、チンパンジーを主な動物モデルとした研究がおこなわれている。このような研究のほとんどは、チンパンジーの他個体との接し方を分析し、仮説は妥当なものだと結論づけている。一方で、人類学者は依然として、チンパンジーの攻撃行動を引き合いに出し、ヒトの過激な暴力の文化的起源を論じている。

根拠のない主張なのだが、チンパンジーの攻撃性はヒトがかれらの行動になんらかの形で干渉した結果だとする考え方が、根強く存在する。この批判は、ゴンベのあるコミュニティのオスたちが、隣接コミュニティのオスを捜索し攻撃するところを、ジェーン・グドールが初めて観察したとき、すでにあがっていた。この二グループは分裂してまだ日が浅かったので、オスたちは徒党を組み昔の仲間を殺害したことになる。一部の人類学者は、この蛮行は研究者の存在や、バナナを使った餌付け、ヒトによる環境改変、あるいは人づけのプロセスそのものによって、促進されたと主張した。この主張は、人間社会は本来平等で平和的なものであると考える研究者のあいだで、とりわけ人気を博した[4]。かれらは、集団間の暴力は欧米人との接触など外的要因の産物だと主張した。しかし、その後わたしたちは、チンパンジーにおける隣接コミュニティのオスどうしの殺し合いは、ほぼすべての研究拠点で起きていると知った。それどころか、セネガルでは、人づけされていない野生のチンパンジーのオスたちが、偶然なわばりの中にあった施設で飼育されていたチンパンジー集団を襲撃したケースさえ報告されている[5]。

証拠は出揃っている。もしオスのチンパンジーの暴力性が、病的ではなく適応的なものだとしたら、同じことがヒトにもいえるかもしれない。オスのチンパンジーは、資源に関連する目的を達するために暴力を利用する。食料やセックスのために、ライバルを抹殺するのだ。過激な暴力は異常行動であるという主張は、チンパンジーの暴力の野外観察事例が増えるほどに、勢いを失っていった。ここ三〇年をみると、チンパンジーにおいて暴力は正常かつ適応的な行動であるというコンセンサスが、ほぼ一貫して維持されている。一九九一年、人類学者マーガレット・パワーは著書において、チンパンジーは生まれつき平和的であり、暴力性はヒトの干渉によって社会行動が撹乱された結果であるという主張を蒸し返した。ワシントン・セントルイス大学の人類学者、ロバート・サスマンとジョシュア・マーシャックも同様の主張を展開した。かれらは、生息環境の人為的撹乱に、森林サイズが小さいこと、さらに餌付けが加わって、攻撃が増加し、致死的なものに発展したと論じた。[6]こうした懐疑派の主張は、チンパンジーの暴力についての膨大なデータの存在を無視している。知られているかぎりもっとも暴力的なチンパンジーは、ウガンダのンゴゴ・コミュニティだが、かれらは研究対象となっているチンパンジーのなかでは屈指の原生生息地に棲んでいる。

ミネソタ大学のマイケル・ウィルソンらは最近、過去五〇年のフィールド研究で蓄積されたチンパンジーの暴力のデータをもとに、パターンの分析を試みた。かれらは暴力の人為的な予測因子として、生息環境の撹乱、餌付け、森林サイズを考慮した。その結果、これらの三因子のどれからも、どのチンパンジー集団がもっとも暴力的かを予測できなかった。予測因子としてもっともすぐれていたのは、適応的要因だった。集団間の攻撃は、二つの隣接コミュニティのパーティにおけるオスの数が不均衡である場合に起きやすかった。また、オスの個体群構成も攻撃の予測因子になった。攻撃個体はふつう性成熟したオスなので、こうした個体がコミュニティ内に多いほど、より頻繁に暴力がみられた[7]。

一九七〇年代や八〇年代には、チンパンジーの暴力の適応的性質にまだ疑問の余地があった。だが、それ以降の野生チンパンジーの観察記録の蓄積により、もはや暴力を「不自然」な行動と片付けることはできない。チンパンジーの暴力は、さまざまな環境条件において恒常的に生じるという意味で、きわめて「自然」だ。チンパンジーは本質的に、ヒトにあてはめれば不道徳と考えられるような行動をとる可能性を秘めている。それらはチンパンジーにおいて、単なる目的達成のための戦略的手段でしかない。チンパンジーとヒトの暴力性に進化的連続性があるかどうかは重要なトピックではあるが、その立場によってチンパンジーの行動の解釈を歪めてはならない。

もっとも忌まわしき殺し：コミュニティ内の暴力

世界中のすべての刑法を見渡したとき、もっとも頻繁に見つかるのが殺人であり、正当な理由なしに他人の生命を奪うことと定義される。悪意ある他者の殺害。これはもちろん、ヒトがヒトのためにつくった定義だ。これをヒト以外の動物にあてはめるのは、それがわたしたちの最近縁種であっても、問題だらけだ。チンパンジーの暴力は犯罪ではないし、もしそれに罰が与えられる場合、直後やある程度の時間をおいた報復の形をとる。そのため、ヒトにおける殺人との比較は容易ではない。たとえ人間社会において悪行を抑制する監視や秩序が純粋に文化的なものだとしても、暴力犯罪を実行する動機はヒトとチンパンジーで同等といえるだろうか？ オスのチンパンジーが徒党を組み、同じコミュニティの別のオスを追い回して集団暴行した場合、そこには必ず生物学的な理由が存在する。被害個体が遺伝的あるいは政治的なライバルであったか、食料をめぐる競争相手であったかだ。人間社会では、これらの理由が懲罰の判断において考慮されることはない。わたしたちの道徳則では、自衛のためを除いて、他者の生命を奪うことは、ほぼどんな場合でも悪だからだ。オスのチンパンジーは、ライバルを排除することで、みずからチャンスを生み出し、いつの日かアルファになれる可能性を高める。隣接コミュニティのオスを消すことで、殺し屋たちは、なわばりを拡大し、新たな果樹、新たなメスを手に入れる。

チンパンジーの暴力の進化的理由は明らかで、繁殖成功に関係している。ここ一五年の間に、コミュニティ内外の攻撃行動の研究は、興味深い新展開を迎えた。同じコミュニティのオスに対する、オスたちの残忍な攻撃が、三つの研究拠点で観察された。タンザニアのマハレ山塊国立公園、ウガンダのキバレ国立公園のンゴゴ、ウガンダのブドンゴ森林保護区だ。コミュニティ内での殺しは、コミュニティ間での殺しよりも珍しい。コミュニティ内の場合、非致死的な攻撃であっても、なんらかの説明が必要であり、コミュニティ間の「戦争」とは異なる動機がはたらいていると考えられる。複数のオスたちが、同じコミュニティの単独のライバルを探し出してリンチにかける場合、殺し屋たちはなわばりをめぐる集団間対立において仲間になりうる個体を消すことになる。被害個体がアルファであれば、目的は明らかに王座の転覆だ。それ以外にも、若いオスが生意気に威張りちらすのを、年長のオスたちが彼の命もろとも終わらせた例もある。ブドンゴのケースでは、被害個体は低順位オスで、優位オスにパントグラントをしなかったのがまずかった。複数のおとなたちが集結し、彼は無残に殺された[8]。マハレでは、転落したばかりの元アルファが死体となって発見された（怪我の状態から攻撃が推測された[9]）。ゴンベのゴブリンも、研究者たちが介入治療をおこなうことを決断していなければ、同じ運命をたどっていたかもしれない。彼はアルファの座を追われたあと、自身の影響力を過信し、コミュニティに復帰しようとして襲われた[10]。

二〇〇二年にンゴゴで起きた殺害は、コミュニティ内の暴力について示唆を与えるものだった。デヴィッド・ワッツの報告によれば、殺されたのは台頭株の若いおとなオスだが、襲撃とアルファの座をめぐる競争に直接の関係はなかった。大きなンゴゴ・コミュニティで、被害個体は多くのおとなオスと交流をもち、殺害の二週間前には一四頭のおとなオスの一員としてパトロールに参加していた。そのとき一緒だったオスたちが、後に彼にむごたらしい攻撃を加えたのだ。少なくとも七頭が、数分間、彼を地面に押さえつけたまま深い咬み傷を与え、彼は瀕死の重傷を負った状態で放置された。数日後、彼のものらしき死体が同じエリアで発見された[11]。

ンゴゴ・コミュニティの善良な市民であったはずの彼は、なぜ罪もない犠牲者となったのか？ワッツは、この個体が数年前まで低順位であったこと、しかし急速に順位を上げていたことを指摘する。彼はチンパンジー社会の礼儀に反したのだ。彼が他のオスといる頻度は予測されるよりも低く、また彼はめったに他のオスにグルーミングをしなかった。おそらく、一番まずかったのは、他のオスと同盟を組まなかったことだろう。もしそうしていれば、一部のオスたちが襲撃してきたとき、頼りになったはずだ。社交性の欠如は低順位オスでは珍しくないが、大きな野望を抱く成り上がり者がこのように振る舞うのは、大きな過ちだ。度を越した野心をもちながら、社会常識を欠いた新米の国会議員が、後ろ盾をもたずに議会での地位を上げていけば、いずれは失脚するだろう。ンゴゴの被害個体は、高順位個体からの攻撃を抑制するための社会的スキルを発揮しなかったせいで、こうしたオスたちから脅威とみなされたのだ。

コミュニティ内の攻撃を実行したオスたちが、回復不能の怪我を負わせるつもりだったのか、それとも殺すつもりだったのかは定かではない。ンゴゴのオスたちは、礼節を欠いた被害個体を罰したかっただけなのかもしれない。我を忘れ、つい意図していたよりも深い傷を負わせてしまったのだろうか。マハレでのコミュニティ内の攻撃では、このような懲罰的動機があったと考えられている。[12] ワッツは、ンゴゴでの襲撃は他のコミュニティのオスの間で観察されたものよりも「深刻度が低い」としている。[13] 意図的な殺害ではないという可能性は、コミュニティの内部抗争で致命傷を負った例がごくまれで、半世紀にわたるアフリカ各地の研究を見渡しても一握りでしかないことを考えると、説得力がある。

ここまで、コミュニティ内暴力について、オスがオスを攻撃する例を取り上げてきた。だが、オスはコミュニティ内のおとなメスを襲うこともあり、その場合の目的と結果は大きく異なる。この一〇年で、オスがメスを攻撃する場面が数多く観察された。それらは見たところ、メスを脅したあと交尾を迫る意図があるようだ。攻撃はオスのチンパンジーの典型的行動のひとつであり、驚くことではない。だが、メスへの交尾の強要は、またしてもヒトの男性の行動の醜悪な面を想起させる。このような行動は、散発的ながら、マハレ、ブドンゴ、ンゴゴ、カニャワラ、タイで昔から報告されていた。けれども、頻度があまりに低いため、背景要因の特定には至らなかった。しかし、ひとつの研究が状況を一変させた。

マーティン・マラーらは、カニャワラにおけるオスの性的強要の一〇年間の事例を分析し、ヒトを含めた動物全般における性的強要を扱ったランガムとの編著書の一編として出版した。この研究で、オスは他のオスに対する攻撃とほぼ同頻度で、メスにも攻撃をおこなうことがわかった。これは必ずしも身体的暴力とは限らない。攻撃の三分の二は、突進のふり、ディスプレイなど、身体的接触を伴わないものだった。おとなオスは性皮腫脹期間、すなわち排卵中の可能性のあるメスに対して、通常よりはるかに攻撃的だった。一方、思春期オスは発情していないメスに対する攻撃頻度の方がより高かったため、思春期オスの強要は交尾とは無関係と考えられる。[14]

マラーらは、性的に活発なメスに対するオスの暴力の原因について、複数の仮説を提唱した。メスを抑圧し、お咎めなしでいられることが、オスの支配的地位をひけらかすディスプレイの一手段なのかもしれない。あるいは、メスを利用して、ライバルのオスに自身の地位を示してるのかもしれない。この可能性は、いくつかのヒトの伝統社会においても指摘されている。さらに別の説として、オスはメスに対する攻撃を、メスどうしの競争の「監視」の手段としているとも考えられる。このような監視が、先住メスと新規移住者（あるいは移住者候補）のメスの間の対立の芽を摘み、コミュニティへのメスの定着を促進するのかもしれない。

メスに対するオスの恒常的な暴力に関して、研究者が納得できる仮説はひとつしかない。性的強要だ。主な標的は妊娠可能なメスであり、オスの攻撃によって怪我やストレスを負う。加えて、性的強要をおこなうオスは、交尾成功の増加という見返りを手にする。メスのチンパンジーは乱交的で、複数のオスと交尾することで父性を撹乱する。オスは複数の配偶相手を積極的に求めるメスを罰することで、メスの性行動を支配しようとしているのかもしれない。

別の研究で、オスが性的強要をおこなう理由に新たな可能性が浮上した。ジョセフ・フェルドブラムらは、ゴンベ国立公園における約二〇年の観察記録を分析し、ゴンベのオスは、他のサイトのオスと同様、しばしばメスを攻撃することを示した。さらに、オスの攻撃はメスの性皮腫脹期間にとくに多かった。また、高順位オスによる、性皮腫脹中ではないメスに対する攻撃は、そのメスの子の父親になる確率を高めていた。つまり、高順位オスは攻撃と脅しによって、繁殖成功を高めていたのだ[15]。

オスの性的強要は、メスが乱交的で、繁殖ステータスを顕示し、流動的な社会集団のなかで生きるため、オスが配偶相手を独占するのが難しい場合、適切な繁殖戦略だと考えられる。ただし、これを裏付ける、あるいは示唆する知見が得られている研究サイトは、ゴンベとカニャワラだけだ。レベッカ・スタンプとクリストフ・ボッシュの研究によれば、タイ国立公園ではメスに対するオスの直接的な性的強要はまれで、メスの性行動をコントロールする手段として機能している証拠はない。タイにおけるオスの攻撃は、ゴンベとは異なり、メスの発情状態とは無関係におこわなれた。[16] それどころか、オスの醜悪な配偶戦略に関するかぎり、二つの研究結果は正反対だ。オスのチンパンジーがどの生息地でも性的強要によって繁殖成功を高めていると言い切るには、他のフィールド研究拠点での追加研究を待つ必要がある。

ここまでの説明で、メスたちがオスの悪行を黙って受け入れていると思ったなら、それは間違いだ。メスのチンパンジーが強力な同盟を組み、オスをひるませたり、強要をはねつけることはまれだ（一方、ボノボでは普通にみられる）。けれども、メスがオスに反撃することは実際にある。飼育下では、コミュニティ構成が人の手にゆだねられているため、時に一、二頭の有力なメスの存在が、オスとの緊張関係において優位に立つ鍵になることがある。野生ではこうした事態はめったに起きないのに対し、飼育下ではメスの地位向上が進んでいるのだ。ブドンゴ森林保護区のソンソ・コミュニティでは、メスは時に同盟を組み、攻撃してきたオスに仕返しをする。ニコラス・ニュートン＝フィッシャーによれば、メスはオスの攻撃を受けたあと、時にメスのみからなる二～六頭の同盟を形成する。ここには必ず直前に攻撃を受けた一頭が含まれる。そして、同盟を組んだメスたちは、攻撃を加えたオスに反撃する。ふつうは悲鳴や吠え声によるものだが、時には身体的攻撃もおこなう。攻撃されたオスは逃げる。高順位メスは、常に劣位メスの味方をする。[17]
このようなメスの同盟は、近縁種のボノボでは日常茶飯事だが、チンパンジーではきわめて珍しい。

戦争の惨禍：コミュニティ間の暴力

野生のチンパンジーのオスは、控えめに言っても、隣接コミュニティのオスに対して敵対的だ。ただし、霊長類、あるいは哺乳類のなかで、かれらが特殊というわけではない。オオカミは他のパックのなわばりに侵入し、近隣のライバルを襲い、殺すこともある。ライオンのオスは同盟を形成し、他のプライドを襲撃し、しばしば子殺しをおこなう。クモザルのオスも、他の群れに暴力的な奇襲を仕掛けることが知られている。[18] にもかかわらず、チンパンジーによる襲撃と殺害が圧倒的な注目を浴びるのは、それが伝統社会に暮らすヒトにおける集団間暴力ときわめてよく似ているからだ。

チンパンジーのコミュニティ間対立は、正確には戦争の定義にあてはまらない。戦争という言葉には、複数のコミュニティが、互いに対して全面的に闘争するという含みがある。伝統的なヒトの狩猟採集社会では、殺人を伴う集団間闘争がみられるが、被害者は一人であることが圧倒的に多い。チンパンジーのコミュニティ間対立は、実際には奇襲の形をとる。一方のコミュニティのパーティが、隣接コミュニティの一頭または少数の個体を、たいていはなわばりの重複する境界線付近で襲撃するのだ。攻撃側は、勢力の不均衡を感じとり、戦略的に実行する。一度の戦いで、一〇頭のチンパンジーが、一〇頭やそれ以上の数の相手とやりあうことはめったにない。なぜなら、第一に、これまで研究されたコミュニティのほとんどは、そのような大規模な戦いができるほど大きくない（ンゴゴの巨大なコミュニティは特筆すべき例外だ）。第二に、大規模衝突は、少数のライバルへの攻撃と比べ、個体にとってはるかに大きなリスクを伴う。そのため、オスのチンパンジーはなわばりの境界を監視して、タイミングをうかがい、相手を上回る頭数があるのが確かなときに襲撃を実行する。この基本パターンが、四〇年にわたって観察されてきた。近年、野外実験研究と継続的観察により、集団間暴力についての知見は大幅に増え、そのメカニズムと原因の究明が進んだ。

同盟を組んでの攻撃が、チンパンジーの典型的なやり方だ。どの個体も、同盟に加わることのコストと利益を天秤にかけているのは間違いない。資源へのアクセスの拡大（なわばりが広がれば、食料も配偶相手も増える）という見返りは、負傷や死亡のリスクを上回るのか？　マックス・プランク進化人類学研究所のリラン・サムニによる最近の研究で、集団間闘争の前と最中にオキシトシン濃度が上昇することが示された。同じ現象はヒトでもみられる。[19]ランガムは、チンパンジーによる襲撃と殺害の特異な点として、大規模な対立がきっかけではないことを指摘する。むしろ逆で、チンパンジーのオスたちが、数週間から数カ月かけて、隣接コミュニティのオスたちを殺していく過程は、ゴンベやマハレで観察されている。[20]そのため、隣人たちを計画的に根絶やしにするような印象を受ける。その後、攻撃側のコミュニティは戦果を得る。新たななわばり、新たな果樹、新たなメスだ。隣り合うコミュニティであっても、食料の豊かさにはかなりの差がある場合があり、なわばりの集団防衛は個体の栄養状態の向上にも役立っているのかもしれない。

コミュニティ間の暴力を伴う対立は、よく研究されている一八のチンパンジーのコミュニティのうち、以下の一五で観察されるか、有力な証拠がみつかっている：ゴンベ（カセケラ、カハマ、ミトゥンバ）、マハレ（M、K）、キバレ（カニャワラ、ンゴゴ、カニャンタレ）、キャンブラ、タイ（イースト、ノース、ミドル）、グアルゴ（モト）、カリンズ（M）、フォンゴリ。[21] 対立は時に長期にわたり、コミュニティの消滅に至ることもある。一九七〇年代、マハレのMグループのオスたちは、隣接するKグループのおとなオス五頭を殺害したとみられるものの、実際の殺害場面は観察されなかった。関西学院大学の高畑由起夫は、近年になって証拠を再検討し、Kグループのオスの少なくとも一部はコミュニティ間の暴力の犠牲になったと結論づけた。[22] 一九七〇年代半ば、ゴンベのカセケラ・コミュニティのオスたちは、分裂してできたばかりのカハマ・コミュニティのオス少なくとも五頭、おそらくそれ以上を襲撃し、殺した。どちらのケースでも、対立するコミュニティの間には、オスの数に関して勢力の不均衡が存在した。敵対関係がエスカレートし、一方が他方に奇襲攻撃をかけるに至ったのは、これが理由かもしれない。殺害によってライバルが減り、パーティサイズの不均衡がさらに大きくなれば、大きい方の集団にとって、さらなる攻撃を仕掛ける動機はますます強まる。

集団間の暴力は、ふつう、一方のコミュニティのオスだけのパーティが、隣接コミュニティとのなわばりの境界に向かっていくところから始まる。一見したところ、なわばり境界のパトロールや、単に境界付近にある果樹で採食するための移動にすぎない。だが、隣接コミュニティの個体と鉢合わせした場合、コミュニティ間の事象に発展する。パトロールは不定期に突然始まり、観察する人間にシグナルは確認できない。間隔は不規則で、数日のときもあれば数週間のときもあり、その頻度は隣接コミュニティとの現在の関係に左右されるのかもしれない。グドールとランガムは、一九七〇年代にゴンベで起きた、悪名高いコミュニティの分裂とそれに続く戦争の時期、境界のパトロールが頻繁におこなわれ、また主に敵対コミュニティの方面に向かったことを指摘している。[23]

パトロールは、オスたちの集団が他の活動をやめ、まっすぐに別の場所に向かうところから始まる。なわばりの境界に近づくにつれ、オスたちは用心深くなる。境界は河岸や林縁のこともあれば、単に森のある場所で排他的なわばりが終わり、そこから先は隣接するなわばりが重複する緩衝地帯になっていることもある。オスたちは緊張し、かすかな物音にも動きを止めて、よく耳をすましてから再び歩みを進める。敵の存在を示す物的証拠の可能性のあるものに強い関心を示し、立ち止まっては枝の道具、葉の束、寝床、糞を検分し、においを嗅ぐ。[24] 境界に沿って歩き、敵の痕跡をチェックしたあと、そのまま自分たちのなわばりに戻ることもある。しかし、時にパトロールは遠征に変わり、オスたちは敵のなわばりの奥深くに侵入する。オスたちの緊張は目に見えて高まり、数百メートル進んだあと、ようやく引き返す。わたしが一九九〇年代にゴンベで追跡したパトロールのほとんどは、侵入したオスたちが敵のコミュニティの遠くの鳴き声を聞いた時点で終了となり、踵を返して自身のなわばりに急いで戻った。帰ってきたオスたちは、作戦中に昂ぶった情動のガス抜きをするかのように、フートやディスプレイをおこなった。

問うべき疑問は、なぜすべてのオスたちが、積極的に何時間もかけてパトロールをおこなうかだ。高順位オスの動機はわかりやすい。新たなメスや食料の見返りを得て、それらを支配できるからだ。一方、低順位のおとなオスやメス（メスも時にパトロールに参加する）にとっては、戦利品が得られる見込みは薄いのに、リスクは大きい。オスは明らかになわばり防衛を採食のスケジュールに組み込んでいるが、メスがそうすべき理由はあまりない。セントアンドリュース大学のルーシー・ベイツとリチャード・バーンは、ブドンゴのオスのチンパンジーが「前進あるのみ」の採食戦略をとる傾向にあることを発見した。オスたちは、休憩後に再出発するとき、休憩前の進行方向を維持するのだ。これにより、オスは日常の移動のなかで、なわばりの境界の方向に進みやすいのかもしれない。授乳中および妊娠中のメスはこれとは異なり、円を描きつつ以前に採食した場所に戻るパターンを示した[25]。メスは自分自身、幼子、胎児のために、もっとも質の高い食料を確保することにエネルギーを費やすと予測される。一方、オスは最適な食料資源に常にアクセスする必要性があまりない。メスがなわばりのパトロールや境界での衝突に関与することはまれであり、パトロールは主にオスの行動だ。

ワッツとミタニは、ンゴゴで境界パトロールの研究をおこなった。パトロールは平均で一〇日に一回おこなわれ、ほとんどの研究拠点で観察された頻度の約二倍だった。これは、ンゴゴ・コミュニティにオスが多いせいかもしれない。パトロールの参加メンバーが多ければ、遭遇の際に個体が負傷するリスクは小さくなる。あるいは、単純に、その気になったときに一緒にパトロールを始められるオスたちが多いからとも考えられる。オス全体の三分の一強に相当する一部の個体は、ンゴゴでおこなわれたすべてのパトロールに参加した[26]。「皆勤」個体の割合が小さいのは、コミュニティのオスの数が多いためだろう。対照的に、タイではオスの四分の三が定例パトロールに参加した[27]。

パトロールはなわばりの境界付近でおこなわれるが、なわばりの中心部で始まることも多い。なわばりの面積は長い年月の間に増減し、パトロールのパターンもそれに伴い変動する。オスが少ないときは、隣接コミュニティのオスに数で負ける可能性のあるエリアを避ける傾向にある。パトロール中のオスたちも、たいていは敵に遭遇しない。遭遇したとしても、ふつうは長距離コールを聞き、それに反応するだけだ。コールに応えることもあれば、コールが接近あるいは撤退の反応を引き起こすことも、コールを聞いたパトロール集団が恐怖にかられ脱兎のごとく逃げだすこともある。ワッツとミタニによる観察では、五二回のパトロールのうち、隣人たちへの肉体的攻撃に至ったのは五回だけだった[28]。それでも、一〇％の攻撃確率とすれば、パトロールのたびに誰かが怪我をしたり、死ぬ可能性は無視できない。

ワッツとミタニは、境界パトロールへのオスの参加と、交尾成功、狩猟パーティへの参加、狩りの成功に関係があることを示した。意外に思うかもしれないが、単にオスは仲間のオスたちと一緒に行動する傾向にあり、オスどうしの絆に基づく行動は、狩りにしろパトロールにしろ、ほぼ同じメンバーでおこなわれているということだ。オスはコミュニティ内で同盟を形成し、同じオスたちがコミュニティ間の防衛や奇襲の主要メンバーになっている。流動的で分断された離合集散社会で生活していながら（あるいはだからこそ）、オスたちは強い絆で結ばれた仲間と一緒なら、命がけで行動するのだ。ロチェスター大学のマリッサ・ソボリュースキーらは、ンゴゴのオスのテストステロン濃度が、パトロール中に上昇することを示した。敵と遭遇し、闘争に発展するリスクがもっとも高いときであることを考えると、理にかなった結果だ。[29]

ンゴゴは、パトロールに参加できるおとなオスの数が非常に多いという点で、特殊なケースかもしれない。タイでは異なる力学がはたらく。ここでは、メスもパトロールに積極的に参加するのだ。ボッシュらの考えでは、西アフリカのチンパンジーにおけるコミュニティ間の関係は、より研究が進んでいる東アフリカのものとは本質的に異なる。タイのコミュニティは三〇年以上にわたって観察されているが、致死的な攻撃はきわめてまれだ。それどころか、研究開始から二三年が経過するまで、コミュニティ間の殺害は一度も観察されなかった。対照的に、ンゴゴでは毎年平均二個体が犠牲になる。[30]

タイのオスたちは、別のコミュニティとの遭遇を、交尾可能なメスを誘拐し、一時的に囲い込む機会とみなす。他の場所でもそうだが、若いおとなメスは、自発的に隣接コミュニティを訪れ、ときには長い間そこにとどまる。これに対し、出産経験のある年長のメスがこのような訪問や移動をすることはほとんどない。また、他の場所のチンパンジーとは異なり、タイのメスたちはコミュニティ間の遭遇に積極的に関与し、オスたちを支援する。遭遇の際、おとなメスが敵のオスたちによって自身のコミュニティから連れ去られながらも、そのオスたちから深刻な暴力を受けないようなケースは、他のどこよりもタイで多く観察されている。このような遭遇の三分の一では、別のコミュニティに属するオスとメスの間で交尾がおこなわれる。[31] こんなことは、たいていの研究サイトでは考えられない。ゴンベのメスは、コミュニティ間の接触時にしばしば激しい攻撃を受け、時には死に至る（初期の研究では接触の七五％、最近のデータでは約五〇％がこのような結果になった)。ゴンベでは、性皮腫脹のないメスも、妊娠可能なメスも暴力の標的となり、コミュニティ間で交尾がおこなわれたことは一切ない。マハレなど別のサイトの観察結果はやや曖昧だが、それでもタイと比べれば、友好的というよりも暴力的だ。タイがなぜ、どのように特別なのかはよくわかっていない。「敵」と交尾しているように見えるタイのメスは、じつは隣接しなわばりが重複する複数のコミュニティに属している可能性がある。タイのメスは全体的な傾向として集合性が高く、そのおかげでアフリカの他の場所よりも交尾機会が多いのかもしれない(32)。

最初の戦争

ここまで見てきたような、コミュニティ間の接触の性質に関する議論は、一九七〇年代前半には誰ひとり考えもしなかった。この時点でグドールはゴンベで一〇年以上研究を続けていたし、他の研究者や学生たちも加わって、彼女が観察した複雑な行動の解釈が進められていた。一方、タンガニーカ湖畔を南下した場所で、西田利貞が率いる日本の研究チームは、コミュニティ構造の謎や行動生態学的要因の解明に取り組んでいた。チンパンジーの日常の一端が明らかになり、学術界も一般大衆もそれに魅了された。そんな中、一九七二年に、ゴンベのメインの研究対象だったカセケラ・コミュニティが、二つに分裂しはじめた。

コミュニティは徐々に分裂し、新たに形成されたカハマ・コミュニティは、カセケラのすぐ南側に居を構えた。分裂のきっかけはわかっていない。憶測ではあるが通説として、カセケラ・コミュニティは大きくなりすぎ、グドールが一九六〇年に到着したころには、すでに分裂の初期段階にあった。人づけの促進のためにバナナを給餌したことで、コミュニティの結束が予定より数年長く保たれた可能性がある。[33] ただし、フェルドブラムらの最近の分析によれば、元の大コミュニティの内部での順位をめぐる闘争がオスたちの分裂を招いた一方、バナナ給餌の影響は定かではない。[34] 理由はともかく、一九六〇年代半ばにバナナ給餌場を利用していたおとなオスと思春期オス、計一九頭は、一九七〇年代前半に二集団にわかれた。グドールは、バナナ給餌場のあるカコンベ渓谷をはさんで陣取る両者を、北部サブグループと南部サブグループと呼ぶようになった。

一九七〇年代に入ると、北部一帯で時間を過ごすオスたちが、南側まで足を伸ばしたり、南側にいる元の仲間と交流することは、ほとんどなくなった。逆も同様だった。北部サブグループには八頭、南部には六頭のおとなオスがいた。北部サブグループの方が大きく、元アルファのハンフリーはこちらに属したが、南部サブグループは二頭の高順位オス、チャーリーとヒューの同盟を擁した。かれらが一緒にいるときは、ハンフリーを含め、すべての個体に対して優位だった。やがて、二つのサブグループが森で遭遇する機会は、一方のパーティが他方のコアエリアに踏み込んだときだけになった。そんなとき、両者は敵対的なディスプレイを相互に向けた。年を追うごとに遭遇頻度は減少し、両サブグループのオスたちは互いを避けるようになった。

コミュニティ分裂の兆候を初めて観察してから二年後、一九七三年の時点で、グドールは両者を別々のコミュニティと認めた。北のカセケラと、南のカハマだ。両者は若干の重複はあるものの別々のなわばりをもち、それぞれのコミュニティのオスたちは、重複エリアへの遠出をなわばり境界のパトロールとみなすようになった。翌年、今やライバルとなったコミュニティの間で、暴力的な接触が起きはじめる。北のカセケラのなわばりが拡大し、カハマのなわばりは縮小した。一九七四年末には、カハマのチンパンジーたちは、四平方キロメートルに満たない森林の一角に追い込まれた（さらに南には調査対象となっていないカランデと呼ばれる別コミュニティがあり、南下を阻まれていたのだ）。数カ月後、カハマの四頭のオスたちはさらに行動圏を狭め、元のなわばりの一部である二平方キロメートルの区画を出ることはほとんどなくなった。かれらはおそらく危機を察知していたのだろう。まもなくそれが現実となる。一九七四年から一九七七年にかけて、カセケラのオスたちは繰り返しカハマのなわばりに侵入し、時としてカハマのオスを暴行した。カハマのオスたちは、一頭、また一頭と襲われて殺され、ついには全頭が死亡した。その後、カセケラは以前のカハマのなわばりを併合した。

襲撃はきわめて陰惨だった。ほんの数年前まで、殺し屋たちと犠牲者が仲間だったことを考えると、なおさら衝撃的だ。かぎ爪も、肉食獣のような犬歯ももたない襲撃者たちは、それでも深い咬み傷を残し、また拳で長時間にわたって殴りつづけて、骨折や内出血の怪我を負わせた。襲撃を実行したのはカセケラの二〜六頭のおとなオスで、時にはそこに思春期オスも加わった。皮肉なことに、四年にわたる「戦争」が終結してまもなく、南のカランデ・コミュニティが北へと勢力を拡大し、カセケラは勝ち取ったばかりの土地の一部を奪われた。近年では、同様の戦いがカセケラの北側でも観察されていて、小さなミトゥンバ・コミュニティは、カセケラのなわばりと、公園外の集落の間に圧迫されている。

カセケラのオスたちは、ライバルであるカハマのオスたちを狙って襲ったようだが、メスも攻撃の標的となった。チンパンジーのコミュニティ間の対立では、年長のメスとその連れ子が攻撃されることがある。未経産の若いメスへの攻撃も、まれにだが観察例がある。子のいない若いおとなメスは、定着したばかりのコミュニティで、先住のおとなメスから攻撃されることがあるのだ。一方、オスたちは新入りのメスを歓迎する。だが、年長のメスは、パトロール中の敵対集団のオスたちと鉢合わせした場合、しばしば残忍な攻撃の標的となる。このことは、オスによるコミュニティ間の戦闘が存在するなど、誰も夢にも思わなかったころから、すでに知られていた。メスも標的になるのだが、それ以上に連れ子が犠牲になることが多かった。母親に重傷を負わせることができず、逃げられてしまったオスたちは、かわりに子どもに矛先を向けるのだ[35]。

ゴンベで観察された、コミュニティの分裂とそれに続く組織的な殲滅は、決して例外的な事例ではない。南のマハレでは、西田が研究初期の時点で、隣接するコミュニティのオスどうしが敵対関係にあることに気づいた。Mグループと Kグループは行動圏が重なっていたが、一九六〇年代から七〇年代にかけて、乾季になるとMグループは大きなパーティを形成し、北の重複エリアに進出した。これに対し、Kグループはたいてい、行動圏のさらに北側へと遠ざかり、勢力で上回るMグループのオスたちを避けた。けれども、時にはKグループが季節移動によってMグループと距離をとることをせず、なわばりをめぐる対立が生じた。こうした遭遇の際、Mグループのオスたちは、Kグループのオスとメス両方を攻撃した。一九七〇年代になると、一〇〇キロメートル北のゴンベで起きていた「戦争」をなぞるように、Kグループのオスの大部分が姿を消し、一九八〇年代前半にはほぼ消滅した。どの個体も、最後に観察されたときには健康だった。殺害の場面は観察されなかったものの、西田らマハレの研究グループは、Kグループのオスの大部分がMグループに殺されたと考えている。[36]

キバレ国立公園では、カニャワラとンゴゴの両コミュニティのオスたちが、隣接するコミュニティに襲撃され死亡した。攻撃されたのはたいていおとなオスだったが、例外もある。未成熟個体が狙われたり、標的のオスと一緒にいたメスが巻き添えになることもあった。西のタイ国立公園では、なわばりの重なる複数のコミュニティの長期観察が続いており、ここではコミュニティ間対立が少し違った形をとることがわかった。第一に、攻撃は確かにあるものの、致死的攻撃が初めて観察されたのは研究開始から二〇年以上が経過してからのことだ。ボッシュは攻撃時のさまざまな戦略を記録している。例えばオスたちは、なわばりの境界でライバルに向かって突進を仕掛けるとき、いくつかの決まった方向から実行するようだ。正面攻撃に踏み切ることもあれば、側面攻撃や後衛戦を選ぶこともある。[37]

まるで原始の戦場における軍隊の陣形のようではないだろうか？　ボッシュもまさにそう考えている。彼はさらに踏み込んで、後衛戦は意図的な騙し行動であるとまで主張する。後衛戦において、攻撃側のオスたちは、一部のメンバーを後方に残しておき、かれらが大声を発することで、自分たちの実際の最前線がまだ遠くにいると思わせるというのだ。実際のコミュニティ間の接触は深い森の中で、大混乱のうちに起きるのに、本当にそこまで詳しく観察できるのかという疑問はもっともだ。タイでもっともよくみられる攻撃方法は、すべてのチンパンジーのコミュニティで定石とされる奇襲攻撃であり、これは複数のおとなオスが、敵のなわばりの奥深くまで侵入し、見つけた単独のオスやメスを手当たり次第に攻撃するというものだ。

マハレのKグループのオスたちが組織的に殺害されたあと、残されたメスたちは積極的にMグループに加わった。ゴンベとマハレでは、オスたちが隣接コミュニティのメスを襲い、重傷を負わせた例が知られている。オスの侵略の目的のひとつが交尾成功を増やすことだとすると、これは理屈にあわないように思える。オスは新たなメスが、若く未経産であろうが年長であろうが関係なく、性的強要をするか、喜んで受け入れるはずでは？ もしかすると、単になわばりだけを拡張し、性別にかかわらず食い扶持は増やさない方が望ましいのかもしれない。ジェニファー・ウィリアムズらがゴンベでおこなった研究により、行動圏の広いメスほど出産間隔が短いことが知られている。行動圏が広ければ、より多くの食料が手に入るため、他個体を排除して防衛するに値することが示唆される[38]。チューリヒ大学のガウリ・プラダンらは、メスを殺すことが、性的強要やコミュニティへの受け入れよりも高い繁殖成功につながるような状況も存在すると主張する。メスやその連れ子を攻撃し、新たに獲得したなわばりから排除することは、高順位オスにとって、より見返りが大きいと考えられる。かれらは最初から自身のコミュニティのたくさんのメスを選べるからだ。一方、低順位オスは、どんな新入りメスも歓迎するはずだ[39]。

なわばりをめぐる殺しの理由

チンパンジーのコミュニティ間攻撃の最近の研究は、実験的手法を用いて対立のダイナミクスの解明に取り組んでいる。一九九〇年代に刊行された一連の論文で、ランガムらは、グドールが最初に提唱した考えを発展させた。コミュニティ間の攻撃は勢力の不均衡のパターンをなぞる、というものだ。襲撃が予測されるのは、襲撃者側が数の力ではるかに優位に立ち、怪我を負うリスクが最小限になるときだ。一〇頭のチンパンジーが、単独行動する敵対コミュニティの個体に遭遇した場合、かれらは襲撃しても自分たちが重傷を負うリスクは低いと知っている。同様のパターンは、狩猟採集民や、戦地でパトロール中の兵士たちにもあてはまる。数の優位は、戦うかどうか、いつ戦うかを決めるうえで、常に重要な要因となる。チンパンジーがおこなう襲撃と殺害は、大小の対立がエスカレートして起きるわけではない。たいていは奇襲であり、被害個体に重傷を負わせる、あるいは殺すことが目的だ。

ランガムは、コミュニティ間の攻撃は勢力の不均衡の産物であり、オスは自身のコミュニティが隣接コミュニティを支配するという目的に動機づけられていると考えた。彼はチンパンジー社会を資源の観点からみる傾向にあり、オスの採食パーティは価値の高い果樹を防衛すると想定した。単独のオスにとって、隣接コミュニティのオスたちがパトロールするなわばりの重複領域で採食するのは、このうえなく危険だ。当然ながら、離合集散社会に暮らすチンパンジーは、時に単独行動をする。パーティが大きいほど、隣接コミュニティも狙う食料源を支配できる可能性は高い。ランガムの説によれば、ある森林に果実が豊富であればあるほど、チンパンジーのパーティは大きくなり、コミュニティ間の遭遇は攻撃的なものになる。なぜなら、パーティサイズのばらつきが大きいほど、勢力が不均衡な二つのパーティが頻繁に遭遇することになるからだ[40]。

カニャワラで研究するウィルソンらは、オスのコミュニティ間攻撃の戦略に影響する要因を調べた。その結果、隣接コミュニティとの遭遇は、オスたちが自身のなわばりのコアエリアから遠く離れているとき、またその土地でもっとも豊富にある果実を食べているときに、もっとも起こりやすかった。隣接コミュニティの好物である数種の重要な果実に誘われて、オスは高リスクな場所に足を踏み入れる。カニャワラのオスたちは、隣接コミュニティの声を聞いたとき、自分たちが個体数で上回っている場合には、撤退でなく前進を選んだ（相手の個体数は長距離コールの数に基づく人間の観察者による推定）。遭遇の発生には、お気に入りの食料の存在が影響を与えていたが、実際に攻撃が起きるかどうかの予測因子になるのは、その場にいるオスの数だった。

コミュニティ間攻撃に関する詳細な情報を集めるには数十年はかかる。攻撃はまれな現象で、詳しく観察できないことが多いからだ。そこでウィルソンらは、未知の単独のオスのコールをスピーカーから流してカニャワラ・コミュニティのオスたちに聞かせ、侵入者が接近中、もしくはすでになわばりの境界を越えていると錯覚させて、反応を記録した。チンパンジーは賢いのだから、スピーカーの音声なんかにそう簡単には騙されないと思うかもしれない。すぐに偽物だと見破られるのでは？　もしあなたなら、屋根裏から見知らぬ人の声が聞こえてきたら、最初は怖がったとしても、二度も三度も引っかかったりはしないだろう。けれどもウィルソンによれば、チンパンジーへのプレイバック実験は、鳥、ライオン、他の霊長類でおこなわれたのと同様の手法でうまくいった。

プレイバック音声への反応は、コールを聞いたオスの数によって異なっていた。三頭以上のオスが一頭の侵入者の声を聞いた場合、かれらの反応は接近や鳴き返しといった攻撃的なものだった。一方、二頭以下のパーティはより慎重にふるまった。かれらは声を抑え、必ずしもスピーカーに接近しなかった。つまり、オスは敵と認識された相手の強さを、コールの数に基づいて推定したのだ。侵入者との対決のリスク査定をしたと言ってもいいだろう。スピーカーの位置は、偽のコールを聞いたチンパンジーの反応に影響を与えなかった。サンプルサイズは小さいものの、この研究結果は、オスがメスやなわばりを防衛するために戦うという考えを支持するものだ。

なぜオスたちは隣人を襲撃するのか？

隣接する二つのコミュニティにおいて、パーティ間の勢力が不均衡であることが、チンパンジーのコミュニティ間攻撃の直接の原因としては有力だ。しかし、根本的な進化的説明については、誰もが納得しているとは言いがたい。ワッツ、マラーらは、カニャワラとンゴゴにおけるコミュニティ間の対立は、食料源の獲得と防衛が唯一の目的であり、それによってメスの栄養状態が改善し、出産数が増え、子の生存率が上昇するのだと主張する。攻撃がライバルの数を減らすためなら、メスも標的になるはずだ。食料獲得のためのなわばりの侵略という説明が成り立つのは、隣接コミュニティのメスたちがさらなる攻撃を恐れて行動圏を移したり縮小するため、襲撃者側がなわばりの重複するエリアの果樹を独占できることが前提になっている[42]。

ウィリアムズらは、食料資源の防衛が、ゴンベでも襲撃のもっとも重要な要因になっていることを示した。オスたちが隣接コミュニティのオスとメス両方を狙ったことから、侵略の主目的は食料資源の支配であり、メスの獲得や支配は重要ではないと考えられる。また、なわばりの拡大によってコミュニティのメスの数は増えなかったものの、先住メスの繁殖成功が増加していた。採食パーティサイズが大きくなり、メスとの遭遇頻度が増加したという状況証拠からみて、なわばりの拡大により、質の高い食料が入手しやすくなったと考えられる。ウィリアムズらは、オスのなわばり防衛の目的は、メスとこどものために安定した採食場所を維持し、ライバルのオスたちとの接触から保護することだと考えている[43]。

ほとんどの研究では、グドールによるものも含め、コミュニティのおとなオスの数はなわばりの広さに比例することが示されるか、前提とされている。パトロールするオスが多いほど、多くの土地を確保し、劣勢のライバルコミュニティは危険な遭遇を避け、自身のなわばりを明け渡すと考えられる。けれども、ウィリアムズらによるゴンベでの研究では、パーティサイズとなわばりの支配力の間には相関がみられなかった。両者に相関がないのはタイでも同じだ。ンゴゴでは、ゴンベと同様、グループ間攻撃がなわばりの拡大につながることが、ミタニらの研究で示された。ンゴゴのコミュニティはきわめて強大であるため、オスたちはもはや無敵であり、隣接コミュニティは撤退を強いられているのかもしれない。

なわばりをめぐる殺しにチンパンジーを駆り立てる進化的な力が、性淘汰であるのは明らかだ。隣人たちを虐げることは、以下の理由で適応的だ。(1) ライバルのオスの同盟を彼らのなわばりもろとも消し去ることができる、(2) 滅ぼしたコミュニティからメスを獲得できる、(3) 好物の食料へのアクセスを増やせる。コミュニティ間攻撃はそう頻繁にあることではないので、この三要因を切り分けるにはさらなるフィールド研究が必要だ。しかし、半世紀にわたる観察を経た今、確信をもっていえることがある。致命的な攻撃は、戦略的かつ適応的であり、チンパンジーの社会行動の普遍的な構成要素なのだ。

子殺し

動物界における子殺しは、長いあいだ病的行動とされてきた。しかし、さまざまな哺乳類において、オスはライバルを父親にもつ子を攻撃し、殺そうとする。ほんの数例をあげると、ライオン、リス、マウンテンゴリラでは、オスの子殺しは主要な死因であるだけでなく、オスの繁殖戦略でもある。一九七〇年代、霊長類学者のサラ・ハーディは、インドのアブ山に棲むハヌマンラングールにおけるオスの子殺しを報告し、学会に論争の嵐を巻き起こした。オスたちは別集団のなわばりに侵入し、先住オスを追放すると、群れの幼いこどもたちを攻撃し、殺そうとした。ハーディは、動物の社会行動に進化的思考を適用する当時の新潮流に乗り、オスの子殺しはライバルの遺伝子を抹殺する手段であると解釈した。さらに、子をなくしたメスは発情周期を再開するため、新たな定住オスは先住者の子が独立するのを待つことなく、すぐに繁殖に着手することができると考えた。一部の霊長類学者は、ハーディが観察したラングールは過密な都市環境に生息していたため、ストレスによる病理行動を示したにすぎないと批判した。しかし、ラングールの子殺しの報告は、後にアブ山よりも手付かずの環境で研究するほかの霊長類学者からも相次いだ。長年にわたる観察と、複数のフィールド研究を要したが、結局はハーディの考えが正しかったのだ。[44]

その後の数十年で、霊長類の多くの種における子殺しの膨大なデータが収集された。霊長類の子殺しは、ここ三〇年で研究と理論化が進み、いくつかの一般則と、この行動の進化的結果についての共通理解が得られた。コミュニティ内の子殺しは、チンパンジーでは比較的まれであり、記録された事例は不可解なものだ。ウィルソンらは、野生チンパンジーにおけるコミュニティ内の子殺しの事例を収集し、通算二〇〇〇年分もの観察研究のなかから、九コミュニティでみられた四五件の報告を得た。[45] これに加え、少なくとも四〇頭の幼いこどもが、一四の異なる研究拠点で、コミュニティ間の攻撃の最中に、敵対するオスによって殺された。これはおそらく、母親よりも捕獲し攻撃するのが容易だからだろう。おとなオスにとって、いずれ母親とともに自身のコミュニティに移住してくるかもしれない、オスのこどもを殺すことは、繁殖競争の観点から理にかなっている。一方で、こうした移住オスは、成長後はパトロールや狩りの戦力になる可能性もある。

おとなオスからみて、食料をめぐるライバルが一頭増えることのコストと、いつか食料やメスの獲得に役立つかもしれない仲間のオスが増える利益が、どれほどのものなのかはわかっていない。

コミュニティ内の子殺しはレアケースで、原因を推測できるようなパターンはみられない。カーソン・マレーらは、一三のコミュニティ内の子殺しを分析し、パターンを探った。被害個体は生後三週間から二歳までで、ほとんどは高順位メスの子だった。性別が判明していた一二個体のうち、一〇個体がオスだった。また、攻撃個体もたいていオスだった。[46]

時にはメスも子殺しを試み、実行する。ゴンベのフィフィは、献身的で面倒見のいい理想的な母親だったが、他のメスから子を奪おうとすることでも知られ、そこには危害を加える意図が伺えた。一九九〇年代に起きたある事例で、フィフィはグレムリンの新生児を何度もつかもうとし、怯えたグレムリンから子を引きはがせそうもないと悟ると、今度は応援を要請した。研究助手たちの目の前で、フィフィは別のメス、パティの腕をつかんで引き連れ、彼女を騒動に巻き込もうとしたが、グレムリンは賢明にも、子をしっかりと腕に抱いたままその場を離れた。[47] もっとも悪名高い子殺しメス、パッションは、一九七〇年代半ばにゴンベで正真正銘の連続子殺しを実行した。パッションとその思春期の娘ポムは、仲間のメスたちから次々と子を奪い、食べた。この母娘は、四年間で少なくとも三頭、最大で一〇頭もの幼いこどもを殺して食べた。ポムの協力は重要な役割を果たし、おかげでパッションは、単独では不可能だったであろう誘拐を実行できた。[48]

このようなオスやメスを残酷な子殺し犯と考えるかどうかは別として、子殺しと共食いは分けて考える必要がある。両者はまったく別の動機に基づくからだ。身の毛もよだつようなパッションの行動は、彼女自身の死で幕を閉じ、以後このようなメスはどの研究拠点でも一度として観察されていない。彼女がライバルメスの繁殖成績を下げるように行動したのか、それとも栄養不足のために幼いチンパンジーを殺したのか（サルの肉を食べるよりも簡単だったことだろう）はわかっていない。ほとんどの子殺しでは、実行個体がおとなオスか、おとなメスかに関係なく、少なくとも死体の一部が食べられる。この行為の動機は栄養なのかもしれない。あるいは、将来的に同じ資源をめぐって争う競争相手を抹殺することが目的ということもありうる。おとなオスによる子殺しは、ライバルの遺伝子を途絶えさせるという意味で、繁殖上有利になる可能性がある。ただし、そのためには自分の子と非血縁の子を区別できなくてはならず、チンパンジーにその能力があるかどうかははっきりしない。そのため、オスによるコミュニティ内の子殺しは、ゴンベで少なくとも一回、マハレでは少なくとも七回起きたことがわかっているが、とくに解釈が難しい。

関係修復

わたしたちは、一般大衆も、メディアも、研究者も、暴力に惹きつけられる。そして、攻撃の構成要素として暴力そのものと同じくらい重要な、その後の和解には、概して無関心だ。けれども、対立を解消できなければ、霊長類社会を形成する関係の網は崩壊するだろう。人間社会も例外ではなく、大小さまざま儀式（それに一部の社会では裁判制度）が、言語的あるいは身体的暴力のあとで調和を回復する機能を担っている。どんな社会性動物においても、攻撃と同じくらい、平和構築は重要だ。

かつては、対立を経験した社会性動物は、そのあと互いを避けると考えられていた。だが、実際はそうではない。チンパンジーにおける葛藤後の和解に関する、フランス・ドゥ・ヴァールとマーク・ヴァン・ロスマレンによる最初の研究で、チンパンジーは葛藤の直後、相手とより頻繁に接触することがわかった[49]。なぜわざわざ仲直りしようとするのかは、社会生活のコストと利益を理解するうえで、きわめて重要な問いであり、ヒトが高度に社会的な種になった原因にも関係するかもしれない。一方で、和解は重層的な現象であり、攻撃個体と被害個体の順位の差や、さまざまな社会的文脈に影響される。

ここ二〇年で、チンパンジーを含む非ヒト霊長類における平和構築の研究が多数おこなわれた。ほとんどは行動観察のしやすい動物園や研究施設での研究だ。けんかが起きた直後の一連のできごとは、秒刻みで目まぐるしく展開するため、飼育下で、複数の観察者がビデオカメラで撮影していたとしても、ディテールを見落としてしまうことは珍しくない。暗い密林のなかでは、衝突も、その後の和解も、ほとんど見えないこともある。ドゥ・ヴァールは和解行動の研究のパイオニアだ。彼が提唱した、葛藤と葛藤解決のコストと利益の関係モデルは、その後の同じテーマの研究の基礎となっている。ある個体は、食料、配偶相手、その他の価値ある資源をめぐってライバルと争う際、以下の三つの相互排他的な選択肢を有している。戦うか、ライバルを無視するか、攻撃的やりとりを積極的に回避するかだ。当然ながら、競争の原因である資源の価値が高いほど、個体の意思決定はリスクを冒して攻撃する方に傾く。同時に、攻撃を伴う対立が激化すると、有益な個体間関係が永久に失われるリスクも増加する。そのため、ある個体が攻撃をエスカレートさせるかどうかは、相手との関係が和解行動によって後に修復できるかどうかに左右されると、ドゥ・ヴァールは考えた。[50]

ドゥ・ヴァールの理論は、多くの飼育下霊長類の和解行動の研究で検証された。こうした行動を、実際に進化してきた文脈のなかで解釈するため、野生での同様の葛藤後行動の研究が大いに必要とされている。野生チンパンジーにおける葛藤後行動の研究は数えるほどしかなく、そのなかには和解行動がごくわずかしか観察されなかったものもある。ケイト・アーノルドとアンドリュー・ホワイテンは、ブドンゴのソンソ・コミュニティを一年以上観察し、一二〇回の葛藤後行動を記録した。この研究で、仲直りがおこなわれる場合、衝突の直後のタイミングで起きることがわかった。[51] わたしの研究室の大学院生、ジェス・ハーテルは、ウガンダのキバレ国立公園のカニャワラ・コミュニティを対象に、野生チンパンジーにおける和解行動に関する、おそらくこれまででもっとも詳細な研究をおこなった。これにより、チンパンジーの計画性が示された。葛藤後に仲直りするかどうかを、コストと利益の評価にもとづいて決定しているのだ。お気に入りの社会的パートナー、つまり友達であるかどうかが、葛藤の直後に関係修復をはかる価値の有無を判断する基準だった。仲直りがもっとも起きやすいのは、一方的な関係(「あなたがわたしを必要とする以上に、わたしにはあなたが必要」)である場合だった。けれども、どんな形の仲直りが起きるかや、それと社会的文脈の結びつきの予測因子となるのは、双方向の関係(「わたしたちは親友だって、お互いわかってる」）だった。また、オスどうしの絆が特徴であるチンパンジー社会から予想されるとおり、オスはメスよりも仲直りに積極的だった。[52]

これらのフィールド研究と、飼育下研究で得られた詳細な情報を総合すると、チンパンジーがどうやって社会の調和を維持しているかのヒントが得られる。ローマン・ウィティッグとボッシュは、タイのチンパンジーを対象に、ドゥ・ヴァールの関係モデルを検証した。タイのチンパンジーがおこなった社会的状況の判断は、ヒトのものと同等だった。なかには不適切な判断もあり、関係に亀裂を入れるに値しない、価値の低い見返りをめぐって攻撃的になる個体や、他個体との遭遇場面で過度に慎重になる個体もいた。とはいえ、全体としてタイのチンパンジーは、ドゥ・ヴァールが予測した行動規範に従っていた。[53]

ウィティッグとボッシュの研究では、葛藤後に選んだ行動が、その社会的パートナーとの関係の質に長期的影響を及ぼすこともわかった。攻撃を伴う対立のあと、チンパンジーが仲直りを試みるのは、たいていそうすることで相手とさらに敵対するリスクがないときだ。当然ながら、激しい攻撃のあとは、単なる小競り合いのあとよりも、仲直りに時間がかかった。また、食料資源が豊富なときは、食料をめぐる争いのあとで和解が起こりにくかった。これはおそらく、大量の食料は分けあえるため、どちらの個体にも仲直りする理由がないからだろう。

これまで見てきたとおり、チンパンジーの巧妙な政治的行動は芸術の域に達している。相互作用は、しばしば行為者と被行為者にとどまらない、複雑な様相を呈する。傍観者や「友達の友達」が、やりとりの最中や直後に関与することは珍しくない。ウィティッグとボッシュは、タイのチンパンジーを対象に、攻撃を伴う遭遇の直後の段階において、傍観者が果たす役割を検証した。ヒトと同じように、チンパンジーも、友達がライバルに攻撃され、そのどちらも仲直りをする気分ではないとき、かれらの「仲裁役」を買って出る。傍観者の役割について、複数の仮説を検証した結果、ウィティッグとボッシュは、不快なできごとの前に攻撃個体と被害個体の間に存在した関係を修復するうえで、被害個体の友達が重要な役割を担っていると結論づけた。また、傍観者の仲裁によって、対立した二個体がその後は仲直りしやすくなる効果がみられ、この効果は傍観者がその場を去ったあとも続いた。もっとも重要なのは、和解のプロセスからチンパンジーのこころが垣間見えることだ。葛藤の当事者たちは長期的関係を続けなければならず、友達はその関係の性質を認識している。どの個体も、コミュニティのメンバー間の同盟と敵対の絡み合う網を把握していて、その社会的知性は、日常のなかでひびの入った関係がすぐに修復されるという形で、明確な利益をもたらす。要するに、チンパンジーは、わたしたちヒトと同じように、友情、ライバル、必要性と利便性といった個体関係が織りなす網の上を渡り歩くように、日常生活を送っているのだ。

第五章　セックスと繁殖

一九六三年（中略）それから一週間、フローはいつでもどこでも雄の従僕たちにつきまとわれている。彼女が座ったり横になったりすると、たくさんのなめるような視線が彼女に注がれる。彼女が立ち上がると、雄たちも間髪をいれず立ち上がる。何かちょっとでも騒ぎがあると、おとなの雄たちは入れ替わり立ち替わりフローと交尾をする。みんな自分の順番を守って、けんかはしない。

Jane Goodall, *The Chimpanzees of Gombe* (1986)
（『野生チンパンジーの世界』杉山幸丸・松沢哲郎監訳）

メスのチンパンジーは、一一歳前後で最初の性皮腫脹を経験する。おとなオスはすぐさま彼女を違った目で見るようになり、交尾が始まる。たいてい一、二年後に、彼女は生まれたコミュニティを出ていく。隣接コミュニティで数カ月を過ごしたあと、もとのコミュニティに戻ってくる場合もある。最終的に、一三歳ごろまでには別のコミュニティに落ち着き、そこで残りの一生を過ごす。一〇代半ばまでには、新たに定着したコミュニティで妊娠し、出産する。最初の子が生存しおとなになれる確率は五〇％に満たない。メスは幼子に四年にわたって授乳し、その後も母親にしかできない心理的サポートを何年も続ける。メスは死ぬまで五年間隔で出産を続け、高齢になるにつれ妊娠しにくくなるものの、ヒトの女性とは異なり、突然の閉経を迎えることはない。以上のように、メスの生活史の基礎的パラメーターはよく知られている。一方で、新たな知見と、セックスと繁殖に関する既知の情報が合わさって、チンパンジーの性生活の新たな側面が浮かびあがってきた。

性皮腫脹

メスの繁殖寿命は数十年にわたるが、どの生活史段階にも繁殖成功を脅かすハードルがある。霊長類学の黎明期において、メスは主としてオスの性的欲求の対象、および子を産む機械とみなされてきた。しかし一九七〇年代以降、チンパンジーのメスが積極的な策略家であり、みずからの繁殖計画をもっていることが明らかになった。性成熟を迎えたあと、性皮腫脹期間のメスはきわめて性的に活発だ。デヴィッド・ワッツの報告によれば、ンゴゴにおける妊娠可能なメスの平均交尾頻度は、一頭あたり一時間に三・五回だった。ある一頭のメスは、その日の一一時間の観察の間に、異なる一八頭のオスを相手に、六五回も交尾した[1]。一〇分に一回の計算だ。

性皮腫脹は霊長目において複数回独立に進化した。顕著な性皮腫脹のある種は、旧世界ザルの一部、チンパンジー、ボノボに限られ、ほかの霊長類ではそこまで明確ではない[2]。肛門および外陰部周辺にみられる性皮腫脹は、最大体積一・五リットルに達し、性成熟したメスにおいて、三五日の生理周期のうち一二〜一三日間つづく（生理周期は二〜八週間と、個体ごとにばらつきが大きい）。排卵、すなわち妊娠可能なタイミングは、あるとすれば性皮腫脹期間の真ん中で、このときが腫脹のピークだ。オスは視覚的にも嗅覚的にも、メスの性皮腫脹に強い関心と興奮を示す。ライデン大学のマリスカ・クレットと京都大学の友永雅己は、オスのチンパンジーにとって、性皮腫脹からメスの性的状態を認識する能力は、ヒトにとっての顔認知と同じくらい、社会生活に重要であると主張する。[3] アフリカの森林のなかでホルモンに関する体系的研究をおこなうのは難しいため、一〇年ほど前までは、メスの性皮腫脹についての知見のほとんどが飼育下研究から得られたものだった。性皮腫脹は排卵直前の数日間のエストロゲンのはたらきに強く影響される。一方、数日後に起きる性皮の収縮は、プロゲステロン濃度の上昇によって調整されている。

性皮腫脹は数日かけて進行する。野生では、メスのチンパンジーはふつう、性皮腫脹が最大に近いときにしか交尾をしない。飼育下のメスは、時にほとんど性皮が膨らんでいない状態でも交尾をする。これはおそらく、オスとの距離が近いためか、単なる退屈しのぎだろう。また、オスも性皮腫脹のピークにあるメスとの交尾を好む。オクラホマ大学医学部のジャネット・ワリスによれば、メスの排卵が近くなるにつれ、オスによる性皮の確認は減少し、交尾は増加する。オスの行動は、一〇日間の性皮腫脹の間のごく短期間にだけ排卵が起きると知っているかのようだ。メスの性皮腫脹は、排卵中だけでなく、妊娠中や授乳中にも起きる。ワリスは別の研究で、少なくとも飼育下では、妊娠中のメスは通常の生理周期にあるメスよりも、とくに妊娠初期において頻繁に交尾することを示した。オスは性皮腫脹を見ることで、そのときメスが妊娠可能であることを示すにおいの手がかりがなくても、興奮状態に陥った。生理周期にあるメスは、誰と交尾するかに関して、好みにうるさいのかもしれない。妊娠中のメスは、不適格なオスの子を妊娠するリスクを負わないからだ。[4] サラ・ハーディらは、妊娠中のメスの性行動は、子の父性を撹乱し、オスから子への攻撃を緩和することが期待できるため、適応的だとした。[5] また、例えば性皮腫脹中は順位が上昇し、高順位の社会的パートナーを獲得しやすくなる、肉などの食料へのアクセスが改善するといった利益もあるのかもしれない。

交尾頻度は腫脹が減退する一週間前にピークを迎え、エストロゲン濃度のピークがこれと同期する。野生や飼育下のチンパンジーを観察したことのある人なら誰でも知っていることだが、オスは排卵中のメスにより強い関心を示す。妊娠中や授乳中の排卵を伴わない性皮腫脹は、多少はオスの気を惹いても、極端な性的興奮を引き起こすことはまれだ。これは、排卵していないメスが交尾をしないという意味ではなく、単にそのようなメスが大勢のオスに追い回されたり、アルファオスがそんなメスの防衛にエネルギーと時間を割くことはない、ということだ。手がかりが視覚的か、嗅覚的か、あるいはその両方かは不明だが、オスがメスの生理周期をある程度把握しているのは明らかだ。また、一部のメスは、繁殖に適した年齢で、性皮腫脹のピークにあっても、あまりオスに関心をもたれないこともわかっている。オスの交尾相手の選択に影響するなんらかの要因が関係しているのだろう。オスによるメスの選り好みは、過去三〇年にわたる霊長類研究において、ほとんど手付かずのトピックだ。これまでずっと、メスによる配偶者選択だけが注目

図 5.1　チンパンジーの生理周期（エメリー・トンプソンの 2013 年のデータより）

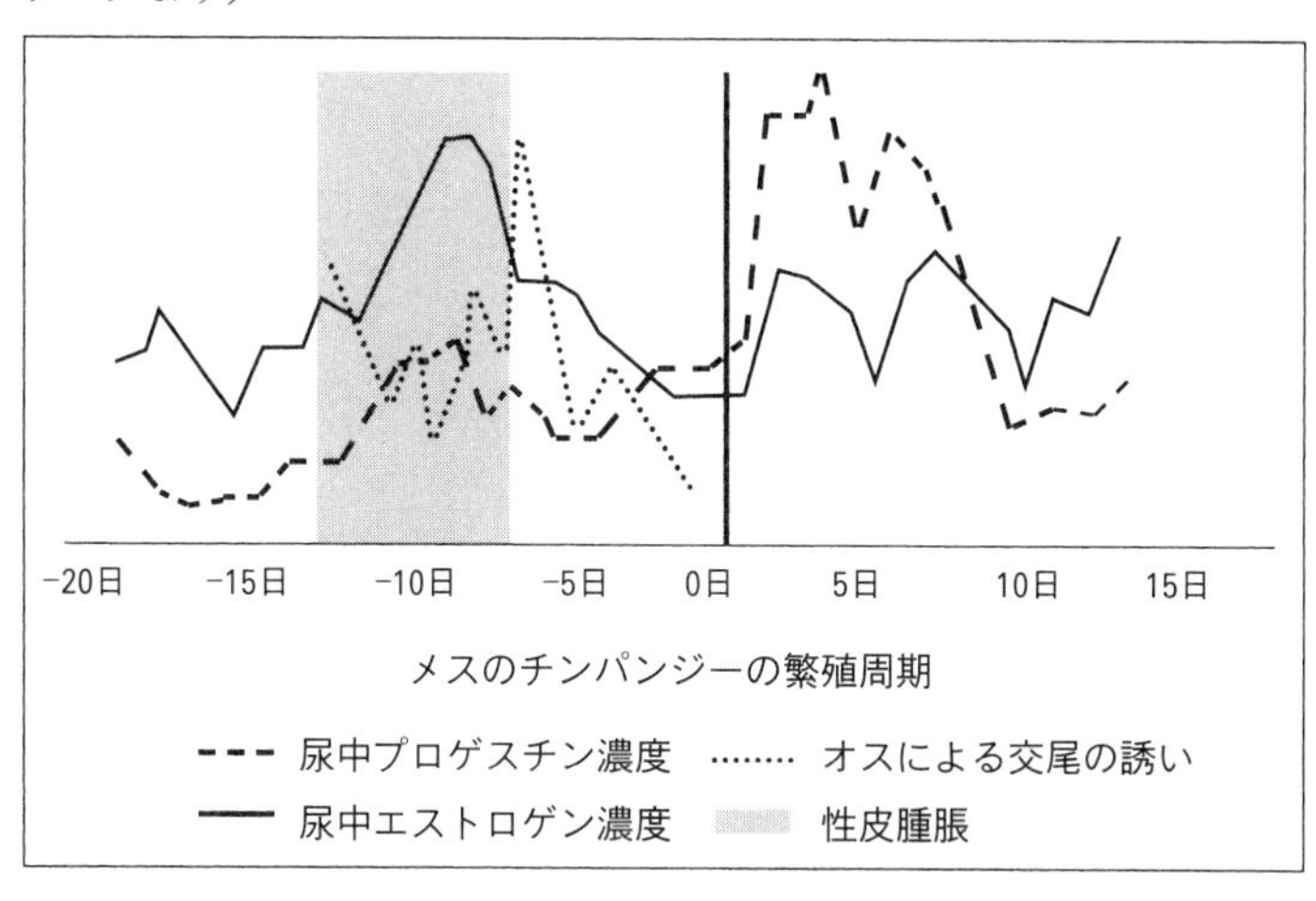

を集めてきた。

一方、性皮腫脹中のもてるメスは、オスの注目を一身に浴び、時に大混乱を巻き起こす。わたしはあるとき、オスたちのパーティが木の下で座り、一様にペニスを勃起させるなか、その頭上でメスとアルファオスがくつろいでいるのを観察した。アルファがほんの少しよそ見をすると、オスたちはメスをめがけて駆け上がった。そしてけんかが起き、アルファはまたしても、ほかのオスたちを足止めするという骨折り仕事に戻るのだった。

メスは性皮腫脹を利用して、みずからの配偶相手としての望ましさを示しているようだ。性皮腫脹のサイズそのものがシグナルになっていて、そこに卵巣の状態が影響する。ニューメキシコ大学アルバカーキ校のメリッサ・エメリー・トンプソンと、エモリー大学のパトリシア・ウィッテンは、飼育下のチンパンジーのメスにおいて、性皮腫脹のサイズは生理周期のうち卵胞期と排卵期に最大となることを示した。オスたちは、排卵直前の時期に交尾を狙ってメスの周囲に集まった[6]。マックス・プランク進化人類学研究所のトビアス・デシュナーらも、推定排卵時期に近づくにつれ性皮が肥大化すると報告している。メスが初めて性皮腫脹を経験してから、初めて妊娠するまでには、ふつう数年の間隔がある。思春期のメスは妊娠しにくいのだ。この期間中、性皮腫脹はメスの妊娠可能性を示す信頼に足る指標とはいえない[7]。それでも、エメリー・トンプソンとウィッテンは、全体として性皮腫脹のサイズはメスの排卵と妊娠可能性を示す正直なシグナルだとしている。

性皮腫脹は、必ずしもメスの遺伝的な質の指標にはならない。妊娠可能性と直結する視覚的シグナルは、哺乳類では珍しい。ほとんどの種では、オスがみずからの質を装飾的形質や攻撃行動で示す。メスが生理周期中に経験するホルモンの増減は、おとなになってからも年齢とともに変化する。明確な閉経をもたないチンパンジーのような種も例外ではない。つまり、性皮腫脹はその時点でのメスの繁殖に関わる状態を宣伝する「看板」であり、生理周期のどの段階にあるかと、繁殖に適した年齢かどうかの両方を示している。こうした情報はオスにとって重要だが、しかし排卵のタイミングを特定できるほど正確ではないため、性皮腫脹中のメスの周囲は大混乱に陥るのだ。

性皮は大きく繊細な付属器官であり、オスがメスを追い回す間、細菌や寄生虫に感染したり、怪我を負いやすい。性皮腫脹中のメスはオスを惹きつけるため、オスが競い合うところを観察できるが、一方で怪我のリスクもある。また、オスの注目を浴びることで、貴重な採食時間が削られるかもしれない。これらを考慮に入れると、性皮腫脹は、さまざまな負担に見合った繁殖上の利益を、メスに提供しているはずだ。メスの配偶者選択とオスの配偶者選択の相互作用は、今後より詳しい探究が必要な分野だ。

性皮腫脹の大きさは、ペニスの挿入が可能な程度でなくてはならない。最大限に膨張したとき、メスの膣の深さは、通常の状態よりも大幅に増加する。オスのチンパンジーのペニスは非常に細長く、サーベルのような形をしており、肥大化した膣に深く挿入するのに適している。アラン・ディクソンらは、飼育下の研究でサイズの重要性を示した。オスが深い挿入を達成できるかどうかに個体差があったのだ。オスのチンパンジーは、他の多くの霊長類と同様、ヒトにはない陰茎骨をもつ。陰茎骨は性淘汰の産物であり、ディクソンによれば、その体重比の長さは交尾時間の長さに比例する。また、陰茎骨には交尾中にオスの尿道を保護したり、メスを刺激して受精確率を上げたりといった機能もあるかもしれない。オスのチンパンジーは、他の数種の霊長類と同様、交尾栓を形成する。これは、メスの子宮頸に残される、固いゼラチン質の塊だ。その機能は、射精後の精子の流出を防ぎ、後から交尾する別のオスの精子が子宮頸に達するのを妨げることではないかと考えられている。(8)

オスのチンパンジーを見たことのある人なら誰でも、ひとつの（正確にはふたつの）目立つ特徴に気づく。チンパンジーの精巣は、体サイズ比で他のどの霊長類のものよりも大きいのだ。ディクソンによれば、チンパンジーの二つの精巣の重さは一二〇グラムに達する。体サイズでチンパンジーの三倍に達するゴリラの精巣が三〇グラムしかないのとは対照的だ。古くからの定説によると、チンパンジーの社会では、一頭のメスが排卵中に多数のオスと数百回も交尾をするため、たとえアルファであってもメスを独占しようとするのは無駄だ。そのため、競争はオスどうしだけでなく、精子の間でも起きる。[9] カリフォルニア大学デイヴィス校のアレクサンダー・ハーコートらは、今から数十年前、体サイズ比の精巣の大きさと一夫多妻や乱婚の配偶システムに関連があると示した。けれども、チンパンジーにおいて精子競争が実際に起きていることをはっきりと示した研究は、いまなお存在しない。[10]

チンパンジーの繁殖の奇妙な点は、メスの交尾頻度が低いわりに、妊娠可能な時期にはきわめて乱婚的であることだ。オスがメスの排卵のおおよそのタイミングを視覚的に把握できるにもかかわらず、メスが生涯に産む子のうち、あるオスの血をひく子が一頭でもいる確率は、きわめて低い（ヒトの男性が女性パートナーとの間にもうける子の数よりはるかに少ない）。ただし、エメリー・トンプソンは、交尾のための努力を最大化すべきタイミングを知るのは、オスにとって困難だと指摘する。性皮腫脹の周期には、メスの個体間および個体内で、大きなばらつきがあるからだ。オスは性皮の大きさのわずかな変化を視覚的手がかりとし、加えてまだ解明が進んでいないが、嗅覚的手がかりも利用しているのだろう。それでも、メスの妊娠可能性がいつ最大になるか、オスは正確には知らない。この状況が、オスどうしの競争と、メスによる配偶者選択の機会を生み出している。[11]

もうひとつ、メスが自身の魅力のシグナルとして利用している可能性があるのが、交尾コールだ。メスは交尾の際にコール（というよりも悲鳴）を発する。交尾コールは、ここに交尾可能な、争ってものにすべきメスがいるという、周囲のオスたちに向けたアピールなのかもしれない。コールはある程度自発的にコントロールされていて、パトロール中や高ストレス状況下では、メスは明らかにコールを抑制し、自分自身やパーティが注意を惹かないように行動する。セントアンドリュース大学のサイモン・タウンゼントらは、チンパンジー社会における交尾コールの役割を検討した。これにより、メスは排卵中でなくても交尾コールを発することがわかった。ここから、交尾コールは繁殖関連の状態を示す正直なシグナルというよりも、周囲のオスを操作する手段であることが示唆される。高順位オスと交尾したとき、周囲に他の高順位メスがいると、メスはコールを発しない傾向がみられた。繰り返すが、交尾コールはシグナルであり、交尾の状況によっては注目を集めないのが得策ということもある。タウンゼントらは、ブドンゴのチンパンジーにおいて、交尾コールが発せられた文脈とその音声構造を調べた。もしコールがオスを惹きつけ、競争を煽る強い効果をもつならば、オスは交尾コールからメスを特定できるだろうと予測される。研究の結果、交尾コールは発したメスの個体情報をオスに伝えてはいたものの、排卵の有無の影響はみられなかった[12]。

一方、同じくセントアンドリュース大学のブリタニー・ファロンらは、ブドンゴのメスが周囲にどんなメスやオスがいるかの状況や、自身の繁殖関連の状態によって、交尾コールを調整していることを示した。通常の生理周期にあるメスが周囲に多いほど、メスの交尾コールの頻度は増加した。これはメス間競争を反映していると考えられる。未経産の若いメスは、年長の出産経験のあるメスよりも頻繁に交尾コールを発した。新入りは、自分が交尾可能であることを必死にアピールしなくてはならないのだろう。タウンゼントの研究と同様に、周囲にいるオスの順位は交尾コールに強い影響を与えた。メスは聞こえる範囲に高順位オスがいるときに、より高確率でコールを発した[13]。これらの結果は、必ずしもチンパンジーが社会状況に適合するように意識的に音声行動を調整していることを意味するわけではない。オスの関心の強さが、メスのコールを促す直接の手がかりになっているのかもしれない。とはいえ、チンパンジーの高度な認知能力を考えれば、交尾の最中であっても、音声行動をある程度自発的にコントロールしていたとしても、何の不思議もない。

選り好みと配偶者選択

メスのチンパンジーの性皮腫脹をきっかけとした、オスたちの興奮は、重大な結果をもたらす。メスは繁殖ステータスを誇示することで、複数のオスを惹きつけ、かれらは数日間そのメスを奪い合う。メスはどのオスと交尾するかをある程度選択し、ひいては自身の子の父性に影響を与えることができる。メスは乱交的であると同時に好みにうるさく、こんな霊長類は珍しい。しかし、メスの選り好みには限界がある。チンパンジーの複雑な配偶行動について、わたしたちは理解しはじめたばかりであり、全容の解明には今後数十年を要するだろう。しかし、いくつかの側面について、近年おおいに研究が進んだ。

あるメスが特定のオスとの交尾を望むとき、メスはふつう性皮腫脹を迎えていて、目当てのオスはすでにメスにおおいに注目している。一頭のオスが彼女を独占することもあれば、一頭のオスの前に立ち止まって性皮を見せたとたん、たくさんのオスたちに取り囲まれることもある。オスが関心を示すそぶりを見せることなしに、メスがこのように誘うことはほとんどない。オスは枝を揺すったり、拳で地面を叩いたりするジェスチャーで、交尾欲求を示す。メスに視線を送るのがサインになることもあれば、隣に座ってペニスを勃起させることもある。メスにとって、こうした誘いを無視するのは危険を伴う。オスを拒絶すれば、そのオスからの攻撃を誘発するかもしれない。だからといって、メスがその気になったオスを必ず誘うわけではない。それに、時にはオスが視覚的シグナルを一切送っていないのに、メスがオスに性皮を見せて迫ることもある。

メスの選り好みと選択は、生物学的にいえば別物だ。選り好みとは、単に違いを区別できることを意味し、これはふつう、メスが交尾するかどうか、するとしたら誰とするかを判断するメスの戦術をさす。霊長類学者が「選択」という言葉を使う場合、根源的な進化的理由に基づいて、メスがオスを選ぶことを意味する。それは遺伝的な質を示す身体的特徴、例えば体のサイズ、犬歯の長さ、健康的な外見などのこともあれば、行動的特徴のこともある。男ざかりのオスは身体的闘争で分があるだろうが、チンパンジー社会では、社会的知性と家系もおおいに物を言う。一〇代のオスが高順位オスに挑むのは容易ではないが、メスはこうしたオスたちと、薮の中やアルファオスに見えない場所で、隠れて交尾する。また、メスはさかりを過ぎた壮年のオスと一緒にいたがることもある。年長のオスたちは、かつて高順位にのし上がるのに役立った遺伝的資質を備えつつ、現在では攻撃性や性的強要が落ち着いているためだろう。それでも、野生チンパンジーの父性に関する研究では、概してヒエラルキーの頂上付近にいるオスたちが、もっとも多く子をもうけている。したがって、メスが好みのオスを選ぶ能力がオスの支配によって抑制されているか、あるいはメスが全体としては優位のオスと好んで交尾をするかのどちらかだ。

本章の冒頭で紹介したグドールの観察のとおり、オスは必ずしもメスを独占しようと争うわけではない。時には、オスはほかのオスが目の前で交尾するのを黙認する。松本晶子は、マハレ山塊国立公園でこのパラドックスを目の当たりにした。彼女によれば、メスは二つの戦略を採用していた。メスは性皮腫脹が最大になる時期に交尾回数を増やしたが、交尾相手のオスの数は増やさなかった。推定排卵日が近づくにつれ、メスは交尾相手を高順位オスに限定し、こうしたオスたちとの近接やグルーミングを好むようになった。強い乱交性（多数のオスと少数回ずつ交尾）と弱い乱交性（少数のオスと多数回ずつ交尾）という二つの戦略は、一度の性皮腫脹の周期のなかで交代で現れた[14]。

メスはなぜ、妊娠可能性が高い時期に、これほど多くのオスと交尾するのだろう？　松本によれば、それは一度の交尾が受精に結びつく確率がきわめて低いためだ。彼女の推定では、マハレのメスは一度の妊娠につき約六〇〇回も交尾する。もしメスが一、二頭のオスとしか交尾しなければ、数時間間隔で交尾することになるため、精液と精子の生産量は回を追うごとに減少し、妊娠可能性はさらに低下するだろう。多数のオスと交尾することで、少なくとも一部のオスには受精の可能性があることが保証されるのだ。

ンゴゴでは、ワッツがこれと似た結果を報告しているが、ここではコミュニティの巨大さとオスの数の多さが、メスの性行動を左右する大きな要因となっている。他のサイトと同様、メスは排卵前後のタイミングでもっとも頻繁に交尾した。出産経験のあるメスは未経産のメスよりも交尾頻度が高かった。加えて、ンゴゴでは、性皮腫脹がピークにあるメスが、ほかのサイトよりも頻繁に交尾した。これはおそらく、相手の候補になるオスがはるかに多いためだろう[15]。

メスはどれくらい効果的に、好みのオスを選択できているのだろう？　マックス・プランク進化人類学研究所のレベッカ・スタンプらは、タイのチンパンジーにおけるメスの配偶者選択について研究をおこなった。これにより、メスはオスの順位のヒエラルキーというハードルがありながら、かなり自由に選択していることがわかった。オスとメス、どちらが交尾の主導権をとることもあり、どちらにおいても、異性のパートナーは時に協力し、時に拒絶した。メスがオスの誘いを拒むと、報復攻撃を受けることがあり、攻撃を避けるため結局は交尾を許す場合もあった。

スタンプらの研究では、すべての交尾行動のうち四分の一はメスが開始し、オスはその約八〇％で誘いに応じた。高順位のメスは、低順位のメスよりも、みずから選んだオスと交尾することが多かった。高順位オスは、概してメスからの誘いに積極的に応じた。一方、交尾行動の四分の三ではオスが先に動き、メスはその約七〇％で交尾に合意した。メスがあるオスとの交尾を避けようとした場合、約七〇％の確率で実際に回避に成功した。推定排卵日に近い性皮腫脹中のメスは、誘ったオスがアルファ以外で、かつアルファが近くにいる場合、誘いをよりうまく断ることができた[16]。

交尾にかかる時間は短く、精子をつくるコストも微々たるものなのに、なぜオスは時にメスを拒むのだろう？　これはオスどうしの政治の問題なのかもしれない。劣位オスは、制裁を恐れ、アルファオスの前では交尾をしたがらないだろう。また、メスがオスを拒むのも、一度の交尾あたりの妊娠可能性がきわめて低いことを考えると、不可解に思える。実際、タイのメスは、排卵可能性がもっとも高い時期には一部のオスを拒んだが、妊娠可能性がゼロに近い時期には同じオスたちを受け入れた。つまり、メスは区別をすることがもっとも結果に影響するときに、好みにうるさくなるのだ。また、メスたちは繁殖の政治学を賢く実践し、オスとの絆を強めることで、将来の子に対するそのオスからの攻撃を抑制していた。スタンプらのタイでの研究では、どのメスも交尾の主導権を握ることがあったが、その程度には大きな個体差がみられた。全体として、妊娠可能性の高い時期のメスの行動は戦略的だ。性皮腫脹の周期に関する研究がさらに進めば、メスの選択の特徴について、より多くのことがわかるだろう。

これ以外の研究では、メスの選択に関する結果はまちまちだ。ワリスの研究によれば、ゴンベでは、タイの半分ほどしか、メスがオスの誘いをはねつけることができない[17]。一方、マハレで西田利貞が報告した、オスの交尾の誘いが成功する確率は、ゴンベやタイよりもはるかに低い[18]。有力なオスの数が多い場所では、配偶に関する異なるダイナミクスがはたらいているのかもしれない。オスが他のオスの挑戦を受けたり、メスが誘いの拒否に対して報復攻撃を受ける確率が高くなるからだ。また、思春期オスは、おとなとはまったく異なる配偶戦術をとっている可能性がある。ワッツによれば、ンゴゴの思春期オスは、未経産メスとより頻繁に交尾し、また主としてメスの性皮腫脹のピークを外れた時期に交尾した。言い換えれば、思春期オスは年長者たちと比べ、最適ではない交尾パターンを選択したか、あるいはそれを強いられたのだ[19]。

コミュニティ全体をみると、メスの繁殖サイクルはすべてのメンバーの生活に多大な影響を与える。チンパンジーのコミュニティにはふつう一〇頭以上のおとなメスがいて、年間を通じて出産するため、性皮腫脹のサイクルは同期しないようだ。周期の不一致が自然淘汰の産物なのかどうかはわかっていない。霊長類のメスが特定の時期の妊娠を望むのには、いくつか理由がある。多くの捕食者に狙われる小型種の場合、他のメスたちと同時期に出産することで、わが子が捕食者の餌食になる確率を下げることができるだろう。出産を集中させて捕食者を数で圧倒する、このパターンは、多くの小型哺乳類にみられる。この場合、二つの要因が作用していると考えられる。排卵のタイミングと、その数カ月後に訪れる出産のタイミングだ。特定の季節に妊娠しやすくなるという形質は、食料供給事情のために出産に最適な季節や、こどもが離乳し自力で食料を探すようになるのに最適な季節がある場合に、選択されるだろう。季節変化が大きく、寒く厳しい冬のある気候の土地に棲む霊長類には、このパターンがあてはまる。

一方で、他のメスが誰も排卵していないタイミングで排卵することにもメリットがある。ひとつは、もっともすぐれたオスをめぐるメスどうしの競争が緩和されることだが、極度の乱婚性であるチンパンジーにはあまりあてはまらないだろう。もうひとつは、アルファが排卵前後のメスにつきっきりになるため、オスから交尾の強要を受けるリスクが下がることだ。マハレでは、メスの出産時期にずれがあることが、松本らの研究でわかった。発情の非同期の副作用と考えられる、もうひとつの結果が、コミュニティ全体の出生率の低下だ。マハレのメスの場合、出産時期のずれが大きい年ほど、出生率が低かった。コミュニティ内で発情中のメスが一頭だけであれば、性皮腫脹中のメスが複数いるときよりも、そのメスの交尾頻度は高くなる。性皮腫脹中のメスが他にいなければ、アルファが交尾の独占に成功するのは想像にかたくない。[20] カリフォルニア大学ロサンゼルス校のキンバリー・ダフィらは、カニャワラのチンパンジーが、メスへのアクセスをめぐる社会的交換をおこなうことを示した。低順位オスの交尾成功は、その個体がどれだけアルファを支援したかと強く結びついていた。アルファは、低順位オスが必要なときにグルーミングや同盟相手としてのサポートをするかぎり、彼がメスと交尾することを許容したのだ。[21]

集団交尾とコンソート交尾

オスのチンパンジーの配偶戦略は二つに大別される。日和見的な集団交尾と、コンソートだ。集団交尾は、グドールが最初に記録したもので、本章ではここまでこちらを解説してきた。メスは生理周期の妊娠可能な期間中、交尾機会をうかがうたくさんのオスたちと行動を共にする。この際、攻撃が起きることもあるが、その多くは性的欲求不満の転位行動であり、メスを妊娠させる機会を共有するオスたちは概して互いに寛容だ。排卵中のメスが混乱を巻き起こすかどうかは、メスの魅力と、オスたちの社会的順位によって決まる。オスのヒエラルキーが安定していて、強大なアルファが頂点に立っている場合、配偶に関して、オスたちは比較的平和な関係を維持する。一方、順位が混乱し、どのオスも支配を確立できていなかったり、複数のオスが支配をめぐって抗争しているとき、性皮腫脹中のメスは混乱に拍車をかける。[22]

ゴンベでは、アルファオスが一頭のメスを引き連れて遠くの谷に遠征することがあり、これはタンザニア人の研究助手たちの間で「サファリ」(スワヒリ語で「旅」の意)と呼ばれている。これには、お互いに二人きりになりたがっているような含みがあるが、実際にそうとは限らない。ほとんどの交尾は日和見的な集団状況でおこなわれる(マハレでは八〇%以上[23])が、オスはコンソート戦略をとることもある。オスはメスを「説得」し、コミュニティの他個体のいない、なわばりの外れまで連れ出す。説得は、強要的なこともあり、オスはメスとの交尾欲求の意思表示を何時間も続ける。メスは乗り気のときも、そうでないときもあり、またすでに性皮腫脹を迎えている場合、関心をもつ他のオスたちが、駆け落ちの計画に水を差すこともある。メスが説得に応じない場合、オスは時にメスに対してあからさまに攻撃的になる。このとき、メスはふつう性皮腫脹中かその直前だが、オスは性皮腫脹期間ではないメスをコンソートに誘うこともあり、その場合、メスは一度の妊娠可能な期間のすべてを一頭のオスとだけ過ごす。グドールによれば、オスはコンソートの開始直後の数時間から数日間、非常に攻撃的で、これはメスがしばしば逃亡をはかるためだ。[24]

この配偶戦略は、まるで誘拐だと思うかもしれない。実際、それに似た状況のこともある。コンソートの期間は数日から一週間以上にわたる。だが、コンソートと交尾のプロセスにおいて、メスは決して受け身の存在ではなく、コンソートの途中で逃げ出すことは珍しくない。二頭はしばしば隣接コミュニティとの境界付近に行き着くが、ここは危険地帯だ。オスもメスも、敵のパトロールに遭遇することを警戒する。コンソートは必ずしも効果的な繁殖戦略とはいえない。例えばゴンベでは、一一七回のコンソートのうち、妊娠につながったのは一四回（一二％）にすぎなかった[25]。

オスによる選択はあるのか？

霊長類学において、配偶者選択の主体としての注目は、オスとメスの間で揺れ動いてきた。分野の黎明期、メスによる配偶者選択はほとんど注目されていなかった。オスは観察者の存在に慣れやすく、観察しやすく、またフィールド研究をおこなう男性研究者の目からみて「より興味深い」行動を示した。そこから一九六〇年代から七〇年代にかけて潮目が変わり、メスによる選択が脚光をあびるようになった。オスによる選択が再び研究トピックになったのは、ほんのここ一五年のことだ。オスも配偶者選択をおこなう。オスのヒヒは性皮腫脹の大きいメスを好み、また先述のとおり、飼育下チンパンジーにも同じことがいえる。マーティン・マラーは、同僚のエメリー・トンプソン、リチャード・ランガムとともに、オスのチンパンジーが年長のメスを好むことを示した。一般に、ヒトの男性は若い女性を好むとされるが、これは単なるステレオタイプではない。多文化比較研究でも、男性は年下のパートナーを、女性は年上のパートナーを選ぶ傾向がみられる。しかし、わたしたちにもっとも近い種においては、パターンが逆転している。カニャワラのチンパンジーでは、オスは明らかに年長のメスを好み、より頻繁に接近し、交尾を誘いかけた。オスたちのパーティは、コミュニティ内で高齢の部類に入るメスが性皮腫脹中に、もっとも頻繁に形成された。メスは、高齢であるほど、アルファや他の高順位オスと交尾する確率が高かった。[26]

オスのチンパンジーは、なぜあえて若いメスよりも年長のメスを選ぶのだろう？　若いメスが未成熟で子を産めないからではない。経産メスのなかでも、若い母親より年取った母親が好まれるのだ。マラーらは、チンパンジーが熟女好きである理由について、ヒトとチンパンジーの生活史の違いが重要な意味をもつと考えている。ヒトの女性にみられる、突然かつ完全な受胎能力の喪失、すなわち閉経は、チンパンジーのメスには起きない。したがって、三五歳のメスのチンパンジーと行動を共にし、交尾するために時間とエネルギーを使うことは、オスにとって、相手が二〇歳のメスである場合と同様に、父性獲得につながる行動なのだ。オスの視点でみると、メスのチンパンジーの繁殖価は、ヒトの女性のそれよりも長く続く。オスのチンパンジーがメスを支配しようとするのは、メスが妊娠可能な間だけであり、長期的な絆を形成するわけではない。それに、ヒトと違って、チンパンジーのメスは生涯の終盤まで妊娠可能だ。マラーらの研究で扱っていない、交絡の可能性のある要因として、高齢のメスは若いメスよりも順位が高い傾向にある。オスは社会的優位性を優先しているのかもしれない。高順位メスは繁殖成功度も高いため、これは確かに理にかなっている。それでも、オスが高齢メスを好むというのは興味深い発見だ。ヒトの男性が執着する、若々しい体やしわのない顔といったさまざまな視覚的手がかりは、チンパンジーに対しては、性的魅力に関するかぎり、何の意味ももたないのだ。

オスによる配偶者選択は、メスが交尾相手を自由に選ぶ能力を抑制するという形をとる。メスをガードして、メスが他のオスと交尾するのを妨害しようとするのだ。ンゴゴでは、オスたちの同盟がメスをガードし、協力攻撃で他の求愛者からメスを遠ざけると、ワッツが報告している。こうした同盟が形成されるのは、ンゴゴ・コミュニティはオスの数が非常に多く、アルファを含め、どのオスも単独ではメスを独占できないためかもしれない。二、三頭のオスの同盟が性皮腫脹中のメスをガードした場合、一頭あたりの交尾頻度は、単独のオスがガードした場合を上回り、しかも攻撃頻度は低く抑えることができた。特筆すべき点は、メスの防衛のための同盟が、参加するオスたちの相互の利益に基づいて形成されることだ。オスたちは、必ずしも兄弟やいとこといった血縁関係になかった[27]。

メスによる配偶者選択を抑制するため、オスは時に、単にガードしてライバルのオスに会わせないようにするよりも、はるかに陰険な手段をとる。性的強要や性的暴行は、チンパンジーにおいては日常茶飯事だ。性的強要は霊長類に広くみられる。チンパンジーでは、どの研究拠点においても、オスの通常の社会行動の一部として観察されている。メスは排卵前後にオスの好みにうるさくなるため、オスによる強要はあまり効果がないと、これまで一貫して想定されてきた。しかし、マラーらはこれに異を唱えた。かれらはカニャワラにおける一〇年以上の観察記録を精査し、メスに対して攻撃的にふるまうオスは、そのメスたちとより多く交尾できたことを示した。また、メスの性皮腫脹中は、生理周期を通じてその個体に攻撃的だったオスが、頻繁に交尾に誘う傾向にあった。このパターンは、オスの順位とは無関係で、低順位オスもメスに服従と交尾を強いるために暴力に訴えた。[28]

これはカニャワラに限ったことではない。ゴンベでも、一七年の研究期間を通じ、性皮腫脹中のメスに対するオスの攻撃性は、そのオスとメスの交尾頻度と強く相関していた。もっとも重要な結果は、性皮腫脹期間外のメスに対して攻撃的だったオスが、高確率でそのメスの子の父親になっていたことだ。つまり、オスによる長期的な強要と脅しには効果があり、それらは進化を通じて獲得した適応的戦略である可能性が高いのだ。わたしたちは、ヒトの社会行動の起源をチンパンジーに求める傾向があるので、この発見はおおいに議論を呼ぶものだ。[29]

一方で、アフリカ大陸の反対側のタイ国立公園で研究するクリストフ・ボッシュらのチームは、性的強要を一度として観察していないことも、付け加えておかなくてはならない。したがって、タイのメスたちは、攻撃に怯えることなく、オスのパートナーを自由に選べると考えられる。[30]ゴンベのデータを分析したジョセフ・フェルドブラムらは、タイではオスが少なく、またコミュニティの集合性が強いため、オスが好みのメスと交尾するため暴力に訴える必要性が薄いと論じた。[31]このように、コミュニティの集団構成による局所的な例外はあるものの、メスのチンパンジーにとって配偶相手の選択肢は、想像以上に限られたものなのかもしれない。

コミュニティ間移動の意思決定

メスのチンパンジーは、性成熟後にコミュニティを離れ、最終的に近隣のコミュニティに定着し、そこで残りの生涯を過ごす。ほとんどのチンパンジー研究では、おとなメスの全員、またはほぼ全員が移入者だ。そのなかには移入してまもない個体もいて、観察者に慣れていないため、数カ月から数年の間は人目を避ける。また、長年コミュニティの一員であるにもかかわらず、周辺的な存在にとどまり、主としてコミュニティのなわばりの辺縁部や、隣接する複数のコミュニティのなわばりの重複領域で行動する個体もいる。こうした個体は、なわばりのコアエリアに居座るメスたちと比べ、低順位なのかもしれない。コミュニティ内のメスの正確な個体数を把握するのが困難なこともある。周辺部の個体は、出生コミュニティと移入コミュニティの双方を行き来していることがあるからだ。複数のコミュニティに同時に所属するとみられる個体さえいる。このような周辺的なメスたちの生活はいまだ謎に包まれている。研究者との遭遇機会が少ないため、人への警戒心が強く、至近距離で観察できないのだ。こうしたメスたちの生活史の解明が進めば、メスの繁殖生態をより包括的に理解できるはずだが、情報を得るのは容易ではない。

メスたちは思春期後半に別のコミュニティに定着する。ゴリラのメスと違って、最初の移住のあと、再び移住することはまれだ。おそらく、再移住するとしたら幼子も連れていかなくてはならない可能性が高く、新たなコミュニティに歓迎されるとは限らないからだろう。このような移動分散は、クジラから霊長類まで、すべての社会性哺乳類にみられる。移住メスはふつう単独だが、幼子を連れて移住することもあり、時にはこうした幼子が後にコミュニティの中心メンバーとなる。わたしがゴンベで研究していたとき、ベートーベンという名の低順位のおとなオスがいた。ベートーベンは、幼子だったころ、姉とみられる若い移住メスとともにコミュニティに加わった。エメリー・トンプソンらは、ブドンゴのソンソ・コミュニティにおいて、メスが幼子とともに移住してきたとみられるケースを数多く記録している。[32]ただし、ケヴィン・ランジャーグレイバーらによる父性分析の結果、これらの移住メスが産んだとみられる息子たちの父親は、実はソンソ・コミュニティのオスだった。つまり、新たなコミュニティに息子を連れてきたと考えられていた「移住」メスは、実は元からソンソ・コミュニティに属していたが、警戒心が強いか、きわめて周辺的だったために、新入りと勘違いされていたのだ。[33]

オスが分散する種では、集団を出る直接の原因は、若いオスを脅威とみなすようになった年長のオス（しばしばその個体の父親）による攻撃の増加だ。これに比べ、メスのチンパンジーの分散の直接のきっかけははっきりしない。根本にある進化的な理由は、近親交配の回避だと考えられる。何にせよ、移住の恩恵は、馴染みの場所を離れるコストを上回るはずだ。さらにメスは、個体間関係が確立された顔見知りたちを離れ、未知のチンパンジーたちの中に入っていく。ほとんどのメスは年を重ねるにつれ順位を上げ、それに伴って好みのオスとのつきあいや、狩りで得た肉などの見返りを手にするが、なかには生涯を通じて低順位にとどまるものもいる。メスにとって、移住は不確定要素でいっぱいだ。

新たにコミュニティにやってきたメスに対し、先住オスと先住メスは異なる反応を示す。オスにとって、新入りのメスは自身の繁殖成功を高めるチャンスであるため、諸手をあげて歓迎する。移住メスが性皮腫脹中の場合、彼女はそれを利用することで、スムーズに新たなオスの寵愛を受けることができる。たとえメスが幼子を連れて移住してきた場合でも、オスたちは快く受け入れる。パトロール中に別コミュニティの子連れのメスに遭遇すると、激しく攻撃するのとは大違いだ。一方、先住メスにとって、新たなメスがやってくるのはいいことではない。先住メスはしばしば新入りに対して攻撃的にふるまう。新参者は、同じオスの気を惹こうとするだけでなく、同じ果実も奪い合うことになる、競争相手だからだ。ハーバード大学のソーニャ・カーレンバーグらは、新たに移住してきたメスが直面する問題に注目した。先住メスは、時に新入りを直接攻撃し、怪我を負わせるだけでなく、新入りが大胆にも幼子を連れてきた場合、こどもにも攻撃を加える。先住メスからの攻撃の結果、移住個体は高いストレスレベルを経験することが、尿中コルチゾール濃度の上昇から裏付けられた。新たなコミュニティのオスたちは、しばしば定住メスによる移住者への嫌がらせを止めようと介入した。オスのこうした行動は、新入りへの攻撃を緩和するのに効果的だった。移住メスは、オスの保護をあてにして、長時間オスと行動を共にし、性皮腫脹期間外でもこのようにふるまった。オスとの近接を保つことで、移住メスは他のメスからの攻撃を抑制することができた[34]。同様の結果は、ゴンベ、マハレ、ブドンゴ、タイでも観察されている。ブドンゴのソンソ・コミュニティでは、ほぼ同時期に多数のメスが移住してきた結果、オスが移住メスをあまり守れていなかった。オスによる保護の効果が薄かったのは、単に定住メスに数で圧倒されているためだと、ブドンゴの研究者たちは考えている。[35]

すべてのメスが性成熟と同時に分散するわけではない。ゴンベでは、フローとその子孫たちからなる、有名なＦ家系が、カセケラ・コミュニティにとどまって生涯を過ごした。グドールが一九六〇年に到着した当時、フローはすでに年長のメスだったため、彼女が移住を経験したかどうかは定かではない。しかし、フローの娘フィフィは一度も移住をしないまま、九頭の子を産み、老年まで生きた。また、フィフィの娘の一頭も移住しなかった。この家系のメスのように、ゴンベや他の研究拠点で、なぜ時として移住しないメスがみられるのかはわかっていない。憶測だが、Ｆ家系は高順位を占める社会的強者であったため、出生コミュニティにとどまることのメリットが、近親交配の回避という分散の利益を上回ったのかもしれない。生まれた場所にとどまるメスは、見知らぬ土地に移るかわりに、隅々まで知りつくし、一等地である可能性もある行動圏を継承することの恩恵も享受できるだろう。メスがまったく移住しなければ、やがては近親交配や遺伝的欠陥の問題が生じる。けれども、限定的かつ頻度依存的な出生地への残留は、社会的に優位なメスにとって、繁殖成功の面でむしろプラスにはたらくのかもしれない。

メスがいつ、どのように別コミュニティに移住するかを正確に予測するのは難しい。スタンプらは、カニャワラのチンパンジーを対象にこの疑問に取り組み、驚くべき結果を得た。一〇年分のデータを分析した結果、カニャワラにおけるメスの移住のパターンとタイミングを左右する、いくつかの重要な要因が明らかになった。メスの移住時の年齢は平均で一二・五～一三歳だった。ほとんどのメスは移住時に性皮腫脹のピークを迎えていた。加えて、ほとんどのメスは、新たなコミュニティに入って最初の性皮腫脹期間中、少なくとも一頭のおとなオスと交尾した。つまり、メスは新天地に移ると同時か直後に、活発な性行動を示したのだ。実際、最初の性皮腫脹のあと最初の交尾が観察されるまでの期間は、移住メスの方が出生コミュニティに残留したメスよりも、ずっと短かった(前者では二カ月、後者では七カ月)。また、出産までの期間も、移住メスの方が残留メスよりも短かった(最初の性皮腫脹のあと、前者は二七カ月、後者は三七カ月)。驚くべきことに、残留メスと移住メスは、コミュニティ内のオスと同様の頻度で交尾した。残留メスは実の父親と交尾している可能性もあった。先述のとおり、メスが出生コミュニティを出る直接のきっかけが社会的ストレスである証拠は、行動データからも内分泌データからも得られなかった[36]。

つまり、スタンプの研究において、移住のきっかけは、通常想定されるような攻撃やストレスではなかったのだ。近親交配回避を仮定することはできるが、性成熟を迎えたカニャワラのメスのほとんどは、移住前にすでに交尾を済ませていた。他の研究拠点でも、メスがおじやいとこにあたる可能性のあるオスたちとの交尾を明らかに避けているとはいえない。ほとんどの移住メスが性皮腫脹中であったことから、ボッシュの言葉を借りれば、性皮腫脹は「パスポート」であり、これがあれば、その後数十年を共に過ごすであろうオスたちに、比較的スムーズに受け入れられると考えられる。ただし、スタンプの研究で観察された、性皮腫脹のない状態で移住した二頭のメスも、オスやメスから攻撃を受けたわけではないため、仮説の傍証にはならない。

カニャワラでの研究では、見過ごされてきた移住のきっかけとして、食料の質が重要である可能性が指摘されている。メスのコミュニティ間の移動は、果実が豊富で、食料に占める果実の割合が大きい時期におこなわれる傾向にある。このことから、メスは自身の栄養状態がよくなるのを待ってから、新たなコミュニティへの移住というハイリスクな行動をとることが示唆される。移住直後は勝手がわからず、食料獲得に苦労すると考えられるので、これは理にかなっている。

新たなコミュニティに移住してくるメスは、ふだん使っている道具や、その他の伝統を出生地から持ち込む。コミュニティの仲間たちは、彼女の見慣れない行動を観察し、取り入れるのではないかと考えたくなるが、必ずしもそうではない。マックス・プランク進化人類学研究所のリディア・ルンツとボッシュは、コミュニティ間の文化の多様性とメスの移住パターンを照らし合わせて分析した。その結果、メスは別のコミュニティで育ち、そこの伝統を身につけたにもかかわらず、同じコミュニティのオスとメスの間に、文化や伝統の差異はほとんどみられないことがわかった。二五年の期間を通じて、オスとメスが使うナッツ割りの道具に違いはみられなかった。移住メスは、以前の伝統を守るのではなく、移住先のコミュニティの行動を取り入れる。新たな仲間たちはそんな姿を観察し、そこから学習するのだろう。ルンツとボッシュの主張によれば、メスが移住時に性成熟を迎えていること、文化的イノベーションはたいてい若い個体が生み出すことを考えれば、メスが新たなコミュニティに加わるころには、必ずしも新たな行動に染まりやすい状態ではない。新たなコミュニティの社会の網を把握しなければならないという社会的プレッシャーが触媒となって、メスは文化的行動に修正を加え、新たな環境に適応するのだろう。[37]

繁殖能力の衰え

ヒトには閉経があり、女性の排卵周期は中年期に突然終わりを迎える。これとは異なり、チンパンジーの繁殖能力は、年齢とともに衰えはするが、失われるわけではない。エメリー・トンプソンによれば、ゴンベのメスの繁殖成績は一五〜三〇歳の間にピークを迎え、四〇歳を過ぎるまで顕著な低下はみられない（野生で四〇歳まで生きられるメスは多くない）。その後も、健康なメスであれば、四〇代でも個体群平均と変わらない間隔で出産を続ける。やがて繁殖能力は低下し、生理周期はやや不規則になるが、排卵はメスの生涯の最後まで衰えを見せない[38]。ノースイースタン・イリノイ大学のシルヴィア・アトサリスとミシガン大学のエレイン・ヴィデアンは、加齢に伴う繁殖能力の低下を、野生個体と飼育下個体で比較した。その結果、飼育下のメスは閉経に似た状態を経験することがわかった。飼育下では栄養状態が良いため、野生と比べて排卵開始年齢が低く、生理周期がより規則的であることが原因と考えられる。飼育下のメスは野生よりもはるかに長寿であり、野生では到達し得ないような、卵子が枯渇する年齢まで生きるのだ[39]。

エメリー・トンプソンは、メスのチンパンジーにおいて、繁殖能力の老化は全体的な老化の一側面でしかなく、ヒトにおいて両者が独立の事象であるのとは異なると指摘する。飼育下のメスの場合、卵子の枯渇は推定五〇歳前後で起きると考えられ、これはヒトとほぼ同じだ[40]。スタンフォード大学のジェームズ・ジョーンズらは、メスは加齢に伴い順位を上げる傾向にあり、これにより繁殖速度が速まり、子の生存率も上昇することを示した。[41] 繁殖価とそれに関連する生活史要因がこのような継時的変化を示すのも、やはりどのヒト集団にもみられない特徴だ。

ユタ大学のクリステン・ホークスとケン・スミスは、ヒト（ここでは非常に多産な集団であった一八〇〇年代のモルモン教徒の移住者の出生記録）と野生チンパンジーの出生率の加齢変化を比較した。これにより、共通点と顕著な相違点が明らかになった。女性（またはメス）が最後の子を産む平均年齢は、ヒトとチンパンジーで大差なく、いずれも四〇歳前後だった。ヒトの女性には、繁殖後も長い人生が待っている。一方、チンパンジーは老年期を通じて、高い受胎能力を保つ。ヒトとチンパンジーの最高寿命には二倍近い開きがある。ヒトの最高齢は一二二歳、チンパンジーは六六歳だ。多くの発展途上国では、依然として平均寿命が五〇代だが、こうした国々でも、死亡率の高いこども時代を生き延びた人々の多くは、老年期に到達する。[42]

ヒト集団の年齢層別出生率は、極端な釣鐘型カーブを描く。避妊法の影響のないモルモン教徒移住者において、約一五歳より前に妊娠した女性はおらず、そこから四〇代半ばまでに急峻なピークを迎え、それ以降の出生率はほぼゼロになる。一方、チンパンジーの年齢層別出生率の曲線はずっと平坦で、二〇歳で到達した値は四〇代になってもほとんど変わらない。エメリー・トンプソンらは、野生のメスのチンパンジーと二つの伝統社会のヒト集団（アフリカ南西部のクン族とパラグアイのアチェ族）を比較し、同様の結果を得た。トンプソンらは、メスのチンパンジーのなかでもっとも多く子をもうけるのは、長寿な個体かもしれないと主張する。社会的順位や栄養状態といった要因は、多産性だけでなく、長寿にも関連するからだ。もし少産のメスが早死にしやすければ、高齢メスの出生率はきわめて高く見えるだろう[43]。

確実にいえるのは、野生のメスのチンパンジーが妊娠可能な期間を超えるほど長生きするのはまれだが、ヒトの女性ではそれが普通ということだ。多くの伝統的ヒト集団、いわゆる狩猟採集民において、女性の三人に一人は四五歳以上であり、もはや子どもを産むことはない。ホークスは、閉経という進化のパラドックスに関し、「おばあさん仮説」を提唱した[44]。大型類人猿の幼子は母親の世話を受け、もし母親が死ねば、その子もまもなく同じ運命をたどることはほぼ確実だ。母親が幼子の世話に奮闘するあいだ、母親自身はコミュニティの他のメンバーから直接的な援助を受けることはない。一方、わたしたちヒトは、類人猿に比べて生涯の比較的早いうちに繁殖を停止する。繁殖を終えた女性は、娘の子育ての手伝いに焦点を移す。祖母たちは、娘が食料を集め、運ぶのを手伝う。また娘が他の仕事をしたり、束の間の休息をとったりするあいだ、孫の子守をする。ヒトは食料を、単に手から口へ運ぶだけではなく、集めて運び、貯蔵するため、おばあさんの手助けはおおいに役立つだろう。

おばあさんの繁殖成功度に、遺伝子の半分を共有する娘の繁殖成功度を加えると、おばあさん自身が繁殖を続けた場合を上回ると考えられる。だが、モデルのこの仮定については、近年異論もある。おばあさん仮説は、ヒトと大型類人猿の共通祖先が、寿命と出生率の加齢変化の面で類人猿に近く、ヒトだけが長い閉経後寿命を進化させたという前提に立つ。メスのチンパンジーにもある程度の閉経があると主張する研究者もいるが、エメリー・トンプソンらはこれを否定する[45]。明らかに、ヒトの進化の道筋のどこかで、自然淘汰は長寿命を選択し、繁殖寿命の延長はそれに伴わなかったのだ。

ヒトの性行動と近年のチンパンジー研究

この章を読みすすめてきて、チンパンジーのセックスは自由競争であり、メスへのアクセス、ひいては繁殖成功に関して、オスが主導権を握っているような印象を抱いたかもしれない。だが、これは必ずしも正しくない。チンパンジーの配偶システムを理解するうえで、重要だが誤解されがちな概念が、オスの繁殖の偏りだ。これは、交尾や残した子の数が、おとなオスの間でどのように分布するかを意味する。ほとんどのコミュニティでは、アルファオスと少数の高順位オスが父性獲得で優位に立つ。繁殖の偏り理論において、高順位オスは時に低順位オスの交尾を許すと予測される。なわばり境界のパトロールなど、他の仕事で低順位オスが必要であるためだ。あるいは、単純にアルファがすべての低順位オスをコントロールできないおかげで、「残り物」にありついているのかもしれない。アルファオスの繁殖成功は、競争相手のオス、および同時に受胎可能になるメスが増えるほど、低下すると予測される。

近年の研究により、チンパンジーの配偶システムは、思いのほかヒトのそれに似ていることがわかってきた。チンパンジーは、一時的なサブグループと交尾前後の短期的なオスとメスの絆が特徴の、流動的な社会に暮らしている。けれども、その根底には、特定のオスとメスの間の強い絆が存在する。ンゴゴのような巨大コミュニティにおいてさえ、特定の異性間の長期的な絆が認められている。ランジャーグレイバーらは、どの順位のオスも、特定のメスとの間に、血縁ではない何かに基づく友好関係を維持することを示した。かれらの推測によれば、オスのチンパンジーは母親から行動圏を受け継ぐ傾向にあるため、そのエリアで生活する他のメスたちと生涯にわたる絆を形成する。友好関係は、そのメスたちと優先的に交尾することにつながるため、オスの繁殖成功度を高める。[46] このような効果は、チンパンジーだけに限ったものではない。集団内の異性個体どうしの絆が交尾につながる現象は、ヒヒなど他の社会性霊長類でも知られている。

ヒトにみられる長期的なペアボンドは、母親と父親の両方による幼子の世話が必要であるために生じた結果であると、長く考えられてきた。ハーディの言葉を借りれば、わたしたちはみな共同繁殖のユニットに組み込まれているのだ。チンパンジーの父親は子の世話を一切しないため、この説にはまったくあてはまらないし、他の大型類人猿もそうだ。だが、いまや長期的ペアボンドの起源が、チンパンジー社会にも萌芽的なかたちで存在する可能性が浮上している。

第六章　チンパンジーの発達

平均八カ月の妊娠期間のあと、チンパンジーの母親は、ヒトの赤ちゃんと同じくらい無防備な新生児を出産する。その後の数年、幼子は母親に完全に依存し、さらにそのあとの数年間も、母親にしかできない心理的サポートを享受しつづける。発達における決定的なできごとは、この生後数年間に起きる。たとえ離乳後であっても、母親を失ったこどもは、低成長や低い社会的地位、あるいはその両方のハンデを負う。

ヒトと同じく、チンパンジーも単胎児を出産する。しかし最近の研究で、ほとんどのチンパンジー研究者が以前から認識していた事実が裏付けられた。チンパンジーが双子を産む確率は、ヒトよりも高いのだ。アラモゴード霊長類研究所のジョン・エリーらが飼育下の双生児出産記録を集計した結果、一卵性双生児の発生率は二三〇分の一であり、ヒトとほぼ同じだった。一方、二卵性双生児の発生率は四三分の一と、妊娠誘発剤を利用していないヒト女性の二倍以上だった。双子の出産経験のあるメスが再び双子を出産する確率は、通常の五倍にのぼる。このパターンはヒト女性にもあてはまる。多胎出産には遺伝的基盤が存在し、母体の年齢が上がるほど、双子を出産する確率は高くなる[1]。多胎出産に対する父親側の影響はわかっていない。ヒトでは、ごくまれにではあるが、父親の違う二卵性双生児の記録がある。排卵中のメスが一日に一〇頭以上のオスと交尾するチンパンジーの場合、二頭のオスが同時に父親になる可能性はおおいにある。もしそうなら、メスにとって、コミュニティ内のすべてのオスからの攻撃を緩和する効果が期待できるだろう。

チンパンジーの母親にとって、出産はヒトの場合ほど大仕事ではない。新生児の頭蓋骨の最大直径と、母親の産道の最小直径が、それほど逼迫していないからだ。チンパンジーの新生児の頭蓋骨は、ヒトの新生児の三分の一の大きさであり、また母親の寛骨は、ヒトが二足歩行に伴って進化させた、短く幅広な形をしていない。そのため、新生児の頭や肩と母体の間に十分なスペースがあり、母親は他個体の助けがなくとも出産できる。伝統社会に暮らすヒトの初産女性のほとんどは、一人か二人の助産師の助けを必要とする。一方、野生チンパンジーの出産を観察したことのある欧米の研究者はほんの一握りしかいないが、かれらの記録によれば、母親は明らかに苦痛を感じているものの、何も手につかないほどではなく、自分自身の手を添えて子を産み落とす。その後、へその緒を噛み切り、胎盤を排出し、それらを食べるか（コミュニティの他個体と分け合うこともある）落ち葉の下に隠すかして、出産が完了する[2]。

その後の数カ月間、幼子は母親の腹部から離れることなく、彼女が森を歩き回る間、ずっとしがみついている。生後三カ月ほどで、こどもは母親の腕の中から出るようになり、母親が注意深く見守るなか、他のこどもと遊ぶ。同世代との交流は、年を追うごとに頻度と強度が増していく。しかし、最初の数カ月から数年の間、こどもと世界の相互作用のほとんどは、母親と母乳を通じておこなわれる。

チンパンジーの生活の中心にある母子の絆や授乳の重要性は五〇年前から認識されていた。にもかかわらず、研究者たちが母乳の成分に注目しはじめたのは、つい最近だ。大型類人猿の母乳に共通していえるのは、どの種もヒトの母乳に比べ、脂肪の含有量が少ないことだ（前者は二%、後者は四%）。アリゾナ州立大学のケイティ・ハインドとカリフォルニア大学バークレー校のローラ・ミリガンは、霊長目全体を対象に母乳と授乳行動を調査し、母乳中のストレスホルモンレベルとメスの生活史の関連を示した。母乳のストレスホルモンレベルは、こどもの気質の予測因子でもあった。彼女らは、母乳だけに注目するのではなく、乳分泌と授乳の役割について、進化的観点から考察した。例えば、多くの海生哺乳類の母親は、脂肪含有量の非常に多い乳を分泌する。乳脂肪が五〇%を上回り、ケチャップ並みの粘性を示すことさえある。寒冷な海洋環境において、こどもの発達には急速な脂肪蓄積が不可欠であるためだ。授乳頻度が低く、こどもが隠れ家に半日かそれ以上も隠されたまま授乳を待つ種も、栄養分が高濃度に凝縮された母乳を分泌する。暑く乾燥した環境に棲む種は、水分量が多く薄い乳を分泌する傾向にあるが、これはこどもが脱水症状に陥らないようにするためだろう。こうした適応のパターンを考慮に入れて、ハインドとミリガンは、チンパンジーの母乳が非ヒト霊長類の標準に合致するかどうかを検討した。その結果、食性の大部分を葉が占めるマウンテンゴリラの母乳は、果実食のチンパンジーやボノボよりもたんぱく質が豊富であることがわかった。また、古くからの通説である、霊長類の大きな脳には栄養豊富な母乳が必要なのかどうかも検討した。ただし、この仮説でどの栄養素が大きな脳の成長にもっとも重要なのかについては諸説ある[3]。チンパンジーの母乳でもっとも多くのカロリーを占めるのは脂肪だが、一部の研究者は、脳の代謝にはブドウ糖が不可欠であるため、糖を多く含み、高カロリーな母乳が望ましいと考えている。チンパンジーの母乳は、ヒトのものと同様、概して低脂肪でエネルギー密度も低く、糖の含有量も中程度だ。糖と脂肪は、動物の母乳の成分として、ほぼ常にトレードオフの関係にある。ヒヒの母親を調べた研究で、母親の健康状態が悪化したり体重が減少すると、母乳の質は変化しないが、量が減少することがわかっている。

性比の進化理論では、母親にとって、どちらか一方の性別のこどもにより多くの時間とエネルギーを投資することが適応的であるとされる。健康で社会的に優位な母親は、娘より息子を多く産む可能性がある。これが成り立つのは、息子が高い地位を継承し、頻繁に交尾して、母親の遺伝子を広く行き渡らせる場合だ。メスはたとえ低順位であっても、交尾相手に困ることはないため、低順位の母親は娘を多く産むと予測される。ここから、息子をもつ母親は、その子が好スタートを切って大柄な体に成長し、高順位に到達できるよう、高カロリーの母乳を生産することが予測される。一方、娘をもつ母親の乳は、脂肪とたんぱく質の含有量が少ないと考えられる。飼育下のアカゲザルを対象とした研究では、実際にこの予測どおりの結果が得られている。ただし、交絡要因として、糖の含有量によって母乳の浸透圧特性が変化し、乳房組織に水が引き寄せられるため、脂肪とのバランスが変化する。ヒトにおいても、男児はよりエネルギーの濃縮された母乳を獲得することで、女児よりも速く成長し、体重でも上回る。一方で、ハインドとミリガンは、この結果は全体的な栄養価そのものというよりも、エネルギー組成の異なる乳を消化するプロセスの違いによるものかもしれないと指摘している。

フィールド研究でも、これらの仮説のうち、少なくともひとつを支持する結果が得られている。タイでは、クリストフ・ボッシュにより、高順位のメスが娘よりも息子により多くの投資をおこなうことが示された。早期の死亡や行方不明の例を統制した出産間隔は、優位メスが息子を育てている場合、娘の場合よりも二年以上長かった。また、高順位メスの息子がおとなになるまで生存する確率は、それ以外の場合よりも高かった。つまり、優位メスの投資は、息子の生存率という形で成果をあげたのだ。高順位の母親は娘に対し、低順位の母親が息子に対しておこなうのと同程度の投資をした。オスのチンパンジーは生まれたコミュニティで生涯を過ごし、メスはふつう分散することを思い出してほしい。ただし、この息子びいきの傾向は、ゴンベではみられなかった。これについてボッシュは、ゴンベでは一部のメスがコミュニティ間の移動をせず、出生コミュニティに残留する傾向があるためではないかとしている。移住しない娘と母親の間には、相互援助関係が存在し、それが近親交配回避のための分散という一般則を打ち消しているのかもしれない。[4]

母親の子への投資以外に、父親が子育てに参加するかどうかという疑問もある。チンパンジーの乱婚的な配偶システムを考えれば、参加しないと考えるのが妥当だ。けれども、マックス・プランク進化人類学研究所のジュリア・レーマンは、タイのオスは個体間距離の近接を手がかりに自分の子を認識し、特別扱いしていることを示す間接的証拠があると主張する。DNAに基づく父性データでみると、タイのオスは出産後のメスと好んで近接を保とうとはしないが、新生児を抱えるメスに対して、全体的に攻撃性が低かった。このことは、多くのオスがそのメスと以前に交尾していて、わずかながら子の父親である可能性が存在することを考えれば、不思議ではない。けれども、実の父親は、父親ではないオスたちが通常レベルの攻撃性に戻ったあとも、何年もの間、子に対する攻撃頻度が低かった。加えて、オスはふつう社会的遊びにほとんど参加しないが、実のこどもとはよく遊んだ。[5] したがって、父親による世話は存在せず、実の子であるかどうかを確実に知る手段はないものの、オスは母親との関係に基づく間接的な手がかりをもとに、自分のこどもを優遇している可能性はある。これはチンパンジー社会の特徴や、また人間社会においてさえ、男性は必ずしもこどもが自分の血を引いていることに確証をもつことはできず、セックスと父性について生物学的現実とは相反する考えを抱きがちであることを考えると、じつに矛盾した結果だ。

ジェーン・グドールの初期の研究の時代から知られていたことだが、チンパンジーのこどもの発達は、多くの面でヒトのこどもの発達によく似ている。母親は、健康なこども一頭を育てるため、何年間もエネルギーと資源（母乳）を費やす。メリッサ・エメリー・トンプソンらの最近の研究で、離乳の早かったこどもは、おとなになったとき小柄であることがわかった。多くの動物において、体サイズは生存の予測因子であり、また成体の体サイズは繁殖成功の予測因子になりうる。母乳生産を早めに切り上げ、次の子づくりに投資するメスは、その子の将来の成功を犠牲にしているといえるだろう[6]。

多くの動物で、性差は生涯の早い段階でみられる。チンパンジーも例外ではない。フランクリン&マーシャル大学のエリザベス・ロンスドーフらは、オスとメスの幼年期の発達に関して情報を集め、驚くべき違いを明らかにした。オスとメスの子への授乳時間は、幼年期の初期においては同等だ。しかし、オスの子はメスの子よりも母親から離れて単独移動を始める時期が早く、また頻繁に単独移動する。これに相当する性差は、ヒトの幼児発達でもみられる。母親から離れて単独移動する際、こどもはふつう母親の後ろか隣を歩き、母親と接触やコミュニケーションを保つ[7]。ドイツのゼーヴィーゼンにあるマックス・プランク鳥類学研究所に所属するマーレン・フレーリッヒらは、母子が森林のなかを移動する際、こどもと母親がジェスチャーや音声によって動きを協調させていることを示した。母親は、こどもに聞こえるようにコールを調整していた。つまり、フレーリッヒらの言葉を借りれば、リアルタイムの社会的交渉をおこなっていたのだ[8]。母親とこどもの間の遊びと個体間関係に関する研究は、一九七〇年代にフランス・プルーイがゴンベで実施している[9]。フレーリッヒの研究は、これを更新する新たな知見をもたらした。予想どおり、母子が一緒に移動するとき、開始するのは母親で、その際にジェスチャーを示す。実際におこなうボディランゲージは、コミュニティ内の個体間でも、コミュニティ間でも異なっていた。こどもはクンクン鳴いたり、その他のコールで母親に応え、成長につれてコールとジェスチャーを組み合わせるようになった。

ロンスドーフらは、ゴンベの若いメスが、オスよりも最大で二年早く道具使用をマスターすることを明らかにした。一方、母親と物理的に距離をおくようになる時期において、オスはメスよりも社会的パートナーとの相互作用が多かった。オスは二歳半前後のこの時期、コミュニティ内の他個体とのつながりを築きはじめる[10]。新たな社会的パートナーはたいてい他のオスのこどもで、かれらは概してその後もメスより社交的だ。こどもの社会的パートナーの選択に母親が関与しているかどうかはよくわかっていない。カーソン・マレーらによれば、息子をもつ母親は娘をもつ母親よりもコミュニティ内の他個体に対して社交的で、とりわけこどもが生後数カ月の時期に顕著な差がみられる[11]。このことから、ロンスドーフの研究において、こどもがいつ、どのように社会的環境と接するかについて決定権をもつのは母親であり、それがこどもの性差の発達に強く影響していた可能性が示唆される。

遊び

動物行動学において、遊びは奇妙な概念だ。物体操作や飛び跳ねといった単独の遊びは、哺乳類や鳥類だけでなく、一部の爬虫類にさえみられる。社会的遊びはどちらかといえば高等動物の特徴だが、定義するのは容易ではない。二頭の子犬や子猿が遊んでいるとき、わたしたちは見てすぐそれとわかるが、曖昧さを排除した形で遊びを定義するのはきわめて難しいのだ。社会的遊びは、攻撃に見えることが珍しくない。概して大げさな動きや姿勢、ジェスチャーからなるが、その多くは闘争の際にもみられるためだ。遊びはふつう、生涯の早い段階で、将来必要な能力を、リスクを伴わずに習熟させる機会とみなされる。遊びの闘争、遊びのマウンティング、遊びの子育てといった具合だ。そのため、遊びは生物学的に重要なものだと、わたしたちは考えがちだ。けれども、メスがつがいや単独で生活する多くの種の場合、こどもが同世代の個体との社会的遊びに興じる機会は限られている。それでも、遊びの機会がない場合、その個体の心理的な健全性や社会的発達が阻害されることを示す証拠はない。

マシュー・ハインツは、社会的遊びに関するゴンベの長期データを分析し、遊びが将来にどんな影響をもたらすかを検討した。この研究で、社会的遊びはオスにとってもメスにとっても同じくらい重要であることがわかった。こどもの運動能力が発達するにつれ、遊びの強度と複雑さは増していく。ハインツは、遊びの際にストレスホルモン濃度が上昇することも明らかにした。過去の研究で遊びの機能のひとつとしてストレス軽減があげられていることを考えると、これは意外な結果だ。ハインツの目的は、チンパンジーの幼児期の遊びのパターンから、成長後に遊びがもたらす長期的利益や、遊びに関連する成長後の特徴を明らかにすることだった。しかし、結局どちらも見つからなかった。オスのこどもは遊びのなかで相手を屈服させるが、よく遊ぶこどもが青年期により早く順位を上げるわけではなく、また多く子を残してもいなかった。よく遊ぶこどもほど、社交的なおとなになる、あるいはおとなになったあとよくグルーミングを受けるといった関連もみられなかった。[12] 遊びには多くの直接的な利益があることがわかっている。けれども、こども時代の遊びが後の繁殖成功や長期的生存につながるかについては、齧歯類やクマなど他の哺乳類で報告があるものの、その機序はまったくわかっていない。遊びが適応的であるとしても（こどもが莫大な時間とエネルギーを遊びに費やすことを考えればそうであるはずだが）、どのように適応的であるかは不明だ。

ロンスドーフらによれば、社会的遊びのピークは二歳であり、オスはより早い段階で頻繁に社会的遊びに興じる。メスは将来、オスよりも器用に道具使用をするようになるが、こどもの間から、オスがしないような母親の模倣をする傾向にある。[13]

孤児

グドールのゴンベでの初期研究のなかで、よく知られた逸話のひとつに、史上もっとも有名な動物の孤児のエピソードがある。有力かつ攻撃的なメス、フローは、グドールの研究開始時点で推定四〇歳をゆうに超えていた。ゴンベの代表的スターである、フィガン、ファーベン、フィフィは、みな彼女が若い頃に産んだ子だ。しかし、最後の子を出産する頃には、フローは高齢のため、子育て能力が衰えていた。最後の子フレームは、その前の子フリントが五歳の時に死亡した。その後、フリントは幼児退行を示し、彼とフローの絆は成長につれてむしろ強まった。数年後にフローが死亡したとき、フリントはもうすぐ九歳で、思春期に近づいていた。けれども、孤児となったフリントは、母親を失い、ひとりでは生きていけなかった。彼は食べるのをやめ、無気力になり、うつ病とみられる兆候を示した。数週間後、フリントは死を迎えた。原因は不明ながら、母を失った心理的トラウマが関係しているとみられる[14]。

母子の絆が損なわれると、こどもの暮らしは困難になり、トラウマを抱えることもある。すべての孤児がフリントと同じ運命をたどるわけではないが、ほとんどは生涯にわたって重荷を背負う。サム・ヒューストン州立大学のマリア・ボテロらは、ゴンベの孤児たちが典型的な不安に関連する行動を示すことを明らかにした[15]。オーストリアのグラーツ大学のエルフリーデ・カルヒャー＝ゾンマースグターらは、母親を亡くしたり、早期に母親から引き離された飼育下チンパンジーと、そうでない個体の一生を比較した。その結果、母親のいないチンパンジーは、その後の社会環境にかかわらず、生涯にわたってその悪影響を受けることがわかった[16]。京都大学の中村美知夫らによれば、オスの孤児は、母親を亡くしたトラウマを乗り越えた場合でも、同じコミュニティの他個体よりも短命に終わる[17]。おそらく、オスが出生地に残るチンパンジーの社会システムのおかげで、オスは生涯にわたって母親と関係を保つため、母親を亡くしたときすでに若者に達していたとしても、その喪失体験は長期的に予期せぬ結果をもたらすのだろう。

チンパンジー社会において孤児たちが苦労するのは、養子をとることがほとんどないからだ。他の非ヒト霊長類を比べても、チンパンジーのアロマザリング（母親以外のメスによる幼子の世話）はきわめてまれだ。西田利貞によれば、マハレのチンパンジーにおいて、二歳未満の幼子が母親以外のメスの世話を受ける時間は全体の約三％だった[18]。このように、幼子はコミュニティ内の他のメスとつながりがないため、母親が死ぬと孤立無援になる。霊長類のなかには、孤児になった幼子に対し、時に保護者が現れ、生存のチャンスを与える種もいる。けれども、血縁関係にないこどもを養子にするのは、究極の利他行動だ。ボッシュらによる、タイで最近おこなわれた孤児のその後に関する研究では、二七年の間に孤児になり、その後二カ月以上生き延びたこども三六頭のうち、一八頭は養子になった。母親が死亡すると同時か直後に姿を消した幼いこどもは、ここには含まれていない。五歳未満の孤児が生き延びたケースはなく、五歳以上のこどもは、生き延びたとしても、しばしば身体的・社会的発達が大きく遅れた。時には、おとなのなかから、孤児に対して短期的あるいは長期的な社会的支援を提供する個体が現れた。こうした個体はたいてい、孤児のそばで一緒に過ごしたり、おとなたちが移動を始めたときに孤児が追いつくのを待ったりした。[19]

タイで里親になった個体のうち、八頭はメスだった。うち一頭は孤児の姉で、三頭は死んだ母親と友好関係にあったメスだった。しかし、驚くべきは、里親の過半数がオスだったことだ。六頭のおとなオスと三頭の兄が、一〇頭の孤児の世話をした。これらのオスたちは、肉を含む食料を分配し、移動の際に孤児を待ち、けんかの際に孤児に加勢した。なかには幼いうちに孤児になったため、運んでやらなくてはならない場合もあり、孤児たちは里親になったオスの背中に乗って移動した。養子取りはおそらく、野生チンパンジーが示す行動のなかで、もっとも利他的なものだろう。これは、チンパンジーが時に、コミュニティ内の血縁関係にない他個体のニーズに共感を示す証拠といえる。里親になるオスたちは、その子が成長後に同盟相手になり、集団内および集団間の葛藤の際に手助けしてくれることを期待しているのではないかと、ボッシュらは主張する。しかし、これらの養子がオスだったのは半数のケースに限られる。里親や兄に助けられたメスの孤児は、思春期になればコミュニティを出ていってしまう。里親を得た孤児は、得られなかった孤児よりも生存確率が高いことが予測されるが、この研究では、コミュニティ全体の死亡率が高かったため、その証拠は得られなかった[20]。

セントアンドリュース大学のキャサリン・ホベイターらは、ブドンゴのソンソ・コミュニティにおける養子取りの研究をおこなった。二一年間に一一個体が孤児になり、うち七頭が養子になった。そのうち、一頭を除くすべてが、同じ母親が産んだ年長の独立個体の世話を受けた。兄姉に養子化された孤児は、養子になれなかった孤児よりも、思春期まで生き延びる可能性が高かった。ブドンゴ、タイ、ゴンベ、マハレのすべての孤児たちのその後を比較すると、母親の死後一年間生存する確率は、他のおとなに引き取られた場合は八〇%だった。おとな、または若者の兄姉が世話をした場合の同じ生存確率は一〇〇%で、未成熟の兄姉が里親になった場合は七〇%だった。したがって、里親になるのは主に兄姉だといえる。血縁関係のないおとなが里親になるのは、兄姉がいないか、いても世話をしなかった場合に限られる。幼くして孤児になったチンパンジーにとって、生存確率を上げるには、兄姉の養子になることが賢明といえる[21]。

おとな未満

完全に母親に依存する幼児期と、性成熟の間に位置する成長段階が、若年期だ。若年期の個体は母親なしでも生存でき、かつオス・メスどちらの順位ヒエラルキーにも属さない。チンパンジーのライフサイクルは他のほとんどの霊長類と比べて長く、また発達はエネルギー面での制約を受けているため、こどもはこの期間に、チンパンジーになるために欠かせない学習と社会化を経験する。若年期のチンパンジーが気楽な暮らしをしているというのは誤解だ。かれらが幼児期を生き延び、おとなとしての振る舞いやそれに伴うストレスを経験するようになるのは、まだ何年も先だ。けれども、こどもの後期段階からおとなの初期段階までの年月は、ヒトと同じくチンパンジーにとっても、ちぐはぐな時期だ。身体的に完全に自立したあとの、五歳から八歳のチンパンジーはもはや授乳の対象にならず、母親の関心は次のこどもに移る。そのため若年個体は、自分の力で、どうにか採食パーティに遅れることなく、森の中を移動しなくてはならない。ハーマン・ポンザーとリチャード・ランガムによれば、カニャワラにおいて、若年期の子をもつ母親の移動速度は、幼児を抱いた母親以上に遅くなる。このように、移動能力が限られているため、若年個体は望ましい果樹にたどり着ける可能性が低いと考えられ、その悪影響は母親にも及ぶかもしれない。若年個体が一〇歳に近づくと、ようやくコミュニティの他個体と同程度の速度で移動できるようになる[22]。

ここ一〇年で、霊長類の成長に関するわたしたちの見方は変わった。以前はこどもとおとなの間の単なる移行期とされた、生活史における若年期と思春期は、いまでは独自の過程をもち、この時期に特有の淘汰圧を受けることがわかっている。もちろん、このことは、わたしたち自身についてでは、はるか以前からわかっていた。思春期の少年少女が抱える問題は、おおいに社会の注目を集める。同じことが、大型類人猿にもいえる。

五歳から一〇歳の間に、チンパンジーは徐々に母親から独立する。若年期のオスはまずおとなオスと関わろうとし、のちにおとなメスとも相互作用を始める。母親はその数年前から、生理周期に復帰し、複数のオスとのコンソートをおこなう。これが母子の絆に打ち込まれる最初の楔となる。一〇歳までに、メスは他のコミュニティへの「外泊」を始め、その期間は一度につき数週間から数カ月に及ぶ。若年期のオスは、思春期に近づくにつれ、母親よりもおとなオスや若者オスのパーティと過ごす時間が長くなる。若年期や思春期前は、オスのチンパンジーにとって孤独な時期だ。母親から完全に独立しても、年長のオスどうしのつきあいにはまだ入り込めず、思春期前のオスたちは仲間はずれにされがちだ。かれらはほとんどの時間をほかの若年個体と過ごしつつ、オスのパーティと一緒に移動やパトロールをしようと試みる。かれらは存在こそ許容されるものの、グルーミングの返礼や、葛藤の際の援助を受けることはほとんどない。主なグルーミングパートナーは依然として母親だ。また、かれらはかなりの時間を単独で過ごす。一方、若年期のメスは、年長の非血縁メスやほかの若年個体と一緒にいる時間が長い[23]。

思春期直前のメスを特徴づけるのは、八歳前後で迎える最初の性皮腫脹だ。その後数年かけて、性皮腫脹はより大きく、周期的になり、一一歳までにオスと交尾しはじめる。社会的遊びや幼子との接触といった、こどもらしい行動は急速に消えていく。性成熟により、それまで集まりのたびにのけ者扱いされていた若いメスは、コミュニティの一員として受け入れられ、オスたちに追い回されるようになる。一三歳までに妊娠可能になると、彼女たちは、狩りのあとの肉の分配の場面などで、おとなオスに歓迎されるようになる。

オスのチンパンジーは、ヒトの男性と同様、思春期に身体的変化を迎えるが、おとなとして行動しはじめるのはそのずっと後だ。オスは一〇歳になる前から精子をつくりはじめるが、妊娠可能なメスと交尾するようになるのは何年も先だ。思春期前期のオスは、年長のオスの目を盗んでおとなメスと交尾する。彼らはメスにへつらってコンソートに誘いだそうとさえするが、たいていは失敗に終わる。思春期後期になって、ようやくおとなオスに立ち向かえる体躯と体力を手に入れると、強要によってメスをコンソートに連れ出す。おとなオスは、目の前でわがままにふるまう思春期オスに対し、不寛容になっていく。思春期オスは、順位のヒエラルキーを上りはじめ、まずはおとなメスに挑戦する。思春期からおとなに足を踏み入れるころには、若いオスはすべてのメスを上回る社会的地位を獲得し、最低順位のオスへの挑戦を開始する。

老化と死

野生チンパンジーの繁殖能力がどのように衰えるかについてはすでに見てきた。メスの繁殖寿命は、ヒトのものとはまったく違った特徴を示す。メスのチンパンジーの生殖器官は、体のほかの部分とほぼ同じ速度で老化する。対照的に、ヒトの女性の生殖器官と受胎能力は、生涯の中盤で衰えるが、体の老化がはじまるのはその数十年後だ。そうはいっても、野生チンパンジーの老化についてはまだ不明点が多い。ヒトの加齢について重要な示唆を与えうる、比較加齢学的研究は、ほとんどが飼育下チンパンジーに限られている。フィールド研究中に死亡するほとんどのチンパンジーは、単にある日を境に姿を消し、二度と観察されない。死因がわかることはまれで、重傷を負ったり、目に見えて病気に苦しんでいる場合に限られる。飼育下のチンパンジーは、生涯にわたって栄養豊富な餌を食べ、採食の必要に迫られることもない。高栄養と不活発な生活のおかげで、動物園のチンパンジーは、どんなに健康な個体であっても「カウチポテト」になってしまう。また、飼育下個体は、飼育員、栄養士、獣医師、行動療法士の献身的なケアを受けている。捕食者に怯えることも、伝染病の脅威にさらされることもない。その結果、野生チンパンジーよりも急速に体を大きく成長させ、平均寿命がはるかに長い。

野生では、チンパンジーの出生時の平均余命はわずか一五~一九歳であることが、カニャワラ、ゴンベ、タイ、マハレ、ボッソウの死亡率研究からわかっている。けれども、性成熟まで生き延びた場合は、そこからさらに平均で一五~二四年は生きる。[24] こうした数値は、平均的な動物園の飼育下個体の生存率を大きく下回る。フィールド研究が始まったのは一九六〇年のことであり、五〇代なかばを超えた野生チンパンジーの年齢を正確に推定する方法はないし、これよりも継続期間の短いほとんどの研究については、最長寿命はわかっていない。それでも、野生チンパンジー

図 6.1 カニャワラのオスとメスにおける、出生後の年齢別生存確率（Muller and Wrangham 2014 より）

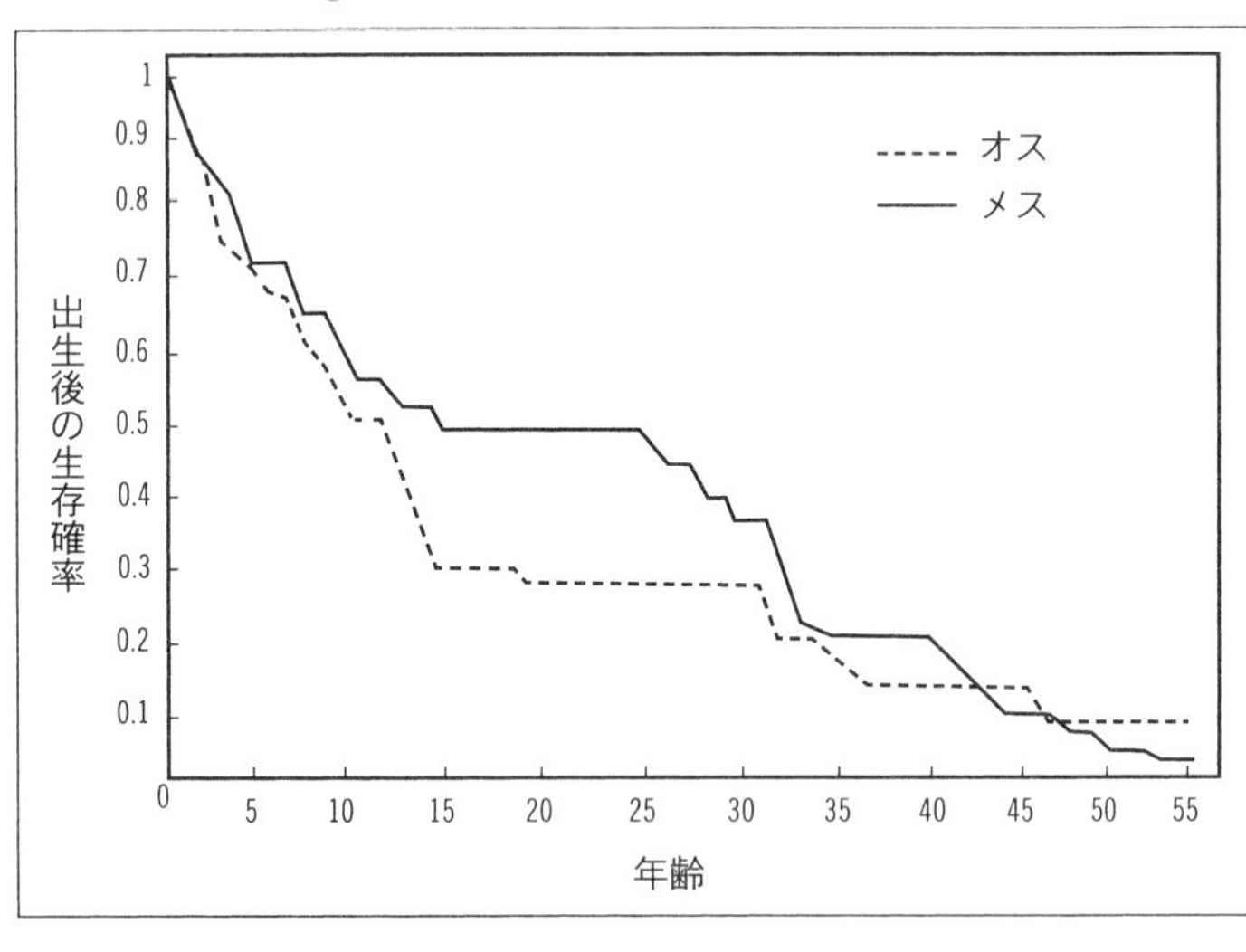

が確実に六〇代に達した例は知られていない（フィールド研究の開始が五七年前であるのも一因だ）。飼育下では、チンパンジーが六〇代なかばまで生きた例が知られていて（現在の最高齢は六六歳）、メスはその年齢の少し前まで繁殖可能だ。

平均余命と死亡率のデータは、数十年かけて収集して、ようやく意味のある結論を引き出すことができる。わたしたちは多くのヒト集団について、どれだけ長生きするか、どんなリスク要因が寿命に影響するかといった情報をもっている。チンパンジーに関するこうした情報は、つい最近まで手に入らなかった。かれらも長生きで、野生でのデータ収集が困難であったためだ。最近、マーティン・マラーとランガムが、カニャワラのチンパンジーの個体群動態を調査した。これに

図 6.2　チンパンジーと狩猟採集民における出生後の年齢別生存確率の比較（Muller and Wrangham 2014 より）

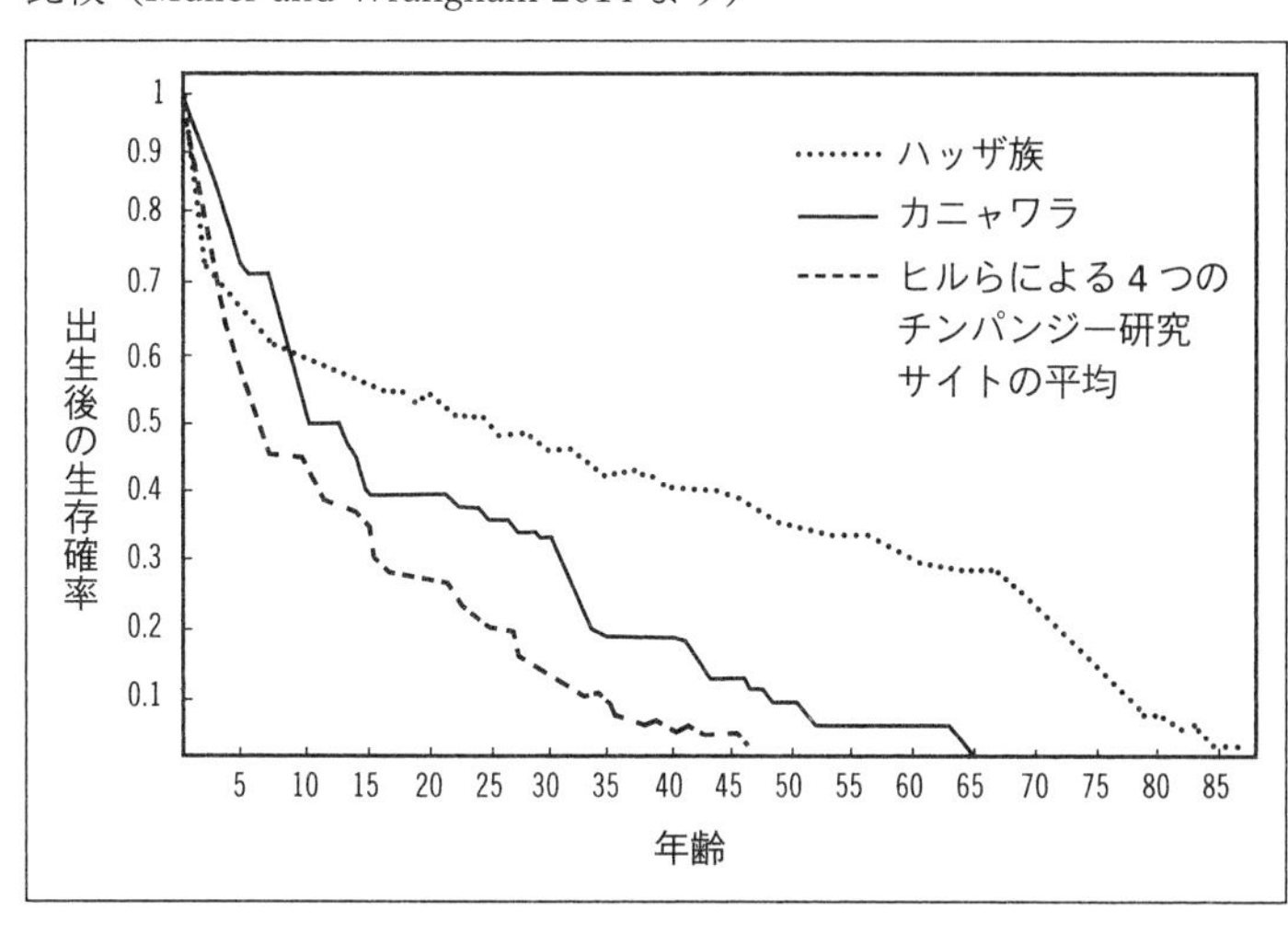

より、全体平均の死亡率は年四％未満で、他の野生チンパンジー個体群よりもはるかに低いものの、ヒトの狩猟採集民の数値の二倍に達することがわかった。出生時の平均余命は、メスがオスよりも四年半長かった（メスは二一・五歳、オスは一七歳）[25]。こうした特徴は、個体群間でばらつきが大きい。カニャワラからわずか一〇キロメートルしか離れていないンゴゴでは、カニャワラよりもはるかに死亡率が低く、動物園のチンパンジーに近いことが、イェール大学のブライアン・ウッドらの研究で明らかになった。ウッドらは、ンゴゴの森林は非常に生産性が高いため、他の研究サイトでの一般的な死因である、栄養失調、病気、ストレスによる死亡率が抑制されているのではないかと考えている[26]。

伝染病の流行は、野生チンパンジー個体

群で定期的に発生し、平均余命に強い影響を与える。判明している野生チンパンジーの死因のうち、もっとも多いのが疾病だ。その他の死因（事故、捕食、コミュニティ内およびコミュニティ間の闘争）は、個体群や研究期間による差が大きい。過去五〇年の間に、ゴンベのチンパンジーは、呼吸器感染症、重篤症状をもたらす内部寄生虫、ポリオ、疥癬、サル免疫不全ウイルス（SIV）の流行に見舞われた。エモリー大学のトーマス・ギレスピー、イリノイ大学ブルックフィールド校のカレン・テリオらは、ゴンベのチンパンジーにおける、線虫などさまざまな内部寄生虫感染を、無害なものも致死的なものも含めて調査し、一連の論文にまとめた[27]。マハレでは、二〇〇六年、インフルエンザに似た症状を示す病気がMグループに蔓延し、コミュニティの五分の一近くに相当する一二頭が死亡した。加えてさらに九頭が姿を消しており、これらの個体も伝染病の犠牲になった可能性がある。症状を示した個体はコミュニティの三分の一に達した。このケースは、一九九三年に発生し、Mグループのメンバー一一頭が死亡した伝染病流行に似ている。マハレの研究者は、病気の侵入経路は現地のヒト集団（研究者、旅行者、国立公園職員）であろうと考えている[28]。

西アフリカでは、タイのチンパンジーが炭疽菌とエボラウイルスの流行による個体数の激減を経験した。前者は森林の外の家畜から持ち込まれた可能性がある。エボラ熱は、どのヒト集団よりも、西アフリカと中央アフリカのチンパンジーとゴリラの個体群に、深刻な打撃を与えてきた可能性が高い。エボラウイルスの感染源はオオコウモリと考えられるが、二〇一七年の時点でまだ確証は得られていない。タイのメインの研究対象であるコミュニティは、一九九〇年代から二〇〇〇年代前半にかけ、長期的な個体数減少を経験し、八〇頭から二〇頭になった。この原因は密猟者と現地住民による殺害である。[29]

SIV流行の規模、歴史、影響については、現在研究が進められている。SIVは必ずしもAIDSのような致死的な合併症へと進行するわけではないが、感染個体は時にAIDSに似た症状を示し、野生チンパンジーの死亡率を上昇させる。これ以外にも、未同定のエマージングウイルスがチンパンジーの死因の一部を占めている。チンパンジーが存在しつづける限り、新たな病原体や健康問題も現れつづけるのは間違いない。マラーとランガムは、野生チンパンジーが現在直面する死亡リスクのほとんどは、新奇な要因であると考えている。興味深いことに、伝染病によってチンパンジーのコミュニティが大幅に縮小したケースはいくつも知られているものの、これらの個体数減少は比較的短期間にとどまる。[30] 数十年にわたって研究されているチンパンジーのコミュニティは、ほとんど例外なく、サイズが比較的安定している。例外として有名なのは、ゴンベのカハマ・コミュニティとマハレのKグループで、いずれも隣接コミュニティとの抗争によって消滅した。病気の流行など外的要因によって消滅したコミュニティは知られていない。チンパンジーが棲む森林のまわりの人口増加は、現地住民から類人猿への病気感染のリスクを増大させる。一方で、人口増加は、チンパンジーの捕食者の減少にもつながる。多くのチンパンジー長期研究サイトにおいて、ライオンやヒョウによる捕食は過去のものとなった。ヒトとチンパンジー個体群の接触機会の増加は、全体でみると、チンパンジーという種に確実に悪影響を及ぼしている。しかし、いったん人為要因が加わったあとの予期せぬ結果は、環境条件の変化から直接導き出されるものばかりではない。

野生チンパンジーが老衰で死ぬことはほとんどない。老化によって健康や活力が衰えだすと、ヒョウや感染症、病気の流行が、その個体の生涯に終止符を打つ。だが、野生チンパンジーが高齢まで生存するパターンは、ヒトの狩猟採集民のものとは異なる。ヒトはチンパンジーよりも三〇年も長生きするのだ。女性はこの三〇年の間、繁殖を終了した状態で生きる。ヒトに一般的にみられる病気のなかには、生涯の終盤に発症するものが少なくない。大多数のがんが代表例だが、チンパンジーががんになることはほとんどない。ヒトの女性と同じく、メスのチンパンジーはオスより長寿であり、平均余命の差は思春期に現れはじめる。どの年代をみても、チンパンジーの死亡率は、これまで研究対象となったどのヒト集団よりも高い。チンパンジーをヒトを説明するモデルとして考える一方で、わたしたちとチンパンジーを隔てる進化的断絶も、常に意識しておくべきだろう。

第七章　なぜ狩りをするのか

狩りには目よりも耳で気づくことが多い。

山道で列をなして、オスのチンパンジーのパーティの後ろを歩いているとしよう。ボーイスカウトのハイキングに同行している気分だ。すると突然、チンパンジーたちが静止する。こんなとき、かれらは足を踏み出す途中で、片足を後方に上げたまま止まる。凍りついたように立ち止まり、山道の上を覆う木々を見上げる。あなたには何も見えないし聞こえないが、チンパンジーたちは明らかに何かを察知している。やがて、頭上五〇メートルほどの位置から、枝葉の折れる音が聞こえる。神経質な甲高い声は、アカコロブスのアラームコールだ。かれらはチンパンジーの接近を見たか聞いたかして、集合し、パニックに陥っている。チンパンジーのオスたちは山道を駆け上がる。視線は樹冠に釘付けだ。後を追うと、大混乱の現場に遭遇する。チンパンジーのオスたちが、樹上でサルを襲っている。林床にいる他のチンパンジーたちは、頭上の展開を見守っている。狩りの中心は、たいてい一、二頭のオスだ。かれらの肉食欲求は、獲物に噛みつかれる恐怖などものともしない。そして他個体もかれらに続く。

　サルたちは包囲された。母親は幼子を抱え、おとなオスはチンパンジーとメスの間に立とうとする。だが、襲撃者の数と戦略を考えると、サルたちの何頭かが犠牲になるのは避けられない。オスのアカコロブスは、チンパンジーに果敢に反撃し、チンパンジーの数が少ないときなど、撃退に成功することも珍しくない。サルたちはチンパンジーのオスに飛びかかり、嚙みつく。反撃されてひるむチンパンジーもいれば、かまわず突進し、獲物を鷲掴みにするものもいる。チンパンジーは一度に複数、ときにはたくさんのサルを捕えることもある。

　狩りはしばしば混沌をきわめ、オスのチンパンジーがサルの死体を抱えて（またはくわえて）茂みから姿を現して、ようやく結果が判明することもある。狩りを見てぞっとするのは無理もないが、研究のためデータ収集をしていると、サルが迎えた悲惨な結末を恐れつつも、狩りに興奮を覚える。あるとき、わたしは高齢のおとなオスのプロフが、メスのコロブスを追って樹冠を駆け回るのを観察した。やがて彼女は逃走をあきらめ、震えて縮こまった。プロフは彼女に近づくと、その腹に手を伸ばした。怯えきった母親の体には、コロブスの幼子がしがみついていた。母親は疲れ切って戦うこともできず、まるでわが子をハンターに差し出すように見えた。プロフは小さなサルを奪い取ると、頭蓋骨をひと嚙みして殺し、去っていった。コロブスの母親は命拾いした。

　狩りは終わるのも突然で、その後チンパンジーたちは座って獲物を食べる。濃密な政治的駆け引きの幕開けだ。肉を占有するのは、たいてい一頭または少数のオスたちだ。かれらは、他の誰にも肉片が渡らないよう全力を尽くすこともある。そうかと思えば、物々交換がおこなわれることもある。オスは母親や兄弟には積極的に肉を分配するが、非血縁者には寛容ではない。ライバルの要求を公然と無視し、ごちそうにありつけずに苛立ったオスが、突進のディスプレイをすることもある。やがては誰もが落ち着いて、その後の数時間、コロブスの骨をかじったり、骨髄をすすったり、肉を咀嚼したりして過ごす。

このような光景は、アフリカ各地の森林でみられる。細部の違いは、コミュニティ間の狩りの戦略の違いによるものだ。狩りはチンパンジーに固有の文化的伝統のひとつだ。そのため、わたしたちは、チンパンジーの狩りと肉の分配のなかに、人間行動のルーツを求めるようになった。

一九六〇年、初めてゴンベを訪れてまだ数カ月のある朝、「ピーク」と名付けた丘の上のお気に入りの観察場所に座っていたジェーン・グドールは、眼下の谷で巻き起こる騒動の声に気づいた。一頭のチンパンジーが何かを手に持っていた。東アフリカでは珍しくない野生のブタ、カワイノシシのこどもだった。チンパンジーは母親について歩くこどもの一頭をさらったらしく、今まさに朝食にしていた。肉と一緒に、捕食者はちぎった葉も食べていた。グドールの観察記録は、わたしたちに一番近い種が、哺乳類の肉を食べることを示した最初の証拠だ[1]。

一九六〇年代前半、チンパンジーは菜食主義者だと考えられていたため、このような主張は異端扱いされた。懐疑派は当初、グドールの観察は単なる見間違いだと一蹴した。のちに、狩りと肉食が日常的な行動であることが明らかになると、批判者たちはグドールの存在がチンパンジー本来の行動を歪めたと非難した。他の多くの場所でも狩りが観察されてようやく、肉食がチンパンジーの生態の本質的な一側面であることが、科学界全体に認められた。

狩りをする類人猿

チンパンジーは熱心かつ頻繁に狩りをするが、決して肉食獣ではない。しかし、かつて考えられていたような植物食者でもない。チンパンジーは、わたしたちと同じく雑食性だが、かれらの食料のうち肉が占める割合は、ほとんどのヒト集団のそれよりも小さい。肉の消費量を正確に測定するのは難しい。チンパンジーに頼んで、食べる前に重さを計測させてもらうことはできないからだ。しかし、採食時間でみると、食料のうち肉が占める割合は、わずか一〜三％だ。

大型類人猿のなかで、明確に捕食者といえるのはチンパンジーだけだ（ただし、ボノボの肉食は過小評価されていると主張する研究者もいる）。チンパンジーが食べる獲物のリストは多様だが、とくに他種の霊長類が目を引く。これはおそらく、多くの森林において、日中に活動し、捕獲しやすい哺乳類がサルだからだろう。チンパンジーの視界に入る動物は、どれも獲物になりうる。ただし、すべての獲物が食料になるわけではない。わたしは以前、チンパンジーのパーティが、茂みの中でジャコウネコ（アライグマに似た小型肉食獣）のこどもたちを見つけた場面に出くわしたことがある。ジャコウネコの死体を手に入れた何頭かのオスのチンパンジーは、肩にかけたり、

表 7.1　アフリカ赤道付近で野生チンパンジーの捕食対象となった哺乳類の種一覧。対象をすべての脊椎動物まで広げると、少なくとも 40 種が食料となった。Stanford 1998; Wrangham and van Zinnicq-Riss 1990 のデータより。

和名	学名
霊長目	
アカコロブス	*Procolobus badius*
キングコロブス	*Colobus polykomos*
アヌビスヒヒ	*Papio anubis*
ブルーモンキー	*Cercopithecus mitis*
アカオザル	*C. ascanius*
ダイアナモンキー	*C. diana*
ロエストグエノン	*C. l'hoesti*
ホオジロマンガベイ	*Lophocebus albigena*
スーティマンガベイ	*Cercocebus atys*
ポットー	*Perodicticus potto*
ショウガラゴ	*Galago senegalensis*
サバンナモンキー	*Chlorocebus aethiops*
パタスモンキー	*Erythrocebus patas*
霊長目以外	
ブルーダイカー	*Cephalophus monticola*
ブッシュバック	*Tragelaphus scriptus*
カワイノシシ	*Potamochoerus larvatus*
シママングース	*Mungos mungo*

片手で引きずったりして、一日中持ち歩いた。あるオスは寝床にまで持ち込んだが、翌朝起きるとそこに放置していった。チンパンジーはジャコウネコを食料とみなさなかったが、それは食べられないからではない。なにしろ、わたしは東アフリカで、狩猟採集民の部族に、ジャコウネコをごちそうになったことがあるのだ。ジャコウネコには臭腺があり、その分泌物は香水の原料にもなるのだが、チンパンジーはそのせいでジャコウネコの肉を好まないのかもしれない。

グドールは、一九六〇年代前半から半ばにかけて、たくさんのチンパンジーの狩りを観察した。けれども、チンパンジーの肉食に焦点を当てた最初のフィールド研究をおこなったのは、当時ペンシルベニア州立大学の大学院生だったゲザ・テレキだ。一九六〇年代後半にゴンベで一年を過ごしたテレキは、チンパンジーによる捕食の試みを三〇回観察した。合計でアカコロブス四頭とヒヒの子一二頭が殺された。肉食と肉の分配に関する彼の記録は、発見されたばかりのこの行動に関する、もっとも詳細な証拠となった。[2] ただし、今振り返ると、テレキの研究結果は典型的なチンパンジーの肉食行動とはいえない。一九六〇年代、グドールは森の一画を開墾し、バナナを置いてチンパンジーをそこにおびき寄せ、至近距離で観察と撮影をおこなった。[3] この開墾地は、まもなくチンパンジーの活動拠点となった。

開墾地ができたことで、チンパンジーは新たなお気に入りの獲物を見つけた可能性が高い。チンパンジーが森林でもっとも頻繁に遭遇する哺乳類はヒヒであり、ヒヒのこどもが常に狩りの標的だったのは間違いないだろう。問題は、ヒヒの子はたいてい、大柄で恐ろしげな犬歯を備えたオスのヒヒに守られていることだ。チンパンジーの給餌場にはヒヒもやってきたため、突如として、チンパンジーのすぐ近くに、かつてないほど多くのヒヒとそのこどもたちが存在する状況が生じた。グドールがゴンベでの最初の一〇年間で観察した捕食の対象は、約四〇%がヒヒであり、一九六九年がヒヒ狩りのピークだった[4]。研究者たちが給餌場よりも森の中で長い時間を過ごすようになると、観察される主な捕食対象はアカコロブスになり、これは今も変わっていない。テレキの研究からわずか数年後、カート・バスがチンパンジーの狩猟パターンの研究をおこなったが、このとき観察されたのは、ほとんどが森の中でのアカコロブス狩りだった[5]。

とはいえ、テレキの研究は、チンパンジーの肉食に関する当時もっとも詳細な証拠となった。彼はチンパンジーの狩猟パーティの大きさと、狩りの成功率の間の関係を指摘した。また、死体がどこからどんな順序で食べられるかについて、詳しく記述しており、初期人類の肉食を研究する考古学者にとっても貴重な資料だ。また、殺しのあとの肉食の場面で、もっとも興味深く、示唆に富むと多くの研究者が考える現象も記録した。肉の分配が身内びいきや血縁度といった社会的要因に動機づけられたものだという考えを最初に提唱したのはテレキだ。彼は、チンパンジーの肉食をきわめて政治的な行動とみなし、狩りにおけるオスどうしの協力と、その後の肉の分配での身内びいきの動機に注目した[6]。

テレキが記録した少数の狩りのデータと、グドール自身が一九六〇年代におこなった観察が、その後のチンパンジーの狩猟行動に関するすべての研究の基礎を築いた。二〇年後、わたしが初めてゴンベで狩りを観察したときも、狩りと肉食に関するテレキの初期研究の内容が頭にあった。狩りの主要な動機はカロリーと栄養だ。しかし、チンパンジーの肉への執着は、肉が単なる栄養源にとどまらず、政治的ツールでもあることを示すと、テレキは見抜いていた。彼に先んじてグドールも述べているが、テレキはチンパンジーの狩りと肉食を、初期人類のそれの代用品とみなしていた。わたしたちが直接観察できるなかで、類人猿に似た人類の最初の祖先が植物食から雑食へと進化する光景に、もっとも近いものだったのだ。

数年後、西田利貞らがマハレ山塊で、狩りについてさらなる画期的発見をなしとげた。グドールの発見に懐疑的だった人々は、肉食は研究者の介入が原因の異常行動だと考えていた。けれども、西田らの観察により、狩りがチンパンジーの正常かつ日常的な行動であることが明らかになったのだ。[7]

チンパンジーのフィールド研究は、最初の一五年間、すべての観察が東アフリカの季節性乾燥林でおこなわれていた。一九七〇年代後半、スイス生まれの霊長類学者クリストフ・ボッシュが、コートジボワールのタイ国立公園に研究拠点を設立した。ゴンベ、マハレ、ブドンゴの乾燥した環境とはまったく異なる熱帯雨林で、ボッシュはそれまで記録されたことのない狩りのパターンを観察した。タイのチンパンジーは狩りの際、東アフリカの研究サイトではみられない、高度な協力をおこなう。また、ゴンベとは対照的に、タイのチンパンジーはこどもよりもおとなのサルを好んで狙う。また、他の研究サイトと比べ、メスのチンパンジーが狩りの際に重要な役割を担う。[8]

グドールの招待を受け、わたしが初めて大型類人猿を対象に、ゴンベでポスドク研究を始めたのはこのころだった。わたしはチンパンジーとアカコロブスの捕食者‐被食者関係に注目した。

表 7.2　チンパンジーの狩猟行動に特化したフィールド研究

研究者	期間	研究サイト	代表的な論文
ゲザ・テレキ	1968-1969	ゴンベ（タンザニア）	Teleki 1973
カート・バス	1973-1974	ゴンベ（タンザニア）	Busse 1977
クリストフ・ボッシュ *	1979-	タイ（コートジボワール）	Boesch and Boesch 1989
クレイグ・スタンフォード	1991-1995	ゴンベ（タンザニア）	Stanford 1998; Stanford et al. 1994a, 1994b
デヴィッド・ワッツ、ジョン・ミタニ *	1993-	ンゴゴ（ウガンダ）	Watts and Mitani 2002
イアン・ギルビー、リチャード・ランガム	1990-2003	カニャワラ（ウガンダ）	Gilby and Wrangham 2007
イアン・ギルビー	1999-2002	ゴンベ（タンザニア）	Gilby 2006; Gilby et al. 2010

* チンパンジーの行動に関する包括的研究のデータを含む。

二つのコロブス集団の全頭を個体識別して追跡することで、わたしはチンパンジーとアカコロブスの遭遇を一〇〇回以上観察し、うち六〇回で狩りがおこなわれた。この研究は、非ヒト霊長類の間の捕食‐被食関係の分析として、当時もっとも体系的なものだった。これにより、チンパンジーによる捕食が、被食者の個体群に重大な影響を与えうることがわかった。また、狩りの成功後の不公平な肉の分配には、社会的要因が強く作用していることも明らかになった。一九九〇年代にわたしの研究の最初の結果が発表されると、その後の論争が、研究全体に影を落とすことになった。その焦点は、捕食者としてのチンパンジーの行動と、捕食の脅威に対するアカコロブスの反応にあった。

これまでにチンパンジーの狩猟行動の研究がおこなわれたほぼすべての生息地において、もっとも頻繁に獲物となった種がアカコロブスだ（ウガンダ西部のブドンゴ森林保護区は例外で、ここにはアカコロブスが分布していない）。ゴンベでは、おとなのオスのアカコロブスが捕殺されることはほとんどないが、西のタイではかれらがもっとも頻繁に狙われる。アカコロブスのおとなのオスの体重は九キログラムに達する。獲物のサイズの最大記録は、体重約一二キログラムの若いブッシュバックだった。

一部の研究サイトでは、子猫ほどしかないアカコロブスの幼子が、オスのチンパンジーの主な獲物になっていた。わたしはゴンベで、チンパンジーがアカコロブスのおとなオスを殺したあと、死体をほったらかして次の獲物を追跡するところを見たことがある。コロブスの死体は林床に落下し、それまで狩りを傍観していた一頭のチンパンジーの食料となった。なぜハンターは、おとなの死体を放棄してまで、わずかな肉にしかならない幼子を追い求めるのだろう？　確かなことはいえないが、このことは、単純な栄養やカロリーへの欲求だけが狩りの動機ではないことを示唆している。一方で、タイ国立公園でおとなが獲物として選好されることは、狩猟戦略に地域差があることを示す興味深い例だ[9]。

チンパンジーは、サルを捕獲してから食べるまでに、殺すか、少なくとも動けなくする必要がある。時にチンパンジーは、逃れようともがくサルを、生きたままばらばらに引き裂く。おとなのコロブスを捕獲した場合、チンパンジーはふつう、木の大枝や地面の上でコロブスの体を引き裂いて、殺したり、致命傷を与える。幼子の場合は頭や首をひと噛みして殺す。チンパンジーの主な獲物は、多くのサイトでは一キログラムに満たない未成熟個体だが、殺す個体数が多いため、摂取するバイオマスの合計はかなりの値になる。わたしが算出したコロブスの推定重量に基づく計算では、カセケラ・コミュニティのチンパンジーは、年によっては合計五〇〇キログラム以上のコロブスを捕食した。他の獲物の重量も加算すると、捕食した脊椎動物のバイオマスは推定で合計七〇〇キログラムに達する[10]。雑食性の類人猿による日和見的な捕食としては信じがたい量かもしれないが、この値はリチャード・ランガムとエミリー・ヴァン・ジニック・ベルグマン＝リスが以前におこなった計算結果に符合する。かれらも一九七〇年代、ゴンベのカセケラ・コミュニティを対象に推定をおこない、年に四四一キログラムの肉を消費すると結論づけている[11]。

わたしはとりわけ、各個体が一日あたりに消費する肉の量に関心をもち、チンパンジーの食事における肉の重要性が実際どれほどのものなのかを推定したいと考えた。このような推定がチンパンジーを対象におこなわれたことはなかった。かれらがどれだけ肉を食べたかを、視覚的に推定するのは困難だったためだ。しかし、これが実現できれば、現在に至るまでほとんどわかっていない、類人猿に似た化石人類がおこなった肉食の特徴やパターンについての、貴重な手がかりにもなると考えた。ゴンベでは、狩りの最盛期である八月と九月における、おとなと思春期のチンパンジーの一日あたりの平均肉消費量（死体のどのパーツも食料になるため、実際には死体のバイオマスを代替指標とした）は、年によるが三二〜九七グラムの範囲で、平均は六五グラムだった。この量はファストフードのハンバーガーの肉よりずっと少なく、大量とは程遠いが、当時はみなチンパンジーの肉食はごくまれな現象だと考えていたため、画期的な発見となった。一部の狩猟採集社会で、もっとも獲物が少ない季節に消費される肉の量は、これとほとんど変わらない。[12]

先述のとおり、ゴンベでの狩りは季節性のパターンを示し、これは他のいくつかのサイトにもあてはまる。ただし、狩りのピークといっても顕著に増加するわけではなく、統計的に有意ではないこともある。狩りの季節性はマハレ山塊でもっとも顕著であり、ゴンベとタイではそれほどではない。狩りの頻度と狩りの成功率は、いずれも季節によって変化する。一九九〇年代に観察された狩りの平均成功率は、三六〜八四％の間だった。この変動は、パーティサイズや狩猟パーティの中のオスの数といった、社会的パラメータの影響によるものではないようだ。[13]

わたしたちはチンパンジーを、初期人類における肉食の起源を理解する手がかりと考えがちだが、両者には重要な違いがあり、比較には限界がある。チンパンジーがおとなのサルや若いアンテロープよりも大きな獲物を殺すところが観察されたことは一度もない。ブッシュバックなどの大型動物の新鮮な死体に遭遇し、一カ月分の狩りで得られるよりも多くの肉にありつけるような機会であっても、チンパンジーは死体を食料源とみなさないことが多い。チンパンジーが何らかの武器を利用して大型の獲物を倒した例は存在しない。かれらは角や牙でわが身を守る大型動物を殺せる手段を持ち合わせていないのだ。チンパンジーのフィールド研究の長い歴史のなかで、小型の獲物を捕獲する際に道具を使用するところが初めて観察されたのも、ごく最近のことだ。二〇〇七年以降、ジル・プルエッツらは、チンパンジーが道具を補助的に使って肉を調達するところを記録してきた。セネガル南東部のフォンゴリで彼女が観察するチンパンジーたちは、枝を棍棒として使い、ガラゴ（ブッシュベイビー）に怪我を負わせ、昼間の寝床である樹洞から引きずり出す。このような肉食は、狩りというよりも、摘出採食と呼ぶべきかもしれない。特筆すべきは、フォンゴリではどの研究サイトよりもメスの狩りへの参加率が高いことだ。これは近年おこなわれたチンパンジーの行動観察のなかで、もっとも興味深い結果のひとつだ。[14]

獲物の追跡にあたり、チンパンジーが計画や戦術決定をおこなっていると考えられるのは、サルを標的にしているときだけだ。チンパンジーが肉を使っていかに他者の行動を操作するかを検討することで、ライオンやオオカミなどの社会性肉食獣にはみられない、ヒトの知性のルーツが見えてくるかもしれない。

ライオンやオオカミは、チンパンジーよりもはるかに強力な武器を備えているが、チンパンジーの狩りはこれらの種のものよりも効率的だ。地域によっては、成功率は八〇％を上回り、これほどの数字に匹敵する社会性肉食獣はリカオンだけだ。高い成功率は、チンパンジーの狩りが集団

表7.3　チンパンジーとその他の社会性肉食獣の捕食効率の比較

種	狩りの成功率	文　献
チンパンジー	54–82	Stanford 1998; Watts and Mitani 2002
ハイイロオオカミ	15–64	Mech et al. 2001; Sand et al. 2006
ライオン	14–46	Funston, Mills, and Biggs 2001
チーター	11–23	Mills, Broomhall, and du Toit 2004
ブチハイエナ	33	Holekamp et al. 1997
リカオン	80	Fanshawe and Fitzgibbon 1993

でおこなわれることに起因する。狩猟パーティの個体数が多いほど、狩りの成功率が上がるのだ。また、ライオンやオオカミをはじめ、ほとんどの大型社会性捕食者は肉食性だ。かれらは日々、どこで獲物を見つけ、どうやって捕獲するかを決定する。これに対し、チンパンジーは雑食性であり、肉は大好物であるものの、割合にすれば食事量のごく一部にすぎない。チンパンジーが下す日々の決定は、果実探しをやめて狩りをするかどうか、するとしたらいつか、というものだ。

多くのチンパンジー個体群において、狩りには季節性がある。これはじつに興味深いことで、というのも初期人類も、一年の決まった時期により多くの肉を食べていた証拠があるのだ。三〇〇万年前、タンザニアのオルドバイ峡谷に棲んでいた初期ヒト族は、乾季に集中して肉食をおこなった[15]。同じことが、オルドバイからわずか数百キロメートルしか離れていないゴンベにもいえる。ゴンベでは、狩りのピークは七月から一〇月にかけての長い方の乾季だ。ただし、乾季は葉が落ちてチンパンジーを観察しやすくなるため、観測が偏っている可能性は否めない。ゴンベの狩りの頻度は、雨季のピークである四、五月にもっとも低くなる[16]。

狩りの頻度の季節変動に加えて、チンパンジーは短期間に集中的に狩りをすることが多い。グドールは一九六〇年代にこれに気づき、「熱狂的狩猟」と呼んだが、その原因は不明だった。数週間にわたる散発的にしか狩りをしない期間のあと、チンパンジーは突然、遭遇するすべてのコロブスの群れを襲うようになり、時には連日殺しがおこなわれる。このような集中的な狩り期間の存在は、明らかに、チンパンジーがコロブスと出会う頻度に影響される。わたしの研究で、ゴンベのチンパンジーはコロブスに遭遇した際、三回に二回は狩りを実行した[17]。一方、ウガンダのキバレ国立公園のンゴゴ・コミュニティでは、三回の遭遇に一回しか狩りがおこなわれなかった[18]。すべての遭遇が狩りに発展しないのはなぜだろう? 狩りをするかどうかの判断は、少なくともゴンベとキバレにおいては、採食パーティ内のオスの数と、狩りの参加個体の影響を強く受けている。意欲的で高い能力をもつ一部のオスが、狩りを開始する触媒の役割を果たし、さほど乗り気ではないその他の個体は、コロブスのオスの反撃に容易にひるむ。わたしのゴンベでの研究と、その後におこなわれたアリゾナ州立大学のイアン・ギルビーらによるカニャワラ・コミュニティのデータの分析により、触媒となるオスが死亡すると、狩りの頻度が低下することがわかった[19]。

チンパンジーの武器は手だけだが、協力により、狩猟パーティは時に一度の狩りでたくさんのサルを殺すことに成功する。ほとんどの狩りは成功しても獲物は一頭だけだが、時には複数の獲物を仕留めることもある。わたし自身の研究では、一度の狩りで最高七頭が殺されたが、別の研究拠点では一二頭という例もある。中心的な狩場に生息するアカコロブスの群れはたいてい二五〜四〇頭からなるため、チンパンジーは一度の狩りで群れに大打撃を与えることができる。ンゴゴでの研究でも、同様の結果が得られた。デヴィッド・ワッツとジョン・ミタニは、チンパンジーの狩猟圧は、コロブスの長期的な個体数減少を引き起こしうるほど強いと主張する。[20]チンパンジーは、食性のごく一部として肉を食べるにすぎないが、それでも好みの獲物に深刻な影響を及ぼす可能性があるのだ。

狩猟行動には明確な性差がある。オスは共同狩猟に加わりがちで、メスはしばしば幼子を抱えていて、こどもがコロブスに噛まれては一大事だ。一九九〇年代前半、わたしが狩りの研究のための出発準備をしていたとき、グドールはメスに注目するようアドバイスをくれた。メスの役割が過小評価されていると、彼女は思っていたのだ。ゴンベに向かうわたしは、これまでの記録を上回る、メスの狩りへの参加が観察できるだろうと期待していた。メスのチンパンジーを追跡するのは簡単なことではない。もちろん、オスを追うのも大変で、急峻な地形をすばやく移動しなければならない。一方で、メスは静かで単独性傾向が強い。単独メスは研究者の観察の目を逃れがちで、いったん視界から消えてしまうと、にぎやかなオスのパーティよりも探すのは難しい。

ところが実際には、メスによる狩りはわたしの予想よりさらに少なかった。ゴンベでのわたしの研究中、獲物の約九〇%をオスが狩った。この値には地域差があり、マハレでは約八〇%、タイでは約七〇%だが、狩りが主としてオスの行動であることは明らかだ。[21]ンゴゴでは、おとなオスと思春期オスがすべての獲物の九〇%以上を狩った。[22]さらに、食事における肉の重要性はオスとメスの間で大きく異なり、ケント大学のジェラルディン・フェイらの研究によると、タイのチンパンジーのオスの体毛や骨には肉食の生化学的痕跡が残るのに対し、メスにはみられない。[23]オスにとって肉は、単なる補助的栄養源ではない。かれらは肉を政治的駆け引きの通貨として利用する。メスもオスと同じくらい肉を求めるし、繁殖の代謝コストを考えればそれもうなづける。だが、チンパンジーはメスどうしで協力するのが下手だ。そのため、狩りの際はたいてい単独か、せいぜい二、三頭のグループであり、狩りの成功率を高めることができない。

殺しのあと、メスはしばしばオスに肉片をねだる。もしメスが高順位で、肉を持っているオスと同盟関係もしくは血縁関係にあれば、肉片をもらえる確率は高い。メスが若く、子なしで、配偶相手として適切である場合も、肉片をもらえるだろう。通常、メスが肉を食べられるかどうかは、死体をコントロールするオスの判断にゆだねられる。だからといって、メスが肉食に関してまったく影響力をもたないわけではない。メスの繁殖周期は、オスの狩猟行動に、間接的ながら強い影響を与える可能性がある。

チンパンジーの採食パーティが、朝起きたときすでに獲物を見つける気でいるのかについては、議論が続いている。ほとんどのチンパンジー研究者は、狩猟パーティは結局のところ、果実を探す採食パーティがたまたま獲物に遭遇したものだと考えている。こうした行動は、社会性肉食獣の典型からは外れている。かれらは毎日、起きたとたんに肉を探し求め、それ以外のことはほとんど頭にない。ほとんどの伝統社会の狩猟民も、肉の獲得をその日のプランに組み込み、探索の途中で植物性の食料などを採集する。タンザニアの狩猟採集民ハッザ族と一緒に一日を過ごしたとき、わたしが経験したのも、まさにこの慣習だった。明け方から午後遅くまで、四人の男性からなる採食パーティは、歩きか小走りで灌木草原を移動しつづけた。かれらは鳥の卵とひなを見つけ、無造作にポケットに入れた。また、時々立ち止まっては植物の採集もおこなった。けれども、メインの獲物はあくまで肉だった。ようやく一頭のジャコウネコを見つけて殺したことで、かれらはその日の収穫を上々と判断した。チンパンジーは事実上、これと真逆のことをしている。主に果実や葉を食べて一日を過ごし、その中でたまたまサルや他の哺乳類に遭遇すると、時としてこれらを狩るのだ。

一部の研究者は、チンパンジーがアカコロブスを発見する意図をもって一日の行動を開始していることを示す、確かな証拠があると考えている。タイのチンパンジーは、遠くのサルの鳴き声を聞くと、森の中を遠回りして接近すると、ボッシュは主張する。コロブスとの遭遇の多くは、偶然ではなく意図的なものだと、彼は考えている。しかし、チンパンジーは森林の中のコロブスがよく訪れる一画に惹きつけられているのであって、コロブスの発見については間接的な意図をもっているにすぎないと考えた方が妥当だろう。チンパンジーたちがサルを捜索しているわけではないとしても、獲物に頻繁に遭遇するエリアは把握しているはずだ。おそらく、個々のチンパンジーは、狩りの成功時の（まちがいなく楽しい）記憶をもっていて、その狩りがおこなわれた一画に入ったときに思い出すのだろう。

死肉食、すなわちすでに死んでいる動物の肉の摂取は、ときにチンパンジーの食料源となる。チンパンジーは、死肉食をすることもあれば、発見した死体を素通りすることもある。ワッツの推定では、ンゴゴのチンパンジーは三〜四カ月に一度は死体に遭遇するが、観察できた死肉食は一一年間でわずか四回にすぎない[24]。わたしは以前、チンパンジーの狩猟パーティが殺して食べなかった一頭のアカコロブスの死体をキャンプに持ち帰った。そのとき一緒に殺された四頭の同じ群れのコロブスは食料になった。わたしはその死体を、開墾地のバナナ給餌場に置いて、チンパンジーがやってくるのを待った。予想では、メスはオスよりも積極的に死肉食をするはずだった。オスはみずから狩りができるためだ。このちょっとした実験の結果は一時間で判明した。最初に現れた個体は子連れの母親で、彼女は死体をいそいそと樹上へ運び、こどもと肉を分けあって食べた。

死肉食が明らかに合理的に思える場面でも、必ずしもおこなわれるわけではない。一九八八年のゴンベでの一例を見てみよう。チンパンジーの採食パーティが、殺されたばかりのブッシュバックの死体に出くわした。ブッシュバックの腹腔からは内臓がなくなっていた。おそらくヒョウの仕業だろう。チンパンジーたちは、みなおおいに興味をひかれ、死体から肉片を少しちぎって食べた。けれども、四〇キログラムもあるこの死体からは大量のたんぱく質と脂肪が摂取できるにもかかわらず、かれらはむしろ死体をおもちゃにしていた。一頭は空っぽになった胸郭にもぐりこみ、死体の腹腔のなかで転げ回って遊んだ。二時間後、パーティは興味を失い、その場を後にした。どの個体も、死体の肉をせいぜいほんのひとつまみ食べただけだった[25]。

死肉食はチンパンジーの主要な研究拠点すべてで報告されているが、どの場所でも一般的な行動ではない。チンパンジーには死体の肉を忌避する傾向があり、おそらく間違って腐敗した肉や細菌を取り込むことを避けるためだろう。あるいはこれも、かれらにとって肉食が、狩りの社会的・政治的側面であり、単なる栄養やカロリーの摂取ではないことの証拠なのかもしれない。もし肉食が単なる栄養摂取であるなら、死体の肉はメインディッシュになるはずだ。ライオン、オオカミ、ハイエナなど、ほとんどの社会性肉食獣では、実際にそうなのだから。

なぜチンパンジーは狩りをするのか?

チンパンジーが狩りをする理由は自明に思える。肉にはカロリー、たんぱく質、動物性脂肪、必須アミノ酸が含まれる。だが、ことはそう単純ではない。カロリー面での肉の重要性を推定するのは難しいが、採食時間ベースでみると、食料の一〜三%を占めるにすぎない。少なくともひとつの長期研究(ブドンゴ)において、チンパンジーは実質的にまったくといっていいほど肉を食べなかったにもかかわらず、栄養面でなんら問題を抱えることはなかった[26]。

チンパンジーの狩りがカロリーや栄養以外の要因に動機づけられているという考えに反論する研究者もいるが、チンパンジー社会において、肉が栄養だけにとどまらない意味をもつことについては、おおむね合意が得られている。この結論は、狩りやその後の行動パターンが、純粋にエネルギー獲得が目的だと仮定すると説明がつかないことに基づいている。最近の研究で、哺乳類の肉とその他の動物性食料の価値の比較がおこなわれた。英国のバーミンガム大学のクラウディオ・テニーらは、哺乳類の肉の栄養価と昆虫のたんぱく質を比較した。いずれも、オスのチンパンジーが特定の季節に時間と労力をかけて探し求める食料だ。テニーらは、チンパンジーがどんな栄養を得るために肉を求めるのかは不明であるものの、哺乳類の肉と昆虫由来のたんぱく質は相補的関係にあると結論づけた。哺乳類を狙った狩りは、時間がかかり、量的にはわずかな見返りしか得られないものの、必須アミノ酸の獲得という形で割にあっているのかもしれない[27]。

チンパンジーが肉を重視する、栄養価以外の理由があったとしても、当然ながら、肉の価値は本質的にはこうした栄養価に起因し、それが社会的交換のツールとして重宝されるということだ。では、チンパンジーは実際、肉から何を得ているのだろう？　以下に主な候補をみていこう。

カロリー：チンパンジーの日常生活は、熟した果実の探索に支配されている。熟した果実を見つけるには、毎日数キロメートルを歩かなくてはならず、そこで燃焼した分を上回るカロリーを摂取する必要がある。チンパンジーの食料の栄養・カロリー評価がいくつかの個体群でおこなわれているが、チンパンジーがエネルギー欠乏をどう回避しているのかについては、概してよくわかっていない。肉は見つかるかどうかが予測不能で、毎日得られるものではないため、カロリー源として理想的ではない。ということは、チンパンジーは植物から得られるカロリーを補うために狩りをするのだろうか？　この仮説は、マハレ山塊国立公園の研究者たちが最初に提唱し、他の食料が不足する乾季により頻繁に狩りをするだろうと予測した[28]。この仮説の問題点は、マハレで乾季に食料不足が生じる決定的証拠がないことだ。多くの木々は乾季に葉を落とすが、一部は同じ時期に結実する。食料の入手可能性とカロリー含有量を調査した量的研究が存在しないため、狩りと他の食料の不足を結びつける考えは、憶測の域を出ない。

マーティン・マラーは、カニャワラでの研究で、より具体的な結びつきを指摘した。彼は食料不足と栄養ストレスの間接指標として、野生チンパンジーの尿中ケトン量を利用した。体に蓄積された脂肪が枯渇すると、脂肪分子は脂肪酸に分解される。体はブドウ糖のかわりにこの脂肪酸を利用し、ケトンが生成される。マラーの仮説では、食料が少ないとき、チンパンジーはエネルギーストレスに陥り、脂肪を燃焼しはじめる。ケトン生成と呼ばれるプロセスだ。チンパンジーの尿サンプル中のケトンは、このエネルギーストレスの証拠になるはずだ。マラーは、尿中ケトン量から判断して、チンパンジーは特定の季節に明らかに食料不足に陥っていることを示した。しかし、季節的なエネルギー不足と狩りの頻度との間には関連がみられなかった[29]。

狩りによって植物性食料の不足を補うという考えには不都合なことに、一部の研究者は、チンパンジーは植物性食料が豊富な時期により頻繁に狩りをすると主張している。ワッツとミタニは、ンゴゴのチンパンジーが果実の豊富な時期により多く肉を食べることを示した[30]。ンゴゴにほど近いカニャワラでおこなわれたギルビーとランガムの研究でも、狩りと関係するのは果実不足よりむしろ果実の豊富な時期だった。カニャワラのチンパンジーが他の食料が豊富な時期に狩りをするのは、失敗してエネルギーを浪費するリスクをとるだけの余裕があるからだと考えられる[31]。ンゴゴでは、果実が大量に手に入る時期は、チンパンジーのパーティサイズが最大になる時期でもあり、一九九〇年代に発表したわたしの研究結果では、一般にパーティサイズが大きいほど狩りが頻繁におこなわれ、成功率も高くなる。

たんぱく質：チンパンジーは、単にエネルギーを（カロリーという形で）獲得するためではなく、特定の重要栄養素を摂取するために、狩りをするのかもしれない。もしそうなら、栄養素の第一候補はたんぱく質だ。肉食、雑食、植物食に関係なく、ほぼすべての動物の「欲しいものリスト」の筆頭にあがる主要栄養素がたんぱく質だ。肉にたんぱく質が豊富に含まれるのはいうまでもないが、熱帯林では、植物性食料にもたんぱく質が含まれる。ランガムとナンシー・コンクリン＝ブリテンらの研究によれば、カニャワラのチンパンジーの食料はたんぱく質豊富で、それらは果実と葉、それに少量の肉に由来する。[32] したがって、少なくともカニャワラにおいては、たんぱく質が個体であっても十分に多かった。したがって、たんぱく質の摂取量は、肉をほとんど食べないメスや若年個体であっても十分に多かった。

脂質：たんぱく質と違って、熱帯林で脂質を手に入れるのは難しい。とりわけ飽和脂肪酸を含む植物はごくわずかしかない。しかし、哺乳類の死体には、必須アミノ酸とともに、脂質がたっぷり含まれている。脂質が狩りの主目的かどうかを検証するための簡単な方法がある。チンパンジーは、獲物を殺したあと、サルの死体のなかで脂質に富む部分を先に食べるだろうか？　死体のなかでもっとも脂質豊富な部分は脳と骨髄だ。両者は、死体のパーツを食べる順番のなかで、どこに位置するのだろう？　答えは調査地によって違う。ゴンベでは、サルを殺したチンパンジーは、ほとんど例外なく最初に脳を食べる。獲物が小さなサルなら頭蓋骨ごと噛み砕き、大きければ脳を吸い出す。西アフリカのタイでは、脳よりも骨髄が好まれ、死体のどの部分よりも先に骨髄をほじくり出して食べる。どちらの調査地でも、死体のなかの脂質豊富な部分が好まれる。[33] したがって、ゴンベとタイの研究によれば、獲物に含まれる高価値の栄養素は脂質ということになる。けれども、他の研究サイトも含めると、脳と骨髄は必ずしも最初に食べられるわけではない。

脂質摂取と狩りに関して、もうひとつ興味深い事実がある。飽和脂肪酸は、ゴンベに大量に存在するある植物性食料にも含まれるのだ。その植物とはアブラヤシだ。はるか昔に西アフリカから持ち込まれたアブラヤシは、農園で栽培され、収穫された果実は調理油に加工される。ゴンベの一部には、森林内に集落が点在していた頃からあるアブラヤシが豊富に群生する。アブラヤシの実はゴンベのチンパンジーにとって最重要食料のひとつであり、一年を通じて利用される。また、同重量に含まれる脂質の量は、やせたサルの肉を上回る。そして、コロブスと違い、アブラヤシの木は簡単に見つかるし、逃げることも、反撃することもない。それなのに、なぜチンパンジーは、季節を問わず、日がな一日、ヤシの木に腰掛けて脂っこい果実を食べつづけるのではなく、高リスクで予測不能な狩りに興じるのだろう？　これもまた、単純な栄養要因だけが狩りの動機ではないことを示す証拠だ。

微量元素：チンパンジーの食料に含まれる微量元素の重要性を検証することは不可能だが、憶測をめぐらせるのは面白い。わたしはあるとき学会で、近寄ってきたかくしゃくとした高齢のオーストラリア人男性から、たった一言、「塩だよ」と言われたことがある。まるで映画『卒業』の冒頭で、パーティ招待客が若きダスティン・ホフマンに「プラスチック」とだけアドバイスする、あのシーンのようだった。あとでわかったのだが、そのオーストラリア人男性は、ヒトの食事に含まれる塩の生理学の世界的権威だった。死体は塩の供給源として申し分なく、また植物中心の食事から塩を得るのは難しい。だから、チンパンジーの肉への渇望の理由として、塩を考慮すべきだと、彼は言っていたのだ。わたしは返事に困り、実験室で実験できない野生動物の食料から、ひとつの成分だけを他のすべてと独立に調べるのは難しいと説明して、お茶を濁した。

同じように、チンパンジーがコロブスを食べるのは、ビタミンBの摂取のためだという説もある。ビタミンB群の一部には、植物から得られないものがあるのだが、一部の植物食哺乳類の消化管内容物を食べることで、これらを摂取できる。コロブスは反芻動物に似た特殊な消化器系をもつ、ビタミンBが豊富な哺乳類の一例だ。チンパンジーがわざわざ時間と労力をかけ、怪我のリスクを負ってまで、ビタミンを摂取したがるとはわたしには思えないが、この仮説を検証するのは簡単だ。コロブスを捕獲したあと、胃や腸を最初に食べるかどうかを確かめればいい。実際には、消化管とその内容物が食べられるのは、たいてい一番最後だ。わたしは、チンパンジーが腸の内容物を、歯磨きペーストを容器から絞り出すようにして食べるところを見たことがある。だがそれも、好物のパーツをすべて食べ終わったあとの行動だった。そういうわけで、死体のパーツを食べる順番から考えると、ビタミンBがチンパンジーの狩りの動機として重要であることを示す証拠はほとんどない。

これ以外の微量元素も興味深い可能性ではあるが、塩と同じく推測の域を出ない。銅や亜鉛といった微量金属も動物の死体に含まれるが、それが狩りの最大の理由になるかというと、かなり怪しい。この仮説は、先述のテニーらの研究により、それなりに支持を得ている。テニーらは、チンパンジーは狩りにおいて、カロリーや主要栄養素の摂取量を最大化するのではなく、少量であっても肉が手に入る確率を最大化しており、これは微量栄養素の摂取のためであると主張した。[34]共同狩猟や集団狩猟により、各個体がわずかでも肉を得られる確率が増加するとしたら、チンパンジーがわずかな見返りのために、何時間もかけて狩りをしたり、肉を要求したりすることの説明がつくかもしれない。

狩りに栄養以外の要因はあるのか？

チンパンジーの狩りが初めて観察されて以来、多くの霊長類学者たちは、肉食には明らかな栄養面での利益以外に、社会的機能も存在すると考えてきた。肉の分配の場面を何度も観察したテレキは、このことに確信をもっていた。彼は、ハンターの社会的地位が肉の分配パターンに強い影響を与えることを指摘した。テレキらは、チンパンジー社会の網の目は、オオカミやライオンといった脳の小さい社会性肉食獣のものよりも複雑だと主張した[35]。そのため、社会における優劣や権力と肉の関係も、より複雑だ。

狩りは単にエネルギー獲得だけのためにおこなわれると主張する研究者もいる。ギルビーらは、ゴンベでの研究で、オスのチンパンジーが戦略的な肉の分配のために狩りをしていることを示す十分な証拠を得られなかった[36]。この結果は、狩りと肉の分配に関するその他の研究とは対照的だ。ンゴゴでは、ワッツとミタニの研究により、オスのチンパンジーは特定の他のオスと好んで肉を分け合うことがわかった。オスどうしの絆と、順位の上昇のための優位個体への機嫌取りが、肉を獲得する主要な動機となっていた。ワッツとミタニは、わたしと同じく、狩りをたったひとつの単純な要因で説明することはできず、社会的要因を排除した栄養・エネルギー面のみからの説明では不十分だと結論づけた[37]。

チンパンジーは学習され文化的に伝達される行動をおこなう。グルーミングの姿勢や、社会的地位に関連するちょっとした象徴的ジェスチャーに加えて、肉の分配もこれにあたる。個体の役割もきわめて重要だ。一九九〇年代から二〇〇〇年代のゴンベで、もっとも重要かつ狩りへの参加率の高かった個体がフロドだった。ギルビーらの肉の分配に関する研究で、フロドは分配エピソードの半分以上に関わっていた。論文著者らは、全体の結果を歪めるおそれがあると考え、フロドを分析から除外することを選んだ[38]。しかし、積極的なハンターが狩りの触媒として重要な役割を担っていることを考えると、この判断は不可解だ。大型類人猿が他のヒト以外の動物と違う点は、個体の生活史や個性がきわめて重要であるという、まさにそこなのだ。オオカミやライオンの社会にも、優位個体はたしかに存在するだろう。しかし、ゴンベにおける狩猟の生態学にフロドが果たした触媒的な役割は、彼が高順位の家系に属していたことと無関係ではなく、彼こそがこのコミュニティにおける狩猟行動の理解の鍵なのだ。

わたしは長年ゴンベでチンパンジーの捕食行動の研究を続け、共同研究者とともに一連の論文を発表した。そのなかで、わたしたちは狩りに影響を与える多数の要因を提示した。これらの要因は相互排他的ではなく、狩りという興味深い行動の複雑さを示している。

森林構造：チンパンジーは、倒木や樹高の低い樹種によって樹冠が分断された森林の一画でより熱心に狩りをし、成功率も高い。コロブスにとって、こうした場所は明らかに、逃走や効果的な防御がしにくいはずだ。ゴンベで乾季により頻繁に狩りがおこなわれるのも、落葉によって視界が開けるからかもしれない。森林構造は、狩りの成功の至近要因ではあるが、狩りのモチベーションを高めるわけではない。

獲物の防御戦略：チンパンジーの狩りに関するほぼすべての研究は、捕食者側に注目したものだ。狩りが獲物となる種の個体群動態に与える影響については、ほとんど研究がおこなわれていない。わたしはゴンベに着いた当初、チンパンジーよりもアカコロブスの観察に時間を費やす予定だった。獲物の側の視点から、狩りの成功と失敗を分ける要因を解明したかったからだ。わたしは、アカコロブスの群れにオスが多いほど、チンパンジーが獲物を捕獲できる可能性は下がることを示した。ただし、オスたちによる防御にも限界はある。チンパンジーが五頭以上で狩りをする場合、犠牲を最小限にするためにオスのコロブスにできることはほとんどなく、たいてい少なくとも一頭は殺される。

オスのチンパンジーの集団構成：狩りのパターンは、狩猟パーティの構成の変化に伴い変化する。若いオスのチンパンジーが成長し、高齢のハンターが死亡する。積極的で怖いもの知らずのオスもいれば、慎重派もいる。ある世代では五、六頭のオスが一貫して一緒に狩りをしていたのが、次の世代では八頭、一〇頭になっているかもしれない。狩猟パーティ内のオスの数は狩りの成功に大きな影響を与えるため、もし現在がベビーブームでオスが相次いで誕生しているなら、一五年後にかれらが成長したときの狩りのパターンは、今とはまったく異なるだろう。ワッツとミタニは、オスどうしの絆が狩りの頻度と強く結びついていることを示した。かれらは、狩りの欲求の裏には、仲間のオスと肉を分け合いたいというオスの（おそらく政治的な）動機があると主張する。[39]

狩猟パーティのオスの数：狩りの頻度と成功率を決定的に左右するのは、狩猟パーティ内のオスの数だ。ゴンベでは、五頭以上のオスを含む狩猟パーティは、コロブスのオスによる防御のための反撃を圧倒する。頭数の多い狩猟パーティの成功率が高いなら、パーティサイズを大きくする要因は、狩りを促進するはずだ。パーティサイズに影響する主要因は二つある。果実の入手可能性と、性皮腫脹中のメスの存在だ。ゴンベでは、性皮腫脹中のメスの存在が、多数のオスが狩りに参加することと関連する、もっとも重要な要因だった。これはおそらく間接効果だろう。オスたちは性皮腫脹中のメスの周囲に集まるため、この数日間はしばしば大きなパーティが形成される。大きなパーティは獲物に遭遇すると狩りを開始する傾向にあり、参加するオスが多いため、かれらの狩りの成功率は高い。つまり、メスのチンパンジーの繁殖サイクルは、間接的に狩りのパターンに影響を与え、ひいてはコロブスの個体群動態にも影響を与える。[40] このパターンは一九九〇年代にゴンベで観察された。ただし、わたしの一〇年後に、期間の重複するデータを分析したギルビーらは、同様の結果を得られなかった。[41] 特定のオスたちが成長して狩りの腕前をあげ、別のオスたちが高齢化し死亡するのに伴い、狩りの頻度は変動した。同じことがメスにもいえる。メスのなかには、オスに圧倒的人気を誇り、彼女らを取り巻く大きなパーティが形成される個体もいれば、性皮腫脹中でさえほとんど無視される個体もいる。

ヒトのハンターと同じように、協力して狩りをおこなえば成功率は上がるだろうと、わたししたちは考えがちだ。しかし、協力を定量化するのは非常に難しい。チンパンジーにインタビューをして、隠れた動機を探ることはできないからだ。かわりに研究者たちは、統計的検定によって協力を示唆する証拠を探す。狩猟パーティのサイズが大きくなるほど、獲物一頭を仕留めた場合の個体あたりの肉の獲得量は減少するはずだ。狩猟パーティが大きいほど各個体の肉の獲得量が多いなら、協力がおこなわれていると考えられる。逆に、パーティサイズの増加とともに個体あたりの肉の消費量が減少するなら、協力の欠如を示唆する結果といえる。

だが、協力行動の解釈は一筋縄ではいかない。一緒に行動するハンターの数が増えることで、個体あたりの肉の量が増えれば、協力が示唆される。この基準は、ライオンやオオカミなど、他の社会性肉食獣の研究にも適用されている。わたしの推定では、狩猟パーティが大きいほど、個体あたりの肉の消費量は増える。けれども、わたしは共同狩猟と呼べそうなものを実際に見たことはないし、ゴンベで狩りの研究をしたわたし以外の霊長類学者も、誰ひとり目にしていない。タイでは、ボッシュが、コロブスの捕獲には協力が不可欠であり、逃げ道を塞ぐブロッカーとアタッカーなど、狩りにおける役割分担があるとまで主張している[42]。

肉の分配の政治的・社会的側面：チンパンジーの狩りの直後の光景を見れば、誰もがその政治性の強さに驚かされる。肉の分配は、寛容でもなければ、ランダムでもない。分配はふつう、縁者びいき、身内びいき、日和見主義の産物だ。メスが自力で狩りをすることはほとんどなく、しても成功することはまれだが、とりわけ妊娠中や授乳中は、オスと同じかそれ以上に、肉の栄養とカロリーを必要とする。

わたしが特定した、狩りに大きな影響を与える数々の要因のなかで、統計的にみて際立っていた(容易に測定できるものばかりではなかった)のが、狩猟パーティ内の性皮腫脹中のメスの存在だった。それは同時に、もっとも議論を呼ぶ要因でもあった。この結果は、性皮腫脹中の、性的に活発なメスの存在が、オスにとって狩りをおこなう重要なインセンティブになることを示す。他のオスとの同盟を強化したり、ライバルを冷遇したりと、オスが肉をさまざまな政治的目的に利用することはよく知られている。肉の分配は、高度に政治的でマキャベリ的な行動だ。

わたしは、狩りに関する一連の論文のなかで、オスは他個体操作の一形態として、肉を使ってメスに交尾をもちかけるという仮説を提唱した。チンパンジー社会では、セックスの供給は限られているわけではない。一度の妊娠のために数百回の交尾がおこなわれることは珍しくない。これまで見てきたとおり、メスは極度に乱婚的で、自分に役立つ特定のオスとの絆を強化するためにセックスを利用し、またおそらく、それにより幼子をオスによる攻撃から守る。けれども、交尾機会を増やすのは、進化的観点からみて常に望ましいことであり、これはとりわけアルファの支配下で生きる低順位オスにあてはまる。コロブスの肉が手元にあり、肉に目がないけれども自力で獲物を捕まえる能力の低いメスがいるという状況では、肉は渇望の対象、そして駆け引きの材料になる。

わたしがこの発見を学術論文で、またのちに一般向けの記事や書籍で解説したところ、二方面から批判を浴びた。まず、霊長類学者から、わたしのデータとその解釈は疑わしいという批判があった。チンパンジーのような乱婚制の種では、何回か交尾回数が増えたところで、オスにとって狩猟行動のインセンティブになるほど重要な見返りにはならないはずだというのが、かれらの主張だった。わたしは、オスがいったん肉を獲得すると、彼は分配の場面でマキャベリ的に行動し、そのようなマキャベリ的戦略のひとつでメスが対象となる、と議論を展開した。後に、別の研究者たちがわたしの研究よりもたくさんのデータを分析し、わたしとは逆の結論に至った。これにより、以前のより小さなデータセットに基づくわたしの結論に、疑いの余地が生じた。

だが最近になって、オスが肉と引き換えに交尾機会を獲得していることを示す、新たな証拠が見つかった。マックス・プランク進化人類学研究所のクリスティーナ・ゴメスとボッシュは、タイのオスたちが、肉を分けた相手のメスと近接を保ち、より頻繁に交尾することを示したのだ[43]。この知見は、わたしのゴンベでの研究よりも長期間にわたる大量のデータの分析に基づくものだ。この結果には納得がいく。野生チンパンジーは数十年という長い寿命をもち、その間に肉の分配によって関係を構築するチャンスは数千回めぐってくる。長期的なサービスの交換とみられる現象は、飼育下のチンパンジーではよく知られている。ゴメスとボッシュは、こうした長期的交換関係を、野生に拡張したのだ。わたしの研究結果を裏付ける第二の証拠は、メリーランド大学に所属するわたしの元教え子、ロバート・オマリーらによってもたらされた。ゴンベの性皮腫脹中のメスは、そうでないメスよりもはるかに肉の消費量が多いことがわかったのだ。メスの肉の獲得手段はふつうオスからの分配であるため、オスが性皮腫脹中のメスに進んで肉を分けているのは明らかだ[44]。これら二つの研究は、必ずしもわたし自身の研究の正しさを裏付けるものではないが、狩りと肉食の全体像は複雑で、今ある説明は完璧とはほど遠いことが、改めて浮き彫りとなった。

わたしは社会科学者からも批判を浴びた。数十年前、人類学者により、人類の起源と狩猟を結びつける仮説が提唱された。シャーウッド・ウォッシュバーンとチェット・ランカスターは、これを「ヒト＝ハンター仮説（Man the Hunter）」と呼んだ。かれらは、ヒトの大きな脳とすぐれた知性は、大型の獲物を狙う男性の狩猟パーティにおける高度な協力とコミュニケーションを原動力として進化したと論じた[45]。しかし、それならなぜ、女性も大きな脳をもっているのか？ 後にクン族などの狩猟採集民を対象とした研究がおこなわれ、動物性たんぱく質の大部分は女性が採集する小型の獲物が占めていることが判明した。男性の狩りは大物狙いだが、成功率は低い。ヒト＝ハンター仮説は、誕生したとたんに性差別的であると批判され、批判は的を射たものだった。わたしは記事や書籍で、チンパンジーの狩りが主にオスの特徴であることや、オスがいかにして政治的、および時に性的な操作のためにメスに食料を分配するかを紹介した。こうした説明は、人類学者の一部に、ヒト＝ハンター仮説の記憶を呼び起こした。研究を紹介したメディアの一部が、オスのチンパンジーが肉とセックスを交換するというわたしの発見を、売春の起源として紹介したのも、火に油を注いだ。

チンパンジーとアカコロブスの間の捕食者‐被食者関係に関する研究は今ではいくつかあるが、依然としてチンパンジーの捕食者としての役割ははっきりしない。チンパンジーの影響力は、コロブスの局所絶滅を引き起こすほどなのだろうか？ ゴンベでの研究結果はこれに否定的だが、ンゴゴでの結果はありうると示唆するものだった。肉食はチンパンジーにどのような長期的な栄養面での利益をもたらすのか？　政治的な利益とエネルギーとしての利益、どちらが大きいのか？　狩りに協力はあるのか、それとも一部の研究者にそう見えているだけなのか？　こうした問いに答えるには、より多くのデータが必要だ。

チンパンジーは、おそらくどんなヒト以外の動物よりも、個性が強い。生涯にわたり支配の確立のために闘う政治的なオスもいれば、地位に無関心なオスもいる。愛情深く甲斐甲斐しい母親もいれば、のんきで適性の欠けた母親もいる。こうした個性の違いが、個体群レベルの差異につながることもある。だからこそチンパンジーは途方もなく面白いのだが、同時に一般化が難しい。異なる生息地で同じ行動を研究する研究者が違う結論に至る、もっとも可能性の高い理由は、チンパンジーのコミュニティ間には慣習に明確な違いがあり、狩りのスタイルや戦術、肉の分配パターンも例外ではないからだ。こうした違いの一部は、物理的要素やエネルギーに起因するものかもしれないが、明らかに学習による差異も存在する。同じコミュニティ内で作用する要因でさえも、数年のうちに変化しうるため、数十年の期間に同じ森で起きた狩猟行動を比較する場合、解釈には注意が必要だ。わたしたちはこの半世紀をかけて、個体や個体群の特徴を無視して典型的なチンパンジー像を語るのは間違いだと学んだ。今ではこうした見方は時代遅れで見当違いだとされている。狩猟行動の理由を、既知の多くのチンパンジー個体群に過度に一般化することも、適切とはいえない。

野生チンパンジーの福祉と健康に肉が必須であると考える理由はない。とはいえ、肉はカロリー、脂質、たんぱく質、必須アミノ酸を豊富に含み、植物主体の食性を補うのに適した、すばらしい食料だ。狩りは、こうした栄養をまとめて獲得する唯一の手段だ。また、肉は栄養補助食品である以上に、大きな脳をもつ類人猿がおたがいを操作し、社会的知性を発揮する手段でもある。研究者たちが収集した、チンパンジーの多様な行動や文化にみられる地理的変異の実例が十分に蓄積されれば、いずれ狩りと肉の分配のパターンの変異に、複数の説明が可能であることがわかるだろう。ヒトの伝統社会と同様、メスにとって肉は、こどもや胎児のためのカロリーと栄養という、たったひとつのことを意味する。だがオスにとって、その意味合いはまったく違う。むしろ、社会的地位を上昇させ、メスと交尾し、ついでに栄養も得るチャンスなのかもしれない。多くの研究サイトで観察された多様なパターンは、局所的な生態学的条件、集団構成、そして文化への反応だ。そのため、斉一的な説明はできそうにないが、狩りと肉の分配が、わたしたちの食性や知性の起源について、重要な手がかりを与えてくれることに変わりはない。

第八章　文化はあるのか？

研究者がチンパンジーの新たなコミュニティの調査を開始する場合、まずは最初の数年をかけて、観察者の存在に慣れさせる必要がある。このとき、人づけされたチンパンジーがすでにいると、よりスムーズに他の個体を慣らすことができる。この現象は、人づけされたコミュニティで生まれたメスが、新たなコミュニティに移入した場合によく観察される。ヒトを知らず、警戒心の強い個体は、ヒトに慣れた個体が気楽に過ごすのを見て、落ち着いて行動するようになる。これは社会的学習であり、これこそがチンパンジーの文化の真髄だ。

わたしの知る霊長類学者は、全員がチンパンジーの文化的行動を事実として認めている。一方、人類学者や心理学者の同僚のなかには、狩りや食料分配といったチンパンジーのさまざまな行動における社会的学習の役割や、コミュニティ間にみられる行動の地理的変異を認めない人もいる。実際、本書に引用した論文のうち、少なくとも二本において、「文化」という単語が引用符つきで使われている。チンパンジーを文化的動物と認めることへの抵抗感は、健全な科学的懐疑主義に基づくのか、それとも逆に、チンパンジーのユニークさに鈍感なだけなのか？　わたしに（そしてわたしの同業者ほぼ全員に）言わせれば、証拠は明白だ。文化は特別なかたちの社会的学習であり、チンパンジーの生活のなかで大きな役割を占めている。

文化を定義するのは、ヒトにおいてさえ難しい。文化はヒトに普遍的にみられる特徴であり、わたしたちの言動のうち、遺伝的に規定されていないものはすべて、文化的行動と呼ぶことができる。チンパンジーの行動の多様性を文化と呼んだことで、わたしは文化人類学者からお叱りを受けたことがある。だが、ウィリアム・マグルーは、著名な文化人類学者アルフレッド・クローバーによる、ヒトの文化を定義する由緒正しきチェックリストを精査し、チンパンジーを対象とした多くの研究が同じカテゴリーにあてはまることを示した[1]。

文化人類学者がチンパンジーの文化を認めることに消極的なのは、かれらの文化の定義が、包括的というよりも排他的であるためだ。かれらは象徴的行動を文化の核心とみなす。つまり、ヒトを文化的遺物をつくりだす存在と考えるのだ。単語と呼ばれる象徴的音声は、それが意味する概念と何の関係もない。「赤」という単語のなかに、赤いものの見た目を想起させる要素は何もない。そして、かれらの認識は正しい。言語は人類文化の核心であり、そのおかげでヒトは、チンパンジーが野生で、あるいは飼育下で教えられてとる行動よりも、はるかに高度な文化を築きあげた。しかし、だからといって、チンパンジーが文化をもたないことにはならない。

文化は社会的に学習された行動だ。時が経つにつれ、学習された行動は地域の慣習に織り込まれていく。こうした慣習は、コミュニティ全体に伝播し、それを見たわたしたちは、あるチンパンジーのコミュニティの特徴として、石器使用やシロアリ釣りを記述する。グループの仲間をグルーミングする際の姿勢や、アリ釣り棒の持ち方といった慣習は、独自のスタイル(様式)へと発展する。「スタイル」という言葉は、霊長類の行動の記述としては聞きなれないが、ある行動パターンが流行になる場合を表すのにはぴったりだ。スタイルは、長く続くことも、短期間で廃れることもある。はるか遠くまで伝播する場合もあれば、ひとつのコミュニティや、ひとつの家系にとどまることもある。リチャード・ランガムらは最近、カニャワラのチンパンジーにおいて、グルーミングのやり方は母親から学習したものが生涯にわたって続けられ、コミュニティの他個体のやりとりを見て新たに習得するものではないことを示した。[2] こうした学習性の行動は、もはや個体の行動特性ではなく、集団の伝統と呼ぶのが適切だ。したがって、チンパンジーのコミュニティ間の行動の多様性は、スケールこそ小さいものの、ヒトの文化の定義にあてはまると、マグルーは主張する。

チンパンジーの文化的行動のほとんどは、きわめて瑣末なことに思える。マハレのチンパンジーは、二頭が互いの右手を頭上で組み、左手で相手をグルーミングする。ゴンベでは、グルーミングの最中、相手の手ではなく枝をつかむ。一部の生息地では、チンパンジーは樹皮の下にいるアリを探すために小枝を使うが、別の生息地では、同じアリが餌として手に入るにもかかわらず、この行動をとらない。長期研究の拠点が増えるにつれ、アフリカ全土のチンパンジーの文化的多様性に関する、わたしたちの理解も深まってきた。チンパンジーのフィールド研究開始から半世紀の節目を前に、アンドリュー・ホワイテンはアフリカ各地の七つの長期研究拠点の研究者たちからの情報をもとに、あらゆる文化的多様性の包括的な目録を作成した。七地点でみられる、生態学的条件に対応したものではなく文化的とみられる行動は、三九種類にのぼった。このリストには、採食慣習と社会的慣習の両方が含まれる。[3] また、地理的変異のみられる数少ない象徴文化的慣習として、葉のグルーミングがあげられる。チンパンジーは、むしった葉を、まるで他個体の体毛にするかのように、丁寧にグルーミングすることがある。周囲の他個体は、この行動をグルーミングしたい、あるいはされたいという欲求のシグナルとみなす。象徴的コミュニケーションを示唆する別の例として、葉ちぎりがあげられる。オスのチンパンジーは、指と歯を使って、植物の茎から葉をちぎり、音を立てる。これは特定のメスと交尾したいという欲求、あるいは性的欲求不満の表れであると考えられている。

こうした慣習は、どのように始まり、広まるのだろう? 霊長類学者は、新たな慣習が出現し、定着する社会的メカニズムを特定すべく、半世紀にわたる探索を今なお続けている。こうした慣習が、ごくまれに現れて他個体に積極的に取り入れられるのか、それとも頻繁に誕生しているがめったに受け入れられないのかさえ、わかっていない。それどころか、西田利貞らが指摘するように、アフリカ全土にみられる慣習の分布パターンが、慣習の選択的かつランダムな局所的消滅を反映したものである可能性さえある。文化はコミュニティ内で容易に出現し、拡散するが、同じくらい頻繁に消え去っていくのかもしれない。[4]

セントアンドリュース大学の研究チームは、野生チンパンジーにおける道具使用の出現と伝播に関して、近年屈指のすばらしい研究をおこなった。キャサリン・ホベイターらは、ソーシャルネットワーク分析の手法で、ブドンゴのソンソ・コミュニティにおける社会的伝達を調べた。この研究は、それまでの二〇年で一度も観察されたことのない、新たな行動が観察されたのをきっかけに始まった。アルファオスが、木の幹に着生する苔を集めてスポンジをつくり、水たまりに浸して水を吸わせた。アルファオスの行動をじっくりと観察していた。このとき、アルファは最高順位のメスと一緒で、彼女はオスの行動をじっくりと観察していた。その後の一週間で、最高順位のメスに加え、少なくとも同コミュニティの六個体が、苔スポンジをつくり、同じ水場で利用した。それ以外の個体は、直接口をつけるか、昔ながらの葉のスポンジで水を飲んだ。ホベイターらの推定によれば、苔スポンジ使用の例はほぼすべて、社会的伝達によって起きたものであり、個別学習の産物ではない。この区別は重要だ。社会的伝達に見える行動のなかには、厳密な検討の結果、慣習を実践する個体が独立にその行動を学習した可能性が示唆されたものもある。ホベイターらの研究は、道具使用とその伝達様式が野生で同時に記録された、初めての例だ[5]。

一九九〇年代後半以降、文化的行動の認識が急速に高まった。長期研究の成果が蓄積されるにつれ、イノベーションと伝達の新たな証拠が相次いで発見された。研究者が新たなフィールドを開拓するたび、いくつもの独自の慣習を備えた、未知のチンパンジー文化が見つかった。警戒心が強く直接観察ができないチンパンジーに対しても、今ではカメラトラップを利用できる。これは、モーションセンサーを備えた耐久性のある静止画・動画カメラを森の中のトレイルに沿って設置し、まったく人慣れしていないチンパンジーを記録するという手法だ。わたしたちは、メモリーカードを回収するたび、これまで観察されたことのない行動をとるチンパンジーの姿を目にする。新たなかたちの道具使用もその一例だ。これまでは、長い年月をかけて人づけをおこなわなければ、こうした行動を直接観察することは不可能だった。

道具

グルーミングのスタイルも地域文化の多様性の興味深い一側面ではあるが、チンパンジーの文化の存在を裏付ける証拠のほとんどは、テクノロジーに関するものだ。チンパンジーがヒト以外のすべての動物のなかでもっとも道具使用に長けていることに議論の余地はない。かれらにもっとも近縁の種であり、洗練された社会性で名高いボノボでさえ、その技術水準はチンパンジーとは比べものにならない。チンパンジーが野生で使う道具は、ほとんどが食料獲得のためのものだ。一方、野生のボノボにわずかながらみられる道具使用は、むしろ採食以外の文脈に多い。遊びのなかで使われる棒や、雨傘として使われる葉といった具合だ。セントアンドリュース大学のティボー・グルーバーらは、飼育下のボノボとチンパンジーの道具使用を比較した結果、器用さや多様性に違いはないと結論づけた。二種の類人猿の最大の違いは、ボノボは主に遊びの文脈で道具を使うのに対し、チンパンジーの道具使用の文脈はより広範であることだった。どちらの種でも、メスの方が積極的に道具を使った[6]。

チンパンジーが道具を使うのは、手では採集が難しい、植物、蜂蜜、昆虫などの食料を獲得するためであることがほとんどだ。まれにではあるが、肉を得るための道具使用も確認されている。まずは植物性の食料から検討しよう。チンパンジーの食事の大部分を占めるのは果実であり、チンパンジーは起きている時間の大部分を果実の採食に費やす。熟した果実の実る木を発見すると、チンパンジーは満腹になるまで食べる。しかし、時には果実のいちばんおいしい部分が、硬い殻の中に隠れていて、チンパンジーの顎をもってしても割れないこともある。東アフリカでは、こうした果実は食べられないとみなされる（ただし、岩や樹幹にぶつけて割ろうとした例もある）。一方、西アフリカのチンパンジーは、石と木のハンマーを発明し、問題を解決した。タイの木々は、一年のうち数カ月にわたって、莫大なカロリーを提供する。一九七〇年代後半、クリストフ・ボッシュは、タイのチンパンジーによる石や木のハンマーの使用を記録した。この行動が初めて観察されたのは一世紀も前だが、現代の研究者によって追認されたのだ。チンパンジーたちは、堅果のナッツ類を落とすいくつかの樹種の根本に集まり、ワークショップを開催する。道具使用個体は、ナッツを慎重に木の根の表面のへこみ（台）に置いて、石や木のハンマーで叩き割る。[7] エキサイティングなこの発見は、一九八〇年代に大いに議論を呼んだ。東アフリカのチンパンジーは、まわりにハンマーになる石がいくらでもあるにもかかわらず、一度としてこの技術を発明することはなかった。また、西アフリカのチンパンジーも、すべてがハンマーを使って採食をおこなうわけではない。

表 8.1　2000 年以降に発見された、野生チンパンジーの道具使用の形式

道具使用	場所	文献
穴掘り棒	ウガラ（タンザニア）	Hernandez-Aguilar, Moore, and Pickering 2007
アリ掘り棒	ンゲル・ニャキ（ナイジェリア）	Dutton and Chapman 2015
	ガシャカ（ナイジェリア）	Fowler and Sommer 2007
地面を穿孔する棒	グアルゴ（コンゴ共和国）	Sanz, Morgan, and Gulick 2004
サスライアリに浸す道具一式	グアルゴ（コンゴ共和国）	Sanz, Schöning, and Morgan 2010
	カリンズ（ウガンダ）	Hashimoto et al. 2015
液体に浸す道具一式	ンゴゴ、ブドンゴ（ウガンダ）	Gruber et al. 2009
蜂蜜採集の道具一式	ブリンディィ（ウガンダ）	McLennan 2011
	ニョオ（中央アフリカ共和国）	Hicks, Fouts, and Fouts 2005
	ロアンゴ（ガボン）	Boesch, Head, and Robbins 2009
	ムカラバ゠ドゥドゥ（ガボン）	Wilfried and Yamagiwa 2014
狩猟棒	フォンゴリ（セネガル）	Pruetz et al. 2015
叩き・すりつぶし石	ンゲル・ニャキ（ナイジェリア）	Dutton and Chapman 2015
石投げ・石積み	多数	Kühl et al. 2016

最近の研究により、西アフリカのチンパンジーのナッツ割りに関するわたしたちの理解は、新たなレベルへと到達した。マックス・プランク進化人類学研究所のジュリア・シリアニらは、タイのチンパンジーがどのように道具を選ぶかを調べた。シリアニらの仮説は、その場の仕事における工ネルギー効率にもとづいて道具の選択がおこなわれ、威力と扱いやすさを最大化する道具が選ばれるというものだった。研究チームは、三〇年以上にわたって、タイのチンパンジーが慎重にナッツ割りの仕事に臨み、使えそうな道具の重さを持ち上げて測るところを観察してきた。この意思決定には、経験と判断に基づく、さまざまな認知的プロセスが働いている。[8] 別の研究拠点（ボッソウ）のチンパンジーは実験的に石のハンマーを与えられたが、タイのチンパンジーは自発的に道具使用を始めた。また、ロンドン大学のアドリアン・アロヨと京都大学の共同研究者たちにより、飼育下チンパンジーがつくった石器の摩耗パターンは、先史人類が使用した石器のそれと合致することがわかった。[9]

物理的特性、すなわち大きさと重さは、道具の選択においてきわめて重要であるはずだ。シリアニらは、タイのチンパンジーが道具選択の際にさまざまな要素を考慮に入れていることを発見した。木よりも石のハンマーを好み、石がないときは、軟質の木よりも硬質の木を選んだ。クリストフ・ボッシュとヘートヴィヒ・ボッシュ＝アカーマンは、一九八〇年代前半に、タイのチンパンジーがナッツの種類に合わせてハンマーと台を選ぶことを示した。木のハンマーは主に柔らかいコウラの実に使用され、石のハンマーは、より割りにくいパンダの実のときに選ばれた。[10] 石の道具は重く、木の道具は軽い。木そのものを台として使う場合は軽いハンマーを利用し、台が近くにあるときは重いハンマーを選んだ（おそらく重い石を長距離にわたって運びたくないからだろう）。道具選択の順序は、ナッツ割りの仕事を完遂するのに何が必要かを、何段階も先まで考えていることを示唆していた。チンパンジーの思考プロセスは、道具使用と道具の使用場所までの運搬の両方を考慮に入れたものだとみられる。

ナッツ割りは幼いうちから始まる。タイのチンパンジーは、幼児期からコウラの実を割ろうとするが、技術をマスターするには最大で四年かかる。ボッソウでは、京都大学の松沢哲郎が、もっとも若くて三歳半でアブラヤシの実を割ろうとするものの、八歳まではなかなか上達しないと報告している[11]。同じく京都大学の中村徳子は、ナッツ割りの基本動作は二歳半までに学習するものの、各ステップの順序まで身につけ、実際にナッツを割れるようになるには、さらに数年かかることを示した。これは、試行錯誤学習の産物であり、またこどもが物体操作に費やす時間の問題でもある。四歳までに、認知プロセスは十分な発達をとげ、ナッツ割りに必要な五つのステップ（ナッツを拾う、ナッツを台の上に置く、ナッツを安定させる、ハンマーを打ちつける、食べる）のすべてをおこなうようになる。二歳の時点では、こどもはこれらのステップのうち二つか三つしか身につけておらず、しかも実施順序がばらばらのことが多い[12]。野生チンパンジーでは、積極的な教育はほとんどみられない。こどもは他個体の行動を観察し、自分で試してみる。うまくいったからといって、母親が強化や報酬を与えることはない。ただし、学習と教育の本質に示唆を与える、特筆すべき例外もある。タイでは、母親は時に、こどもがナッツ割りをする際、うまく割れるまで文字どおり手を貸すことがある。グアルゴ三角地帯では、シロアリの居場所を棒で調べた個体が、その棒を学習中の個体に渡すと、ワシントン大学のステファニー・マスグレイヴが報告している。[13] このような技術の伝達は高度なかたちの学習であり、ヒトの親がこどもに食器の使い方やペンの持ち方を教えるところを思い起こさせる。

ウィーン大学のコーネリア・シュラウフらは、飼育下でのナッツ割りスキルの獲得について研究をおこなった。これにより、チンパンジーはハンマーを選ぶ際、きわめて合理的な意思決定をおこない、おそらくナッツを叩く回数を最小化するため、より重い石を選ぶことがわかった。この研究では、ハンマーの外見はどれも似たり寄ったりだったので、チンパンジーは手で持ち上げたときの重さを基準に道具を選んだようだ。タイでの野外研究とは異なり、道具選択の基準は重さだけだった。集団内において道具使用の経験豊富なチンパンジーたちは、一頭を除いて、ハンマーの使用においても効率的に成果をあげた。[14]

チンパンジーの考古学

西アフリカのチンパンジーの石器使用に関する一九七〇年代の研究は、人類進化の研究者を大いに沸き立たせた。初期人類による石器使用の起源の解明に長年取り組んできた考古学者たちは、突如として、初期ヒト族に似た類人猿が、今でも実際に石器を使っているという事実に直面したのだ。一九九〇年代、インディアナ大学の先史考古学者のニコラス・トスとキャシー・シックは、ジョージア州立大学のスー・サヴェージ゠ランボー、デュアン・ランボーと共同で、史上もっとも有名なボノボ、カンジを対象に、石器の選択と使用に関する研究を始めた。卓越した言語能力で知られるカンジは、道具使用でもすぐれた腕前を見せ、石器を使ってロープを切断し、ご褒美を手に入れることを学習した。彼が示した石器使用の学習能力は、石器が何に使えるものなのかを見せた実験者をまねる能力に基づくものだった[15]。

飼育下のチンパンジーの認知能力については、長年にわたり議論が続いている。マックス・プランク進化人類学研究所の心理学者マイケル・トマセロらの一派の主張によれば、模倣の概念は、少なくともヒトが考えるかたちでは、チンパンジーには存在しない。ヒトのこどもは、ある仕事を模倣することが、ひとつひとつの段階を見たまま順番どおりに実行し、目標を達成することだと理解している。チンパンジーにも、食料報酬の獲得など、目標は理解できるが、それに至るプロセスを指示どおりにひとつひとつ模倣するという概念は理解できないというのだ。かわりに、チンパンジーは、各ステップを同じ順序でおこなうことなしに、目標を達成するのであり、トマセロはこれをエミュレーション（emulation）として区別した[16]。カンジが鋭い石器をつくって食料を得る新たな方法を生み出したのも、この一例といえる。カンジは最初、大きな石を飼育場の床や壁に叩きつけて割り、鋭利な切断面をつくった。これは初期人類がとった、そして実験者たちがカンジに学習してほしかった、別の石を使って縁を削ぎ落とす方法ではなかった。けれども、のちにカンジは道具の製作と使用を難なくこなすようになった。

一方、考古学者たちは、タイのチンパンジーが自発的に編み出した石器使用に注目した。ナッツ割りをおこなうチンパンジーたちは、石を集め、使用場所である木の根本まで持っていった。こうして石器が集積する場所ができ、時が経つにつれ、このような場所はヒトがつくりだした考古学的史跡に似てくる。カルガリー大学のフリオ・メルカデルらは、タイの石器の考古学的文脈を調査し、類人猿考古学という新たな学問分野を生み出した。発掘により、集積地点のいくつかは四〇〇〇年以上前のものだと判明した。チンパンジーの石器には、もっとも単純なヒトの石器にもあるような、剥離や加工の痕跡すら存在しない。しかし、繰り返し打ちつけたことによる摩耗の跡ならある。また、地域のなかでの集積パターンも、自然に堆積したものではなく、行動が関与していることを示していた。さらに、石器自体からも、その目的を示す証拠が見つかった。古代の石器からでんぷん粒が検出され、これはタイのチンパンジーの石器使用法である、ナッツを叩いたことによる残留物と考えると辻褄があうのだ。こうして、タイのチンパンジーが数百世代にわたって石器を使ってきたことを裏付ける、強力な証拠が得られた。チンパンジーの「先史時代」と、最初期の人類が生み出した技術の夜明けに共通点があるというのは、近年のチンパンジー研究のなかでも屈指の興味深い発見だ。[17]

石器に関する近年の研究はじつにエキサイティングだが、チンパンジーのテクノロジーにまつわる新たな発見はこれ以外にも多数ある。クリケット・サンズらは、チンパンジーが枝を鋤として使うことを報告した。足で押さえてシロアリの塚に差し込み、庭師が地面を耕すように掘り返すのだ。[18] R・アドリアーナ・エルナンデス゠アギラルらは、チンパンジー研究拠点のなかでもっとも乾燥した場所のひとつであるタンザニアのウガラで、チンパンジーが棒をショベルのように使って地中の塊茎を手に入れるところを記録した。ウガラのチンパンジーは、雨季になると道具を使い、栄養豊富な塊茎を得るのだが、この食料はほかの方法では手に入らない[19]。塊茎は、干ばつ時にも存在すること、また初期ヒト族がこれらを食べたことを示す証拠があることから、初期人類にとっても重要な食料だったとされている。現代の狩猟採集民も、棒を使って野生植物の塊茎を地中から掘り出す。穴掘り棒は、アリの巣を掘り起こすのにも使われることが、ナイジェリアのガシャカ・グムティ国立公園など西・中央アフリカの複数の地点で確認されている[20]。石器と違って穴掘り棒は化石化しないため、現代の類人猿における穴掘り棒の使用法を解明し、そこから初期人類の行動を類推するのが次善の策だ。そのため、チンパンジーによる穴掘り棒の使用は、石器の使用と同じくらい、前途有望な発見といえる。

蜂蜜と昆虫の採集道具

石器と穴掘り棒は、獲得困難な植物性食料の採集に使われる。だが、チンパンジーは動物性たんぱく質や、その他の動物由来の栄養素にも目がない。アフリカのどの生息地でも、チンパンジーはアフリカミツバチの巣から蜂蜜を採集する。かれらは通常、ひったくり犯の手口を用いる。樹上にある巣を壊し、甘いごちそうをつかんだら、あとはミツバチの攻撃から急いで逃げるというものだ。一方、ほかの種のミツバチの巣に対しては、複雑な道具一式が使われる。わたしたちはブウィンディ原生国立公園で、ミツバチの巣の付近に、長さも太さもまちまちな、蜂蜜の香りのする棒が散乱しているのを見つけた。はるか上の幹にミツバチの巣がある木の根元に落ちていた長い棒は、巣の内部に突き刺すのに使われたとみられる。長い棒を使えば、巣を壊して開けつつ、攻撃してくるミツバチから自分の体を多少なりとも遠ざけることができる。また、ブウィンディのチンパンジーは小型のハリナシミツバチの蜜も食料にする。これらの巣はふつう地中にあり、チンパンジーはこちらには小枝を使う。おそらく、ハリナシミツバチの場合は器用さが求められる一方、ハチから距離をとる必要がないためだろう[21]。

蜂蜜採集の道具は数十年前から知られていたが、近年になって、蜂蜜や昆虫の採集に使われる、複数の組み合わせからなる道具の発見が相次いだ。例えば、オックスフォード・ブルックス大学のマシュー・マクレナンは、ウガンダ西部のブドンゴにほど近いブリンディで、道具を使った蜂蜜採集を記録した。ブリンディのチンパンジーは、棒を使って地中にあるハリナシミツバチの巣を掘り返し、次に柔軟な小枝に持ちかえて、筒状の巣に差し込み、内部にある蜜を得る。この道具一式は、中央アフリカの広範囲で以前から知られていたが、ブウィンディなど東アフリカでも使われている可能性がある[22]。同様の証拠は、セントラル・ワシントン大学のサーストン・ヒックスらにより、中央アフリカ共和国のニョオでも見つかっている[23]。マクレナンによれば、蜂蜜は主食や非常食というよりも、栄養と炭水化物の豊富なおやつ的存在だが、手に入るとなればチンパンジーたちは熱心に採集する[24]。新たな生息地で道具使用の慣習を発見するのは、要するに、新たな文化を目の当たりにするということなのだ。

蜂蜜採集のための複雑な道具の組み合わせは、ガボンのロアンゴ国立公園でも、ボッシュらが報告している。ロアンゴのチンパンジーは三つから五つの道具を組み合わせて使い、これは知られているヒト以外の動物のテクノロジーのなかで、もっとも複雑なものだ。かれらは蜂蜜を取り出すのに、道具一式を決まった順序で使う。各道具は、その前に別の道具で下準備をして、はじめて用をなす。それぞれの用途は名前（「叩き器」、「拡張器」、「収集器」、「穿孔器」）から明らかだ。アフリカミツバチの蜂蜜を採集するための道具の方が数は多く、一本の木から一〇〇個も見つかっているが、道具の多様性と複雑さは、ハリナシミツバチ用の採集道具の方が上だ。つまり、ロアンゴのチンパンジーは蜂蜜を取り出すという目的達成のため、理にかなった手順の階層を構築しているのであり、このことはタイのチンパンジーのナッツ割りと共通する[25]。この研究結果は、過去・五年の間に中央アフリカと西アフリカでおこなわれた、先行する観察を土台にしたものだ。両地域では、東アフリカよりも複合道具が広く利用されているらしく、その理由はわかっていない。グルーバーらは、道具を使った蜂蜜採集が、生態学的条件の差に基づく個体学習ではなく、社会的学習によって獲得されることを示す、十分な証拠があると主張する[26]。想像を膨らませるならば、チンパンジーの道具使用の地域差は、「道具使用の遺伝子」に根ざしたものである可能性さえある。東アフリカのチンパンジーが、いくらでもある石をハンマーとして使わないのと同じように、高度な蜂蜜採集道具というイノベーションが東アフリカでみられないのも、純粋に文化的イノベーションや、文化の絶滅によって説明できるかもしれない。

ジェーン・グドールが一九六〇年代前半におこなった観察のなかで、わたしたち自身と他の霊長類に対する見方をもっとも大きく変えたのが道具使用だった。初期の研究で、彼女はチンパンジーが小枝から細い棒をつくるところを観察した。チンパンジーたちは、シロアリの塚のトンネルに棒を差し込み、そっと引き出して、大顎で棒に噛みつく兵隊シロアリを得た。それからおよそ六〇年が経ったいま、わたしたちは「シロアリ釣り」や、アリなどその他の昆虫の採食について、より深く理解している。石器使用が西アフリカ限定であるのに対し、シロアリ釣りは東アフリカに固有ではない。南カリフォルニア大学のステファニー・ボガートとジル・プルエッツは、セネガルのフォンゴリに棲むチンパンジーが棒を使ったシロアリ釣りをおこなうことを報告している。ここはチンパンジーの研究拠点の最西端のひとつだ[27]。

チンパンジーのコミュニティで使われる道具一式はきわめて複雑で、使い方をマスターするには何年もの練習が必要だ。こうした技術的スキルを習得するプロセスは、ここ一五年の間、詳細にわたって研究されている。ゴンベでは、エリザベス・ロンスドーフが、若いチンパンジーによるシロアリ釣りの発達過程を研究している。こどもはシロアリ釣りを構成する、ひとつひとつの能力の階層的順序を身につけなくてはならず、これはタイのナッツ割りと同じだ。ゴンベのチンパンジーはまず、大量のシロアリがいそうな穴のありかの見つけ方を学ぶ必要がある。道具製作そのものが仕事の核心部分だが、穴に棒を差し込み、シロアリを引き出す技術も重要だ。わたしは自分でシロアリ釣りをしてみて、大人の手先の器用さをもってしても、決して簡単ではないと思った。いちばん難しいのは、どの塚や塚にあいた穴に、わざわざ釣りをする価値があるくらいたくさんのシロアリがいそうかを判別することだ。とはいえ、いち霊長類学者にも学習できる程度のことを、チンパンジーのこどもができるようになるまでには、何年もの年月を要する。[28]
ロンスドーフは、ゴンベのメスがオスよりもずっと（時には丸一年も）早くシロアリ釣りをマスターすることを明らかにした。メスたちは学習しはじめるのも早く、母親の行動をじっくり観察し、基礎的な能力をオスよりも二年早く身につける。成長しておとなになってからも、メスの方が道具使用が上手い。もっとも興味深い発見は、メスが母親の技術を模倣する一方、オスはしないことだ。ロンスドーフの研究と先行研究から、メスがオスよりもシロアリ釣りにより熱心で、より熟達していることは明らかだ。[29] この道具使用の性差から考えると、オスとメスの学習プロセスにも違いがあるのかもしれない。メスのチンパンジーは、端的にいってオスよりも道具使用に長けている。雨季の最初の雨が降ると、シロアリの塚は軟らかくなり、オスが熱心にシロアリを求めるようになる。一方、メスは一年を通じてシロアリを好んで食べる。このことは、ヒトの祖先において、女性がテクノロジーの発明をリードしたことを意味するのだろうか？　ヒトの祖先、ひいては現代人にみられる性差のなかには、学習性というよりも生得的なものも存在するのかもしれない。

霊長類の食性に関する初期のフィールド研究では、単純に研究対象種が何を食べるかが観察された。食性の大部分を占めたのは葉や果実だった。ずっとあとになって、わたしたちはようやく、植物性食料そのものに注目し、特定の種や特定の熟度がなぜ特定の時期に好まれるかを調べることの重要性に気づいた。こうした研究は簡単ではなかったが、今では植物性食料の栄養生物学はかなり解明が進んだ。これと同じように、一部の昆虫だけが食料にされ、残りが無視される理由に注目する研究者が現れるのにも、長い年月を要した。鬱蒼とした熱帯林で、さまざまな食料の摂取量、摂取カロリー、栄養価を測定するのは、並大抵のことではないからだ。

チンパンジーが摂取する動物性食料の栄養価を調べた先駆的研究がいくつかある。ロバート・オマリーと、スミソニアン国立動物園のマイケル・パワーは、ゴンベでチンパンジーが食料にする昆虫と、食べない昆虫とで、含まれる栄養の比較分析をおこなった。かれらは、生息地に分布する多種多様な昆虫のなかから、チンパンジーはエネルギー、脂質、たんぱく質、繊維質、無機質の摂取量を最大化するものを選択しているという仮説を立てた。昆虫の外骨格の大部分はキチンからなり、これは炭水化物の一種だが難消化性であるため、実質的に植物性繊維に相当する。オマリーとパワーは、ゴンベに分布する昆虫のサンプルを分析し、チンパンジーが実際に食べる昆虫の栄養素と比較した。その結果、食料になる昆虫の一グラムあたりの脂質含有量は、食料にされない昆虫の値を上回ることがわかった。昆虫一匹あたり、または一回のシロアリ釣りあたりでみると、食料昆虫は食べられない昆虫よりも、脂質とたんぱく質が豊富で、利用可能なエネルギー量も多かった。同重量で比較すると、シロアリやアリなどゴンベのチンパンジーが食べる昆虫に含まれる栄養は、同じくチンパンジーが口にする、サル、レイヨウ、ブタの肉に匹敵した。チンパンジーはエネルギー価の高いさまざまな種の昆虫を食べるが、一方で栄養豊富な種でありながら無視される普通種もいる。オマリーとパワーの研究から、昆虫食は単なるおやつではなく、重要な食事の構成要素であることがわかった。[30] マグルーが以前から主張していたように、昆虫は少なくとも、はるかに注目を浴びる肉と同じくらい、重要な食料なのだ。[31]

チンパンジーが好む昆虫はシロアリだけではない。蜂蜜採集の途中にハチの幼虫を食べ、それ以外にも多種多様な昆虫を食べる。意図的に採集されるものもあれば、単に葉や果実と一緒に飲み込まれるものもいる。アリも重要な食料源のひとつだ。アリ釣りはシロアリ釣りに似ている。巣をつくる種は、木にあいた穴や樹皮の下に棒を差し込み、そっと引き出して食べる。また、これとは別のアリ採食の一形態が、チンパンジーのこころを理解する重要な手がかりになる。サスライアリと呼ばれる *Dorylus* 属のアリは、個体数が一〇〇〇万匹を超える巨大な集団で知られ、その隊列は溶けてあふれたチョコレートのように、道路を横切り、林床を蛇行して、流れるようにひとつの巣から別の巣へと移動する。サスライアリは大群での襲撃で悪名高く、通り道にいる動物を、昆虫からトカゲやカエルまで、ことごとく捕食する。鶏舎にサスライアリの大群が襲来すれば、中のニワトリは悲惨な運命をたどる。テントで眠っている夜中、あたり一面からひっかくような音が聞こえて目が覚めたとたん、頭皮を何かにかじられ、あわてて懐中電灯で照らすと、テントの壁面いっぱいに獰猛なアリの大群がうごめいている。こんなに不快な経験はそうはない。

サスライアリは攻撃的だが、多くの（ただしすべてではない）生息地において、チンパンジーのお気に入りの食料だ。*Dorylus* 属のアリは、ゴンベ（タンザニア）、タイ（コートジボワール）、ガシャカ（ナイジェリア）、ニンバ（ギニア）でチンパンジーのメニューに含まれる。一方、マハレ（タンザニア）、ブドンゴ（ウガンダ）、キバレ（ウガンダ）、ロペ（ガボン）では、サスライアリが分布しているが、チンパンジーの食料にはなっていないようだ。[32] 腹を空かしたチンパンジーにとって、サスライアリは二つの点で厄介だ。第一に、サスライアリの兵隊アリは、巨大で切れ味鋭い大顎を備え、獲物に咬みつくと離さない。チンパンジーはどうにか咬まれないよう気をつけるが、多少の咬み傷はアリの栄養を得るための小さな犠牲として受け入れる。第二の問題は、土でできたシロアリの塚と違って、サスライアリの巣は移動することだ。そのため、いつでも見つかるとは限らず、安定した食料としては利用できない。

チンパンジーは、サスライアリの巣を見つけると、巧妙かつ慎重に近づいて食料にする。棒を使うのだが、シロアリ釣りに使う細いものよりも、丈夫で長いものを選ぶ。長い棒を使うのには、怒れる兵隊アリたちを棒の長さ分だけ遠ざけるという、もっともな理由がある。一部の生息地では、*Dorylus* 属のなかでもっとも攻撃的な種に、より長い棒が使われる。また、道具の選択には文化差もみられる。キャサリン・クープスらは最近、ウガンダのカリンズ森林で使われる「アリ浸し棒」の長さが、同種のアリが生息しているにもかかわらず、隣接コミュニティのものとは異なることを示した[33]。コペンハーゲン大学のカスパー・シェーニングらは、アフリカの一四地点で使われるサスライアリ浸し棒を比較調査した。この結果、棒の長さは現地のアリの種の攻撃性とは必ずしも相関せず、純粋な文化差である可能性が示唆された[34]。

チンパンジーは、棒を選んだあと、アリの巣の上の枝を足と片手でつかんでぶら下がり、もう片方の手で棒をアリに浸す。チョコレート色のアリの塊に棒を下ろしたあと、引き上げて、もう片方の手の指の間をさっと通す。拳に残った数百匹の咬みつくアリたちを、大あわてで口に押し込み、舌や唇が多数の咬み傷で腫れ上がる前に咀嚼する。

チンパンジーのアリ食としてもっとも有名なのはサスライアリだが、かれらの学習と文化を裏付ける重要証拠はほかにもある。ゴンベでは、新たなコミュニティの人づけと観察がおこなわれたことで、文化的行動がコミュニティ間で伝播するところが記録された。グドールがカセケラ・コミュニティを人に慣らしてから三〇年以上が経過したころ、そのすぐ北に棲むミトゥンバ・コミュニティの研究が始まった。オマリーらは、ゴンベのカセケラ・コミュニティでのアリ釣りの出現を記録した。樹皮の下や木にあいた穴にいる *Camponotus* 属のアリを、細い棒で釣り上げる採食方法は、マハレなどアフリカ各地でみられる(マハレのチンパンジーはサスライアリを食べない)。一九六〇年代前半から一九九〇年代半ばまで、カセケラ・コミュニティでアリ釣りが観察されたことはなかった。ところが一九九四年、アリ釣り行動が突如として出現し、メインの研究対象コミュニティの行動レパートリーのひとつとなった。アリ釣りは以前からおこなわれていたが、まれな行動であるため研究者の目にとまらなかった可能性はある。あるいは、アリの個体数が増加したのであって、チンパンジーのアリへの食欲は変わっていないのかもしれない。カセケラのメンバーの誰かが自力でアリ釣りを発明し、それを見た他個体に広まった可能性もある。

オマリーらは、普通種と考えられていた別種のアリ、*Oecophylla longinoda* の個体数、あるいはこの種をチンパンジーが食べる頻度が減少したことを示す証拠を発見した。これにより、競合種の減少に乗じて数を増やした別種のアリに、チンパンジーが目をつけたのかもしれない。また、オマリーらは、カセケラ・コミュニティで生まれたメンバーであるフロッシー(フィフィの娘)がこの行動を発明し、それが仲間に広まった可能性もあげている。

可能性はもうひとつある。アリ釣りがカセケラ・コミュニティの外から、移住メンバーを介し

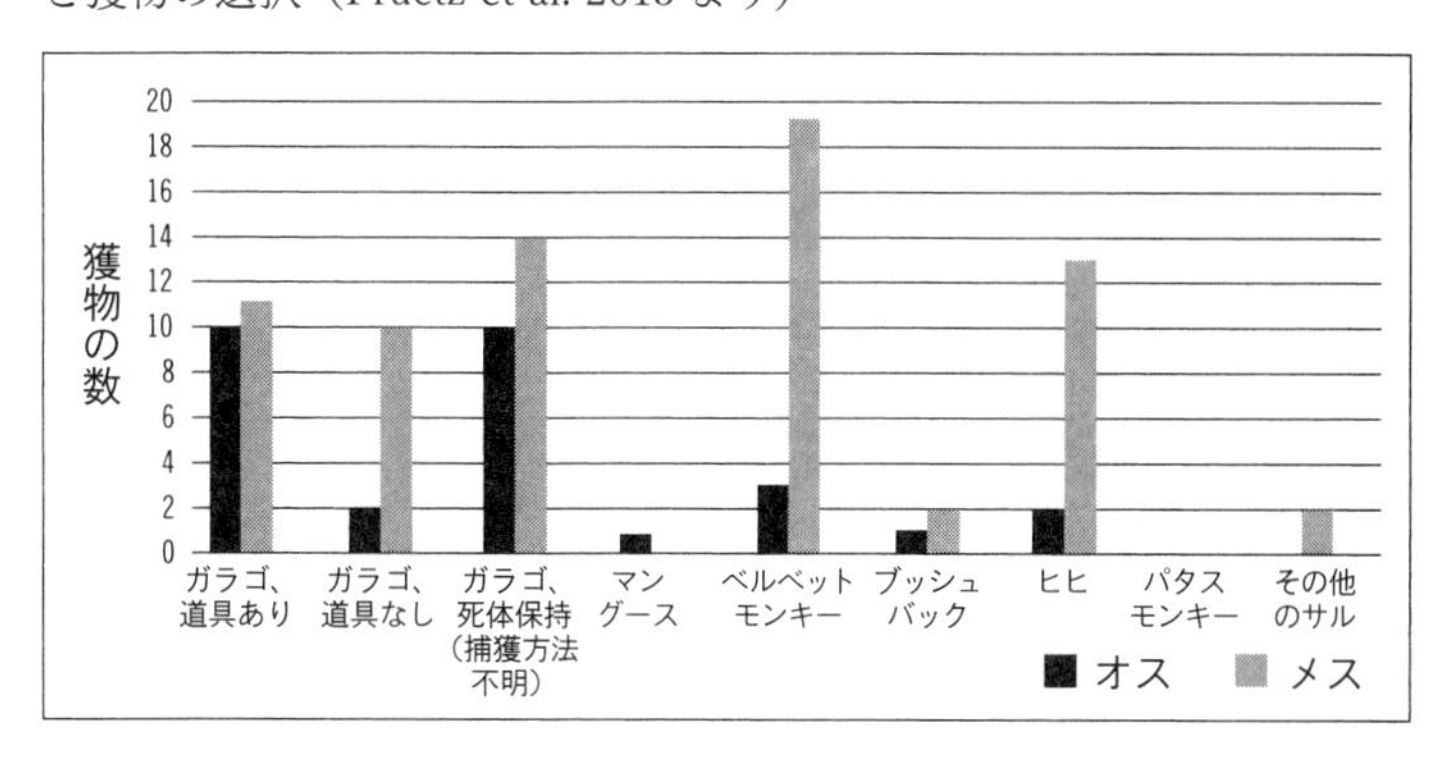

図 8.1　フォンゴリにおける道具を使った狩りと道具なしの狩り：性差と獲物の選択（Pruetz et al. 2015 より）

て文化的に伝達されたというものだ。フロッシーによるアリ釣りが最初に観察されたのは一九九四年だが、それ以前に北のミトゥンバ・コミュニティから少なくとも一頭のメスが移住してきており、彼女がミトゥンバ固有のアリ釣り文化を持ち込んだのかもしれない。ミトゥンバのアリ釣りは、最初に同コミュニティの観察がおこなわれた一九八〇年代後半からすでに知られていた。問題のミトゥンバからの移住個体、テレジアは、若いおとなメスであり、移住する前から熱心にアリ釣りをしていたと考えられる。テレジアは、カセケラに新たな伝統をもたらしたのかもしれない。これはチンパンジーにおける文化の拡散のメカニズムを示す実例と考えられ、過去と現在のヒトにおける文化の拡散も、その延長線上にある[35]。

食料獲得の補助のための道具使用の最後の例が狩りだ。つい最近まで、チンパンジーが武器を使って狩りをする光景は、ごくまれな観察例があるだけだった。マハレで若いメスが、リスを樹洞の隠れ家から追い立てるために枝を使ったのが、唯一の確実な例だった。[36] ところが、セネガルのフォンゴリのチンパンジーによる、道具を使った狩りについてのプルエッツらの観察研究が発表され、すべてが変わった。プルエッツの研究チームは、チンパンジーが一方の端を噛んで整えた大きな枝を使い、樹洞に隠れるガラゴ（ブッシュベイビー）にけがを負わせ、殺すところを、何百回と目撃した。この武器使用はオスにもメスにも、おとなにも若年個体にもみられるが、おとなの方が若いハンターよりも成功率は高い。[37] 注目すべきは、ハンターに占めるメスの割合が、他の研究拠点よりも高いことだ。プルエッツは、フォンゴリのようなひらけた草原と森林のモザイク環境で、チンパンジーはふつう獲物をうまく追い詰めることができないが、武器を使うことで狩りの成功率が大きく向上していると主張する。[38]

道具と利き手

人類学者ははるか昔から、道具使用の議論とともに、右利き・左利きの起源についても推測してきた。利き手は道具使用に至るまでの重要なステップのひとつとされ、また脳機能の局在と関係がある（利き手と脳の半球優位性には強い関連がある）ことから、発話や言語の能力にともなって進化したとの仮説が提唱された。ヒト集団は普遍的に八〇〜九〇％が右利きだが、遺伝と学習がどのように組み合わさって人が利き手を発達させるのかは、まだよくわかっていない。野生チンパンジーもどちらか一方の手を好んで使うが、ほとんどの作業に関して、こうした好みはランダムで、集団全体にあてはまるものではないのが、ヒトとは異なる（ただし、飼育下のチンパンジーは集団レベルで利き手をもつことが以前から知られている）。しかし、近年の研究で、野生チンパンジーも道具使用の際、顕著な手の側性を示すことが明らかになった。利き手の研究のほとんどは、個体群間で左右の手の選好を比較したものだが、サンズらはグアルゴ三角地帯のチンパンジーがシロアリ釣りの際に強い右利き傾向をもつことを示した。利き手の傾向は、手先の器用さと精緻な運動制御が必要であろう作業（棒をアリの群れに浸すなど）の際に、もっとも顕著になった[39]。

ロンスドーフと、ヤーキーズ米国立霊長類研究所のウィリアム・ホプキンスは、ゴンベのチンパンジーの利き手を調査し、個体群レベルで利き手があることを実証した。左右どちらが優先するかや、優先度がどれだけ強いかは、作業の種類によって異なっていた。また、ヒトでそうであるように、利き手は家系で一致する傾向がみられた。ゴンベのチンパンジーは、シロアリ釣りについては個体群レベルで左利きが優勢だった。ボッソウのナッツ割りや、ゴンベの葉スポンジ使用に関しては、個体群レベルで右利きの優勢が知られている。どちらの研究でも、利き手に性差はみられなかった[40]。このように、作業別に利き手が存在するのは、チンパンジーがおこなうさまざまな作業の性質上、まず片手だけを使う必要性があり、やがてそれが左右どちらかの利き手になるためと考えられる。ヒトの道具使用も、片方の手を使う方が、もう片方を使うよりも簡単にできることが少なくない。保護施設や研究所でおこなわれた飼育下チンパンジーの研究でも、作業が複雑になるほど、利き手の優先的な利用が顕著になることが判明している。難しい手作業であるほど、片方の手を特化させることが有利になるのだ。

ボッソウでは、ケント大学のタチアナ・ハムルと京都大学の松沢哲郎が利き手の研究をおこない、年長の個体ほど利き手の傾向が顕著になることを示した。利き手がもっともはっきりと現れたのは、最も複雑な道具使用(ナッツ割り)の場面で、これには両手の動きの協調が求められる。利き手がもっとも不明瞭だった行動は杵つきであり、これはヤシの葉柄を使ってヤシの木の頂上部を叩き、食べやすいように柔らかくする行動だ。これも両手を使う行動だが、おそらく重労働であるため、両手を同じように使えた方が得なのだろう[41]。

投擲は、チンパンジーがしばしば見せる行動のひとつだが、研究者がそこにヒトの進化的起源を見出そうとすることはあまりない。ゴンベのチンパンジーのパーティが滝の近くの激流に近づくと、かれらは毛を逆立てる。流れ落ちる水の音や冷たさに興奮してなのか、チンパンジーたちは我先に駆け寄り、飛び石で流れを渡る。その最中、かれらは時に石を持ち上げ、ソフトボールの速球投手のように投げる。こんな時、研究者たちは距離を置いて、飛んでくる物体に気をつけなくてはならない。興奮したチンパンジーは、他の状況で他の物体を投げることもある。マックス・プランク進化人類学研究所のヤルマール・クールは最近、林床に溜まった投げた石に注目し、石投げの目的を検討した。これは要するに、もうひとつのチンパンジー考古学研究だ。クールらは、アフリカ各地の一七地点を調査し、石投げの動画記録を収集して、驚くべき事実を発見した。西アフリカの四コミュニティで、木の幹に石を投げつけたり、石を持って幹を叩いたりする行動がみられた。時には樹洞や幹の裂け目に向かって石を投げ、石が中に入ることもあった[42]。この行動の目的は不明で、採食との関連もなければ、他個体を驚かせるためでもなかった。

この石投げによって、木の幹の内部や根本付近に石が蓄積された。ハイカーが登山道に残す石塚にも似ている。石投げのもっとも興味深い点は、これがおそらく儀式的行動であることだ。石は狙いをもって、特定の木に向かって投げられ、そこに蓄積する。この行動がいつからおこなわれているかは定かではないが、標的になっているなかで最大かつ最古の木に関しては、一〇〇年にわたって続いている可能性もある。この行動の理由として、第一に考えられるのは、オスがディスプレイの一部としてやっているというものだ。石が木の幹に当たる音や光景は、手足を使って板根を叩く通常のディスプレイの効果を高めるだろう。残念ながら、クールらは石投げがオスの行動なのか、それともメスにもみられる行動なのかに言及していない。[43] それ以上に不幸なことに、かれらが論文で言及した推測の一部は、メディアに誇張され、チンパンジーが儀式的どころか「前宗教的」行動をおこなうと報じられてしまった。複数のメディアが、石投げにはスピリチュアルな目的があり、したがって石投げの標的の木は「聖地」であるなどと論じた。まっとうな動物研究から、これほどばかげた結論に至った例は、そうそうないだろう。

道具、文化、地理

本章の冒頭で、わたしは文化の意味と、文化がチンパンジーの社会のなかでどんな機能をもつかを検討した。アフリカ各地のチンパンジーのコミュニティにみられる、さまざまな行動の多様性が、生態学的条件ではなく文化によるものなのは確実だと思われる。こうした行動はしばしば環境と合致していないからだ。ゴンベのチンパンジーは、身の回りにいつでも石があるにもかかわらず、石器を使わない。タイのチンパンジーは石を集め、持ち運ぶが、かれらの棲む熱帯雨林の方がむしろ石は手に入りにくい。文化的行動の細部の違いが、じつはチンパンジーの個体群間の遺伝的差異に由来するというのは、ほとんどありえない話だ。ケント大学のスティーヴン・リセットらは、アフリカ各地のチンパンジー研究拠点における道具使用の有無に関する情報をもとに、道具使用の分布とチンパンジーの遺伝的距離のデータを照らし合わせた。これにより、各地域のチンパンジーの個体群は遺伝的に区別できるものの、文化はそうではないことがわかった。チンパンジーの文化はモザイク状に分布し、アフリカのチンパンジー全体の遺伝的な個体群構造とは一致していなかった。リセットらは、チンパンジーにおける個体群レベルの社会慣習に遺伝子は寄与していないと結論づけた[44]。

一方、遺伝子と文化の問題を再検討したケヴィン・ランジャーグレイバーとマックス・プランク進化人類学研究所のリンダ・ヴィジラントは、文化が優勢であるのは間違いないが、遺伝子の影響も排除できないと主張する。ランジャーグレイバーとヴィジラントは、リセットらはひとつひとつの行動にみられる多様性と遺伝的距離のパターンを照らし合わせたわけではないため、遺伝子と文化の問題を直接検討できていないと指摘した。チンパンジーの文化の系統樹を描き出すのは困難で、移住や頻繁な文化の局所絶滅、イノベーションを組み込むという難題に対処しなくてはならない。これまで見てきたとおり、チンパンジーはコミュニティ間を移動し、社会慣習と遺伝子を同時に新たなコミュニティに持ち込んで、両方を広めることがある。したがって、遺伝子と文化に対応関係があったとしても、チンパンジーの文化的行動が遺伝子によって継承されていることを意味するわけではない。単に、今よりも高度な遺伝子と行動の相互作用の理解なくして、遺伝子の影響は否定できないということだ[45]。

遺伝子だけでなく、生態学的条件も、チンパンジーの行動にさまざまな影響を与える交絡要因だ。自然環境がチンパンジーの行動に多大な影響を与えていることは、すでに取り上げてきた。森林の構造は、チンパンジーの食性だけでなく、狩りの方法や移動パターン、さらにはかれらが世界をどう見るかにも影響する。環境の影響を除外する唯一の方法は、個別の文化的慣習をケースバイケースで検討することだ。グルーバーらはまさにこれを実践し、五つのよく研究されているコミュニティ(キバレのカニャワラとンゴゴ、ブドンゴのソンソ、ブシンギロ、カニヨ・パビディ)にみられる文化的行動の研究をおこなった。かれらは、液体(蜂蜜)に道具を浸して採集する行動に注目し、これに関係する生態学的条件と、使用される道具一式を比較した。液体に浸す行動の多様性を説明する要因として、以下の三つの候補が検討された:遺伝子、個別に獲得された局所環境に対する反応、文化。それぞれのコミュニティは地理的に非常に近いため、遺伝的分化によって特定の行動にわずかな差異が生じた可能性はほぼありえない[46]。カニャワラとンゴゴのチンパンジーは、遺伝的には区別が不可能なほど近いにもかかわらず、すでに道具使用に違いが生じていた。

局所環境の違いによってチンパンジーがそれらに応じた特定の行動を発達させるとすると、食性がもっとも近いコミュニティどうしは、もっともよく似た道具一式を使って摘出採食をおこなうと予測される。また、液体浸しの方法の違いがもっとも大きいコミュニティどうしは、食性全体の差異も最大であると考えられる。最後に、遺伝子でも環境でもなく、社会的学習が特定の採食行動の差異の原因であるならば、研究者はリアルタイムで新たな行動が発明されるところや、新たな行動が移住個体によって持ち込まれ、コミュニティ全体に広まるところを観察できるだろう。これはまさに、オマリーらによるゴンベのアリ釣りに関する報告に他ならない。リアルタイムで観察研究を実施できなかったグルーバーらは、環境要因の仮説に重点をおき、これを支持あるいは棄却する証拠を探した。

　グルーバーらは、五つのコミュニティでおこなわれる液体浸しの違いを、野外実験によって検討した。かれらは事前に用意した丸太に、道具を使わないと届かないよう穴をあけて蜂蜜を入れ、チンパンジーが頻繁に通る採食ルート上に設置した。また、丸太の近くに、道具として、葉を取り除いた枝を置いた。こうして、チンパンジーの反応をモーションセンサーカメラで記録した。この「ハニートラップ」実験に、ブドンゴ・コミュニティの個体は一様な反応を示し、みな同じ道具をつくるか使うかして蜂蜜を得た。カニャワラでもブドンゴと同様の道具使用がみられた。だが、カニャワラ、ンゴゴ、ソンソの三コミュニティは、いずれも異なる局所環境に棲んでいる。どの研究拠点でも、チンパンジーの主食は熟した果実だが、森林ごとに構成樹種、食料の獲得可能性、果実の生産性は異なる。食料の入手可能性と摂取量は、とりわけソンソと他のコミュニティの間で大きな差がみられた。にもかかわらず、食料の質・量ともに劣るコミュニティで道具使用が促進されるわけではなかった。道具使用のパターンは森林の生産性とは無関係で、摘出採食における道具使用を、生態学的条件から予測することはできなかった。一般に、環境と文化は相補的要因と考えるのが適切だが、チンパンジーの文化は環境が与える機会とは独立に存在しているのかもしれないと、グルーバーは結論づけている[47]。

一方で、チンパンジー社会の性質は明らかに、文化の地理的分布を形づくるのに重要な役割を果たしている。地理的に近いコミュニティどうしは、遠く離れたコミュニティどうしよりも、文化的特徴を共有している可能性が高い。これはおそらく、コミュニティ間の移住によって、移住個体が学習した行動を持ち込むためだろう。マサチューセッツ大学アマースト校のジェイソン・カミラーとジョシュア・マーシャックは、ホワイテンらが収集した三九の文化的特徴の分布を分析することで、このことを実証した。文化的特徴の分布の予測因子としてもっともすぐれていたのは、局所環境ではなく、地理的条件（アフリカの中での経度）だった。行動レパートリーは、地理的に近いコミュニティほど共通点が多く、コミュニティ間の距離が離れるほど相違点が増加する明らかな傾向がみられた[48]。この発見によって、遺伝的距離が行動の地理的分布の原因である可能性は排除できないという、ランジャーグレイバーらが指摘した問題が解消するわけではない。しかし、かれらは悪魔の代弁者［訳注：議論の妥当性を試すために意図的に反論や批判をする人物］だと考えるべきだろう。半世紀にわたるフィールド研究の成果を考慮すれば、コミュニティ間の行動の差異を説明するにあたり、妥当なアプローチは、社会的学習以外にないと言っていい。

チンパンジーの行動にみられる文化的差異は、アフリカ各地で毎年新たに発見されている。道具使用やボディランゲージの細かな違いは、明らかに文化的なものだと考えられる。一方、学習性の行動と局所環境への反応の境界線が不明瞭な行動もある。チンパンジーがある森林ではサルのおとなより赤ちゃんを好んで捕獲し、別の森林では逆なのは、森林構造上の制約のため、一方が他方よりも容易だからだろうか？　それとも、ハンターのオスたちは、他のオスたちがずっとそんな風に狩りをしてきたから、同じことを実践しているだけなのだろうか？　一部の慣習が世代を超えて維持される一方で、他のものが短期間で消滅したり、そもそも定着しない理由を、わたしたちが正確に把握できるようになるのは、まだまだ先の話だ。

第九章　血は水よりも濃い

種の定義は時代とともに進化してきた。プラトンやアリストテレスにとって、すべての生物種はそれぞれの本質的要素を備えた存在だった。何もかもが完璧なある一羽のクロウタドリが存在し、それ以外のすべてのクロウタドリは、完璧からわずかに外れた種の表象とされた。この論理はヒトにも適用された。ヒトの外見や皮膚色の多様性は、純血や本質主義といった人種差別的言説にとって、あまりに都合がよかった。人類学の教科書には、つい六〇年前まで、「典型的中国人」や「典型的スカンディナヴィア人」といった、民族集団の口絵写真が添えられていた。本質主義的な種の定義は、長いあいだ科学界で主流だった。地球上の膨大な数の動植物を記載し名付けた、偉大なカール・リンネでさえ、どの種も自身の小部屋に収まり、たがいに完全に独立の存在であると考えていた。リンネの世界観を曇らせたのは宗教だ。地上のすべての生物は、神がそれぞれ別々に、今あるかたちで、ほんの数千年前に創造したものと考えていたのだ。種はそれぞれに独立で、たがいに永遠に隔てられたものという見方が誤りであることを、今のわたしたちは知っている。種は遺伝子プールであり、どこまでも流動的で、大小さまざまな干渉を受ける。

一六九九年、チンパンジーを解剖したエドワード・タイソンが指摘した、ヒトと大型類人猿の類似性は、どんなに不真面目な解剖学の学生でも共通祖先の存在証拠と考えるくらい、明白なものだった。[1] 一七七六年、ドイツの博物学者フリードリヒ・ブルーメンバッハが、チンパンジーに学名をつけた。ブルーメンバッハは、理由の説明もないまま、古代神話の穴居人にちなんで、種小名を *troglodytes* とした。四〇年後、同じくドイツ人のローレンツ・オーケンが、チンパンジーの属名を *Pan* と命名した。こうして、チンパンジーは正式に、生物分類学上の小部屋を与えられた。[2] チャールズ・ダーウィンを擁護したトマス・ハクスリーは、一九世紀半ば、類人猿はヒトとともに真猿亜目に分類すべきであると主張し、わたしたちは永遠に他の生物と隔てられた存在であるという宗教的教義との決別を宣言した。

ダーウィンとハクスリーは、いずれもチンパンジーとゴリラの解剖学的特徴が似ていることに注目し、この二種と、さらにはヒトとが、共通祖先をもつと考えた。その後、博物館のキャビネットには、類人猿の骨格や剥製が増えていった。初めて科学界に認識されたボノボは、一九二七年にベルギー領コンゴで射殺された個体だった。その後の数十年、かれらはピグミーチンパンジーと呼ばれたが、実際には小柄なわけではなく、体格がほっそりしているだけだ。比較解剖学だけが証拠とされた時代、*Pan troglodytes* の種としての独自性について、長く議論が続いた。

今の研究者の多くが、類人猿とヒトの比較解剖学の分野でキャリアを築いてきた。チンパンジーの化石の探索は、人類化石の探索以上に難航しているが、現代のチンパンジーの祖先が、最初のホモ属と同時代に東アフリカのリフトバレーに分布していた証拠がみつかっている。コネティカット大学のサリー・マクブリアーティとペンシルベニア州立大学のニーナ・ジャブロンスキーは、現代のチンパンジーとほぼ同一と断定できる、初めての化石類人猿を発見した。[3]

一九七〇年代に登場した、現代の進化年代推定技術は、ヒトの系統樹についてのわたしたちの考えを根本から変えた。最初の生化学的ブレイクスルーは、カリフォルニア大学バークレー校の人類学者ヴィンセント・サリックと生化学者アラン・ウィルソンによるものだ。かれらは、すべての動物種の免疫学的近縁度をもとに、それらの種が分かれてからどれだけの進化的時間が経っているかを推定する手法を開発した。サリックとウィルソンは、ヒト、チンパンジー、ゴリラの血中たんぱく質は非常によく似ているため、分離度はごくわずかであるはずだと考えた。そして、ヒト、類人猿、その他の霊長類の血清をウサギに注射し、抗体反応の強さを測定した。近縁種であるほど、抗体反応は弱くなる。ここからサリックとウィルソンは、初期人類と現代のチンパンジーが共通祖先から分岐した年代を推定した。[4]

ＤＮＡの発見から二〇年と経たないうちに生まれたことを考えれば、この免疫時計の手法は画期的だった。だが、ヒトと類人猿の分岐年代を推定する、さらに高度な手法がまもなく登場する。分子遺伝学の黎明期、中立的な分子の変異は時とともに蓄積するため、これを時計とみなし、化石記録のなかの年代の確定しているできごとと照らし合わせることが可能だとわかった。問題の分子が変化する速さがわかっていて、それが一定であるかぎり、この分子時計は、二種の生物が分岐した年代を正確に特定できるはずだ。この用途に関しては、どの遺伝子でも利用できるわけではない。自然淘汰やその他の力によって、結果が混乱したり、一貫しない可能性があるからだ。

分子時計分析の結果は、ヒトと類人猿の分岐年代の推定に多大な影響を与えた。サリックとウィルソンの免疫分析の結果と、分子遺伝学の新証拠はいずれも、ヒトの祖先とアフリカ類人猿の分岐がわずか五〇〇万年前であることを示していた。当時、化石記録を調べていた研究者たちは、それよりはるか昔、おそらく二〇〇〇万年前までさかのぼると確信していた。この共通見解は、数十年にわたる化石の探索と発掘、さらにその後何年も続く研究室での標本の分析の末に、ようやく得られたものだった。サリックとウィルソンは、ごく短時間の分析（今なら一時間の昼休みで終わってしまうかもしれない）に基づく結論を、堂々と主張した。サリックは、最古の人類の可能性が示唆される化石について、五〇〇万年前よりも古いなら、外見がどうであれ、定義上、ヒトの直接の祖先ではありえないと一蹴した。

サリックとウィルソンの分岐年代は、後にわずかにずれていただけだと判明した。かれらは事実上、ヒトとチンパンジーの進化にまつわる議論を制したのだ。一九八四年、イェール大学のチャールズ・シブリーとジョン・アールクィストが、DNAハイブリダイゼーションと呼ばれる技術を確立し、より正確で包括的な霊長類の分岐年代推定をおこなった。この方法では、まず二種の霊長類のDNA分子を混ぜ合わせる。混合液を加熱すると、DNAの二重らせん構造がほどけ、一本鎖の分子になる。その後、冷却の過程で異種のDNAどうしの結合のしやすさを測定する。塩基配列の類似性が高い、すなわち近縁であるほど、結合をほどくのにより多くの熱エネルギーが必要となる。こうして、シブリーとアールクィストは、系統樹をつくるのに必要な指標を手にした。分析の結果、チンパンジーとヒトは、約六〇〇万年前に分岐した、進化的にみてきょうだいにあたる種だとわかった。[5] わたしたちとチンパンジーの分岐年代は、わたしたちとゴリラの分岐（八〇〇～一〇〇〇万年前）よりもずっと新しい。オランウータンはそれよりも系統的に遠く、約一五〇〇万年前に袂を分かった。テナガザルと分かれたのは約二〇〇〇万年前だ。

正確な年代推定を試みる研究はさらに続いた。一九九〇年代、複数の研究グループが競ってヒトゲノムの解読にあたった。一九九七年、ハーバード大学のメアリー・エレン・ルヴォロの研究により、ヒトとチンパンジーの関係が、ヒトとゴリラ、および（解剖学的には明らかに共通点の多い）チンパンジーとゴリラの関係よりも近いことが決定的となった。[6] カリフォルニア大学サンディエゴ校のパスカル・ギャノーらがつくりあげた、すべての大型類人猿の分子系統樹は、それまで考えられていた以上に複雑な分岐の歴史を示していた。初期人類、チンパンジー、ボノボは、同時に三系統に分かれたわけではなかった。*Pan* 属は、他の大型類人猿が *Pan* 属と初期人類を合わせた系統から分岐したよりも、ずっとあとになって分かれた。チンパンジーとボノボが現代の姿へと分かれたのは、過去一〇〇万年以内のことだ。[7] 一九九八年には、モリス・グッドマンらが、ヘモグロビン分子を構成するβグロビンをコードする遺伝子に注目した進化系統の分析に基づき、同様の結果を発表している。六〇種の霊長類を対象としたこの研究は、分子遺伝学的証拠と化石記録のずれを解消するのに役立った。グッドマンの推定では、すべての霊長類の共通祖先は六三〇〇万年前に生きていたとされたが、これは化石記録からの推定である六五〇〇万年前ときわめて近い値だ。また、類人猿の系統がサルから分かれたのは二五〇〇万年前とわかった（こちらも、もっとも古い類人猿の化石が約二五〇〇万年前のものであることと符合する)。グッドマンらは、ゴリラがヒト・チンパンジー系統から分かれた年代を八〇〇万年前、ヒトとチンパンジーが最終的に共通祖先から分岐した年代を六〇〇万年前とした[8]。

一・六%の違い

ヒトとチンパンジーのDNA配列の「九八・四%が共通である」という言い回しに、聞き覚えがある人は多いだろう。この数値はもはや常套句になっているが、遺伝学者がいかにしてこの値にたどり着き、それが実際に何を意味するかは、それほど明らかではない。シカゴ大学・国立台湾大学の陳豊奇と李文雄は、ヒトとチンパンジーのDNA配列の九八%以上が重複することを明らかにした[9]。二〇〇〇年代のその他の研究では、類似性は九八・六%から九九・四%の間の値が示された。広く引用される九八・四%という値は、少なくとも三〇以上ある研究のさまざまな推定値の単純平均だ。しかし、この値は進化の視点でみる必要がある。ヒトは、他のほとんどの哺乳類とほぼ同じ、約三〇億塩基対からなるゲノムをもつ。ヒトの遺伝子の数は、マウスやイヌの遺伝子の数とほぼ同じだ。ヒトの遺伝子のほとんどについて、他の哺乳類にも相当する遺伝子が存在する。ヒトとチンパンジーのDNA配列がほとんど同じであると聞くと、いかにも驚くべきことのようだが、わたしたちのゲノムの八〇〜九〇%は、マウスのゲノムとも同じなのだ。

ヒトのユニークさ、そしてチンパンジーとヒトの近さを理解するのにもっともよい方法は、機能的ゲノムに注目することだ。ヒトはもちろん、ウニからゴリラまで、多種多様な生物種のゲノムの「マッピング」が完了したと聞いたことがあるかもしれないが、この表現は誤解を招く。マップはあくまで概略図であり、種間で相同遺伝子のどこに違いがあり、どこが同一なのかを特定し、固有の遺伝子あるいは遺伝子群のはたらきを解明するという、膨大な仕事がまだ残っている。

ヒトとチンパンジーの遺伝的な青写真は、全体でみると驚くほどよく似ている。それでも、わたしたちを隔てる数百万年の進化に隠された秘密を解くことで、やがてはヒトの何が特別なのかが明らかになるだろう。わたしたちが知りたいのは、ヒトの体毛の喪失、直立歩行、言語能力を規定する遺伝子がどこにあるかだ。本当に重要なのは、こうしたゲノムの機能的部分であり、それらが占める箇所は比較的少数なのかもしれない。

チンパンジーとヒトのDNA配列の重複度を推定する方法はいくつもあり、得られる結果はそれぞれ異なる。ヒトゲノムには約二万五〇〇〇個の遺伝子が存在する。その一・六%と考えると、ヒトとチンパンジーのゲノムの間で異なる遺伝子は、わずか四〇〇個ほどにすぎない。一方、ヒトゲノムは約三〇億塩基対からなるが、こちらを基準にすると、チンパンジーとの差は一%をはるかに下回り、三五〇〇万塩基対程度と推定される。DNA配列のなかの三五〇〇万塩基対は決して小さな数ではないが、このなかでアミノ酸配列という実際の機能的結果が変化しているのは、さらにひと握りだ。ヒトとチンパンジーのゲノムの差異を調べた最初期の研究結果は、今でも重要な意味をもつ。ヒトゲノムがコードするたんぱく質の九九%以上はチンパンジーのそれと同じであるという、ウィルソンとスタンフォード大学のメアリー・クレア・キングによる研究だ。
　カリフォルニア大学サンディエゴ校の分子生物学者アジット・ヴァルキは、ヒトとチンパンジーを隔てる別の進化的な力の存在を示した。たんぱく質や脂質に結合する糖である糖鎖は、細胞シグナルに関係している。ヴァルキと共同研究者のタシャ・アセイドは、糖鎖のなかでもシアル酸に注目して研究をおこない、二〇〇～三〇〇万年前に起きた重要な変異が脳の免疫システムに変化をもたらしたと主張した。この変異によって本来の機能が失われたことが、類人猿の脳の誕生や、のちのヒトに固有の脳の進化にも関係していると、彼らは考えている。[11]
　一部の分子遺伝学者は、ヒトだけに生じた変異のなかで、自然淘汰の産物であるのはごく一部だと指摘する。ある推定によれば、その割合はゲノムの一〇～一三%だ。シラキュース大学のスティーヴン・ドーラスらの推定では、ヒトの脳と中枢神経系をつくり、機能させるのに関与する遺伝子はわずか二一四個しかない。このなかで、二四個が急速に進化しているらしいことをドーラスらは示した。[12]スタンフォード大学のカルロス・ブスタマンテは、ヒトゲノムのなかのたんぱく質をコードする遺伝子にかかる淘汰圧を調べた。この研究により、わたしたちを特別な存在にしている遺伝子は、嗅覚、聴覚、消化器系、体毛喪失などに関係していることがわかった。[13]他のほとんどの哺乳類と比べ、チンパンジーとヒトの嗅覚と聴覚はきわめてよく似ていることを考えると、チンパンジーが世界をどう解釈しているかに関してはまだまだ研究の余地があり、さらにいえば、ブスタマンテの研究で見つかった遺伝子は、なんらかの形でより本質的な変化に関連しているのかもしれない。

ヒトとチンパンジーを分かつ決定的要素として、もっとも頻繁に取り沙汰される遺伝子が、*FOXP2* だ。*FOXP2* は「言語の遺伝子」と呼ばれるが、この遺伝子に変異があると、実際には言語だけでなく、さまざまな認知障害を併発する。*FOXP2* は言語獲得との関連が報告された最初の遺伝子のひとつであり、脊椎動物全般にほぼ同じかたちで存在し、鳥類と哺乳類において一億年にわたって安定的に維持されてきた。この遺伝子はもちろんヒトにも存在するのだが、ヒトの *FOXP2* は、チンパンジーのものとは大きく異なる。このことは、わたしたちが *Pan* 属と分岐した後のある時点を起点とした、過去数百万年のヒトの進化において、言語能力が明らかに強力な淘汰圧を受けてきたという事実と、きわめて整合性が高い[14]。

ヒトの体毛の喪失については、ゲノムに埋め込まれた有力な状況証拠に基づく研究がおこなわれている。注目したのはシラミの進化だ。アタマジラミとコロモジラミの分岐年代から、わたしたちの直接の祖先が体毛を失ったのは、一〇〇万年かそれ以上前であることが示唆される。ユタ大学のアラン・ロジャースらは、皮膚色素たんぱく質をコードする *MC1R* 遺伝子に注目し、ヒトは約一二五万年前にはじめて暗色の皮膚色素を獲得したと推定した。チンパンジーの硬く黒い体毛の下には、ふつう淡色の皮膚があるが、裸出した部分の皮膚は暗い色をしている。かれらの皮膚は体毛に加え、そもそも一日のほとんどを樹冠の下で過ごすことで、有害な太陽の紫外線から守られている。ヒトが体毛を退化させたとたん、皮膚がんという健康への脅威が出現した。これにより、防御物質であるメラニンを皮膚に多く含む個体が、強い正の選択を受けたのだろう[15]。

ヒトに固有の機能的遺伝子のなかで、ケイレブ・フィンチとわたしは、アポリポたんぱく質E

をつくる*APOE* に注目した。*APOE* は脂質の代謝にかかわり、体内でコレステロールと脂質の吸収を促進する役割を担う。また、*APOE* のアレル（対立遺伝子）は、循環器疾患やアルツハイマー病など、さまざまな病気との関連が指摘されている。三つのアレル（*APOE2*、*APOE3*、*APOE4*）のうち、ヒトでもっとも一般的なのは *APOE3* だ。*APOE4* は将来のアルツハイマー病発症リスクの主要な予測因子であり、またそれには予測力で劣るものの、循環器疾患にも関連が知られている。*APOE3* がヒトゲノム中に出現したのは過去数十万年以内のことで、*APOE4* に似た祖先型のアレルが起源だったとみられる。つまり、すべての霊長類の祖先的アレルは *APOE4* だが、ヒト族でだけ *APOE3* が現れたのだ。体内で脂質とコレステロールを調整するという機能と、ヒトと類人猿の分岐直後に出現している事実から、フィンチとわたしはひとつの仮説を立てた。*APOE3* は、病気のリスクを負うことなく肉の摂取量を増やすという、初期人類の適応に関連する遺伝子の候補として最適である、というものだ。ヒトの長寿命（チンパンジーよりも数十年長い）は、わたしたちの祖先の遺伝子に変異が生じ、質の高い食料を関連疾患にかかることなく摂取できるようになったおかげかもしれない。わたしたちは寿命を縮める（げっ歯類を高カロリーもしくは高脂質の餌で飼育すると実際こうなる）のではなく、むしろ伸ばした。フィンチとわたしは、この逆説を可能にしたのは、「肉食適応」遺伝子の変異であると主張した。[16]

ヒトと類人猿を隔て、わたしたちを特別な存在にしている、病気に関連する遺伝的変異として、*APOE* はあくまで仮説にすぎないが、一方ですでに確実なゲノム学的証拠が明らかになっている、ヒト特有の疾病関連遺伝子もある。ヒト免疫不全ウイルス（ＨＩＶ）は八〇〜一三〇年前の中央アフリカに起源をもつ。ＨＩＶについては、複数の株のゲノムの解析がおこなわれ、その進化史がかなり詳しくわかっている。ＨＩＶが分岐する前の祖先であるサル免疫不全ウイルス（ＳＩＶ）は、数百万年前の中央アフリカまたは西アフリカで誕生し、複数の種の霊長類に感染する。現在、ＳＩＶは少なくとも四〇以上の株があることが知られており、このうち二つがはるか昔にＨＩＶ－１とＨＩＶ－２に進化した。このウイルスの感染歴のないチンパンジー個体群はほとんどいない。ＨＩＶ－１に進化したＳＩＶ株の正式名称はSIVcpzであり、チンパンジーに起源があることを示している。チンパンジーが時にサルを捕食するように、ヒトもチンパンジーを狩り、食料にすることがあり、これが感染の連鎖を引き起こした可能性が高い。ＳＩＶの発見のあと、野生チンパンジー個体群におけるウイルスの保有率を尿や糞のサンプルから調べる研究がおこなわれた。ゴンベでは、調査対象個体の九〜一八％が陽性反応を示した。ただし、ＳＩＶは致死的な病気ではないようだ。ヒトはＨＩＶ陽性の場合、例外なくＡＩＤＳを発症するが、チンパンジーの場合、ＳＩＶを保有していても、明らかな害はみられない。[17]

ＳＩＶの発見から一〇年の間、チンパンジーは無害なＳＩＶ株の宿主にすぎないと考えられていた。しかし、ゴンベでさらなる研究がおこなわれたことで、そうではないとわかった。アラバマ大学バーミングハム校のブランドン・キールとベアトリス・ハーンは、共同研究者とともに、ＳＩＶに感染したゴンベのチンパンジーの死亡率が非感染個体の一〇〜一六倍にのぼることを示した。また、ＳＩＶ陽性のメスの子の死亡率もより高かった。ヒトのＡＩＤＳ患者と同様に、ＳＩＶ陽性チンパンジーではＴ細胞数が激減していた。にもかかわらず、一部の感染個体は長生きし、ＡＩＤＳに似た病状の進行はみられなかった。ＳＩＶ陽性チンパンジー全体の平均余命が、未治療のヒトのＨＩＶ陽性患者と異なるかどうかはわかっていない。ウイルス自体の分子遺伝学研究によれば、ＳＩＶは数千年前からチンパンジーに蔓延していて、これはヒトがＨＩＶに初めて感染するはるか前だ[18]。数百世代にわたって感染を繰り返してきたことで、チンパンジーはある程度の免疫を進化させたのかもしれない。

ヒトとチンパンジーを比較するとき、忘れてはいけないことがある。わたしたちは共通祖先から分岐したあと、たいがいに数百万年にわたって独自の進化を歩んできた。コロンビア大学のプリヤ・ムアジャニ、モリー・プシェヴォルスキーらのチームと、ケヴィン・ランジャーグレイバーらのチームがそれぞれ最近おこなった二つの研究によると、ヒトとチンパンジーの系統の分岐は少なくとも八〇〇万年前にさかのぼると推定される[19]。つまり、合わせて一六〇〇万年分の新たな変異が蓄積されているのだ。遺伝的変化がどれだけ小さいとしても、解剖学的に劇的な変化をとげたのは事実だ。ウィルソンとキングは、ヒトをヒトたらしめるのは、遺伝子の構造よりも発現の変化である可能性が高いことを示した。もしヒトとチンパンジーが、二種のカエルかなにかの動物なら、解剖学的特徴だけをもとに、別の科や亜目に分類するかもしれない[20]。つまり、わたしたちのゲノムと身体は、大きく異なる進化の道のりを歩んできたのだ。

チンパンジーという種

ヒトとチンパンジーを進化的観点からどう区別するかという問題については、新たな研究手法の登場により、答えがある程度見えてきた。一方で、チンパンジーという種をどう定義するかも、一筋縄ではいかない問題だ。現在の理解では、種の境界線は雲のようにあいまいで、近縁種どうしは融けあうようにつながっている。種とは流動的な遺伝子プールなのだ。このように、種の流動性を前提として考えれば、種分化のプロセスを深く理解することができる。生物学者たちは、数多くの種概念のうち、どれを採用するかをめぐり、議論を続けてきた。海洋島や、河川や人工的環境に分断されたパッチ状の森林のように、長きにわたって隔絶された環境に棲み、よそとの交雑のない個体群は、独立種とみなされることが多い。たとえ長く隔絶された個体群のオスと、別の個体群のメスを一緒に飼育すれば、容易に繁殖し、生まれる子も生殖能力をもつとしても、その扱いは変わらない。進化的な原則を、自然界の実情にあてはめることは、必ずしも容易かつスムーズとはいかないのだ。

チンパンジーは近縁のボノボとともに *Pan* 属に分類される。分子遺伝学的証拠から、二種は共通祖先から分かれて一〇〇万年足らずとされる。ホモ・エレクトゥス *Homo erectus* がアフリカを出てアジアに進出したころ、中央アフリカの類人猿の一種が、二つあるいはそれ以上の原初的な種として分岐した。二つの個体群はたがいに隔絶されたまま、変異が蓄積し、やがて二つの遺伝子プールは遺伝的にも解剖学的にも独自の存在となった。霊長類行動学者は、チンパンジーとボノボの対照的な性行動や社会行動を、両種の特徴にあげる。また、マックス・プランク進化人類学研究所のケイ・プリューファーらの研究により、現代人とチンパンジー、もしくは現代人とボノボのゲノムの間で、チンパンジーとボノボ以上に配列が類似している部分が、全体の三%に相当することが明らかになった[21]。このことは、わたしたちがこの二種の類人猿とごく近い姉妹種であることを示している。

現在、チンパンジーは四亜種に分類されているが、サンガー研究所のハビエル・プラド＝マルティネスらの最近の研究によると、一部の個体群は他よりも分岐年代がずっと古いため、今の分類体系には再考が必要かもしれない[22]。亜種の定義は、過去四〇年間、進化生物学において、もっとも激しく議論が交わされてきたテーマのひとつだ。亜種とは、独立種へと分岐する途中にある明確に区別可能な個体群、すなわち現在進行形で形成されつつある種の初期段階だとする説もあれば、解剖学的あるいは遺伝的に独立した単位であり、その固有性だけに基づいて命名されるという説もあり、さらには恣意的で無意味な種の下位区分でしかないという説さえある。生物学の学術誌には、それぞれの（そしてさらにたくさんの）立場の主張が入り乱れている。

生物学者は時に、種をたくさんの亜種に分けたいという願望が強すぎて、進化的な現実を無視してしまう。マウンテンゴリラの分類に関する論文で、解剖学者のエステバン・サルミエントらは、ヴィルンガ火山帯に生息するマウンテンゴリラは、すぐ近くのウガンダのブウィンディ原生国立公園の個体群とは独立のものとして再分類すべきだと主張した。かれらはいくつもの些細な解剖学的差異をあげたが、統計的な検証に耐えるものは、そのごく一部でしかなかった。のちにサンディエゴ動物園のカレン・ガーナーとオリヴァー・ライダーがおこなった遺伝学的研究でも、二つの個体群は遺伝的に同一であることが示された[23]。かつて広大だった森林が、過去数世紀の間に分断されたことで、この二つのゴリラの個体群は、実際よりも孤立している印象を与える。二つの生息地を合わせてもわずか八〇〇頭しかいないことを考えれば、もしマウンテンゴリラを二亜種、四〇〇個体ずつに分類すれば、種の保全管理にきわめて重大な影響を与えるだろう。

現在認められているチンパンジーの四亜種は、いずれも危機的状況というわけではないが、一〇〇年先まで安泰とはいかないだろう。そのため、チンパンジーの遺伝的多様性の特徴と規模を理解することはきわめて重要だ。*Pan troglodytes* を構成する四亜種は以下のとおりだ。基亜種 *P. t. troglodytes* は、中央アフリカの熱帯雨林地帯に広く分布する。西部亜種の *P. t. verus* は、タイ国立公園とその周辺に分布する。東部亜種の *P. t. schweinfurthii* は、もっともよく研究されていて、かつもっとも分布域が広い亜種であり、ゴンベ、マハレ、ブドンゴなどの個体群を含む。第四の亜種、*P. t. ellioti* は、ナイジェリアとカメルーンのチンパンジーで、ニューヨーク市立大学のキャサリン・ゴンダーらによるミトコンドリアDNA分析に基づき、最近になって命名された[24]。ただし、この分類にも異論がないわけではない。マックス・プランク進化人類学研究所のアン・フィッシャーらは、核DNAの非反復配列の差異に注目すれば、チンパンジーの四亜種の遺伝的分化の程度は、ヒトの民族集団と同程度であることを示した[25]。ヒトの民族集団を別々の亜種に細分化することは、科学的に意味をなさない。フィッシャーらは、チンパンジーの亜種分類についても、同じように無意味だと主張する。

広い分布域をもつ種のほとんどは、解剖学的・遺伝的な変異を示す。個体群の違いは漸進的で、たいていごくわずかだ。二つの個体群の距離が離れているほど、遺伝的分化は進んでいる。チンパンジーの亜種分類に関する研究のほとんどは、広大な分布域のなかのどの地点で採取されたかが不明確な遺伝子サンプルに基づいておこなわれている。同じくマックス・プランク研究所のトーマス・フュンフシュトゥックらは、採取地点の判明しているサンプルのマイクロサテライト遺伝子型に基づき、チンパンジーの遺伝的多様性は従来の亜種分類よりも、ゆるやかなクライン（連続体）として理解するのが適切だと主張する。これは現代人の遺伝的多様性についての共通見解でもある。東アフリカから中央アフリカまでの赤道周辺に分布するチンパンジー個体群は、分類単位上の亜種よりも、たがいに近い関係にある。この結果は、分布域のなかに、過去一〇〇万年前後に起きた寒冷化と乾燥化、および熱帯雨林の後退によって生じたとされる、乾燥気候の国々からなる西アフリカの一角（ダホメギャップ）が含まれることを考慮すると、意外に思える。従来は、この気候変動が、中央および西アフリカのチンパンジーの孤立化と遺伝的分化につながったと考えられてきた。しかしフィッシャーらは、二つの個体群の分岐はより最近のことで、分岐進化を促すほどの時間はまだ経過していないと論じた。[26]

遺伝子解析は、チンパンジーとボノボの分岐に関する古典的なシナリオさえも書き換えた。数十年来の通説では、チンパンジーとボノボが共通祖先から分岐したのは一〇〇〜二〇〇万年前で、その原因は巨大なコンゴ川の流路変化だとされてきた。流路変化によって超えられない地理的障壁が生まれ、二つの類人猿の個体群が分断された。個体群間の遺伝子流動がなくなり、両者は別々の進化をたどって、現在の *Pan* 属の二種が生まれたと考えられてきた。しかし、京都大学霊長類研究所の竹元博幸らが提唱するシナリオは、これとはまったく異なる。コンゴ川はこれまで考えられていた以上に古いことを示す最近の分子遺伝学的証拠をもとに、現在のボノボの祖先にあたる小集団は、コンゴ川の水位が極端に低下した時期に、浅い場所を渡って左岸にたどり着き、そのまま取り残されて、時とともに右岸の別集団から分化したと、竹元らは主張する。[27]

チンパンジーの遺伝的な個体群構造の解明が進めば、効果的な保全戦略の策定と実施の助けになるだろう。また、社会行動や個体群構成の特徴を類型化するのにも役立つかもしれない。DNA解析によりオスどうしの血縁度が明らかになったことで、チンパンジー社会の政治的構造について重要な示唆が得られた。チンパンジーのコミュニティの中核をなすのは、出生地から分散しないオスたちであることから、オスどうしの血縁度は高いと予想される。しかし、実際には必ずしもそうではないようだ。一九九〇年代にハーバード大学のアンソニー・ゴールドバーグとリチャード・ランガムがおこなった研究で、カニャワラのオスどうしの平均血縁度は期待値を下回っていた。[28] より最近の研究でも、結果はあいまいだ。リンダ・ヴィジラントらの研究では、タイのオスどうしの血縁度と、メスどうしの血縁度との間に有意差はみられなかった。タイでは、アルファオスが半数以上のこどもの父親であったが、アルファの交尾独占能力は、コミュニティ内にオスが多い時期には低下した。タイには事実上、周辺の別コミュニティのオスによる遺伝子流動が存在しないことを考えると、これは驚くべき結果だ。実際、ヴィジラントらの研究でも、数十個体の遺伝子サンプルのなかで、コミュニティ外の父性とみられるケースは一例しか見つかって

表 9.1　代表的なチンパンジーのコミュニティにおける遺伝的血縁度の平均値。データは Inoue et al. 2008 より。

コミュニティ	個体数	父系の半きょうだいの割合(%)
カセケラ（ゴンベ）	45	11.0
Mグループ(マハレ)	60	15.6
タイ・ノース	38	18.6
ンゴゴ	150	5.1

いない。チンパンジーにおけるオスどうしの協力は共通の遺伝子に基づくものだという考えは改めるべきだと、ヴィジラントらは主張する。同じコミュニティのオスどうしには、血縁関係の有無にかかわらず、結束してなわばりを防衛するという強い動機が存在する。また状況によっては、コミュニティ内の異性間で、オスどうしよりも強固な絆が形成されることもありうる。[29]

同じことが他のチンパンジー個体群にもいえるが、多少の違いもある。京都大学の井上英治らによれば、マハレ山塊国立公園のオスどうしの平均血縁度はメスどうしよりも高い。これは、一頭のアルファオス（ントロギ）が長年にわたって在位したことで、彼の遺伝子がコミュニティに残るたくさんの息子たちに受け継がれたためかもしれない。オスは出生地に残留するにもかかわらず、チンパンジーのコミュニティのオスどうしの平均血縁度が、半きょうだいのレベルを超えることはめったにないようだ。とはいえ、メスどうしの血縁度をわずかながら上回るのがふつうだ。血縁関係にあるオスどうしは一緒に過ごす時間が長いため、血縁関係はオスどうしの協力にある程度の影響を与えている。血縁関係に基づくオスどうしの協力と、それに直接起因しない協力は、外見的にも機能的にも同じだ。

チンパンジーの社会では、父親が同じで母親が違うオスどうしが協力しあうため、実質的に血縁淘汰がはたらく。井上らによるマハレの父性研究で、アルファオスはコミュニティで産まれるこどもの約半数の父親だった。タイ（五〇％）とゴンベ（三五％）でもこれに近い結果が得られている。出生地から分散しない半数のこども（すなわちオス）の間の血縁度は、約二五％になると予測できる。実際のオスどうしの血縁度は、これまで調査されたコミュニティのほぼすべてで、これよりわずかに低かった。唯一の例外であるンゴゴでは、オスどうしの血縁度はわずか五％であり、これはコミュニティ内にオスが多く、そのためこどもを残すオスも多いせいだろう。[30]

ランジャーグレイバーらは、Y染色体を利用して、コミュニティ構造と寿命に関する研究をおこなった。Y染色体は父親から息子に受け継がれるため、血縁関係にあるオスどうしが一緒に棲む種を研究する材料としては最適だ。Y染色体に注目したヒト社会の研究は多いが、ヒト以外の霊長類に用いられることはあまりない。これまで見てきたとおり、チンパンジー社会は父方居住傾向が強い。オスたちは出生地にとどまって一生を終えるのに対し、メスたちは移住する。ランジャーグレイバーらは、同じコミュニティのオスたちの、いちばん最近の共通祖先が生きていた年代を推定した。アフリカ各地の五つのコミュニティの約三〇〇個体について、糞サンプルから抽出したDNAを利用し、一三遺伝子座の遺伝子型を特定した。そして、父親と息子の可能性のあるペアの間で同じ遺伝子座のアレルを比較することにより、どのコミュニティのオスたちも、数百年から二〇〇〇年前に共通祖先をもつことがわかった。[31]

換言すれば、チンパンジーの一世代は約一六年なので、コミュニティのなかにはじつに一三〇世代にわたって存続しているものもあることになる。わたしたちが観察してきた五五年間に、少なくとも二つ、ゴンベとマハレのコミュニティが消滅の危機に陥ったことを考えると、これほどの社会の安定性は驚異的というほかない。チンパンジーのコミュニティはオス中心であるため、大きく安定したオスのコホート［訳注：同世代の集団のこと］は、なわばりとメスの防衛能力に長けているのだろう。とはいえ、コミュニティの成長にも限度があることは、一九七〇年代にゴンベで起きた分裂と、その後の集団間対立から明らかだ。

チンパンジーのゲノム学の研究者の多くは、究極的にはヒトの進化パターンの解明を視野に入れている。ゲノムの比較は、最初期のヒト族の出現時に作用していた進化圧力の解明につながるかもしれない。ヒトとチンパンジーが約六〇〇万年前に分岐したことについては、化石を研究する古人類学者も分子遺伝学者も同意する。ハーバード大学とマサチューセッツ工科大学のニック・パターソンらは、本当の意味での二系統の分岐はこれよりさらに新しく、それまでは頻繁に交雑が起きていたはずだと主張している。[32]

ヒトの進化と移住のパターンを分析するゲノム学的ツールは、年を追うごとに精度を上げている。こうしたツールは、チンパンジー社会の性質の解明や、絶滅危惧種の保全遺伝学にも役立つ。分子遺伝学は、希少動物の研究に革命をもたらした。狩猟圧が強く、動物たちの警戒心が強すぎて観察できないような森林でも、遺伝子サンプルを収集することにより、多くの情報が得られる。モーリーン・マッカーシーらは、ウガンダの分断された森林に生息するチンパンジーの社会構造を、遺伝学的手法を用いて調査した。農地と集落が森林をパッチワーク状に侵食しているこの場所では、チンパンジーの劣勢が予想される。マッカーシーは最近の論文で、対象地域に生息するチンパンジーの個体群サイズを、多数のマイクロサテライト遺伝子座の遺伝子型に基づいて算出した。これにより、少なくとも一八二頭の存在が確認され、エリア全体の個体群サイズは約二五六頭と推定された。遺伝子型の分布の偏りから、少なくとも九つのコミュニティが存在し、それぞれの個体数は八〜三九頭であることが示唆された。以前の調査では、狭い区画内でチンパンジーの寝床の数を数え、それを地域全体に外挿する方法で推定がおこなわれたが、マッカーシーの研究の推定値はじつにその三倍以上だ。彼女の研究結果がより広範囲にもあてはまるとすれば、二つの重要な教訓が得られる。第一に、ヒトの居住地には想像以上に多くのチンパンジーが生息しているかもしれない。第二に、糞サンプルを用いた遺伝子解析は、古き良きセンサス手法よりも、希少動物の個体数をはるかに正確に推定できる可能性がある。[33]

第十章　類人猿からヒトへ

類人猿の存在を認識して以来、科学者たちはチンパンジーからヒトの本質について何を学べるかに関心を抱いてきた。最初期の観察者たちは両者の類似性に注目し、動物園の来園者たちもチンパンジーの行動がいかにわたしたちに似ているかに目をとめた。チャールズ・ダーウィンは大型類人猿とヒトのつながりについて長い論考をしたためたが、彼が引き合いに出したのはロンドン動物園のオランウータンだった[1]。チンパンジーの飼育下研究は二〇世紀に増加し、ロバート・ヤーキーズらが類人猿に言語や発話を教えた。そしてついに、二〇世紀が折り返しを迎えるころ、ジェーン・グドールがアフリカを訪れ、チンパンジーの行動を、かれらが進化した環境で研究しはじめた。彼女を派遣したのは、傑出した古人類学者で化石ハンターのルイス・リーキーだった。彼はゴンベの湖畔を、東アフリカの化石産地オルドバイ峡谷に数百万年前に存在した古代の湖のモデルにぴったりの場所だと考えた。グドールのプロジェクトに続いて、マハレやブドンゴなど、各地で長期研究がはじまった。現代のチンパンジーとヒトの祖先のつながりについては、興味深い結果が次々と生み出されてはいるものの、依然として大部分は想像の域を出ない。

一九六〇年代、シャーウッド・ウォッシュバーンは世界でもっとも影響力のある進化人類学者のひとりだった。機能形態学を学んだ彼は、非ヒト霊長類の解剖学的特徴と行動を関連づけ、それをヒトに外挿した。一九三七年、彼は若くしてアジア霊長類調査に参加し、タイの熱帯雨林で数週間を過ごした。テナガザルやサルを解剖し、関節や筋肉のはたらきを調べた（生きた姿については、その前にほんの数時間、林冠にいるところを観察しただけだった）。シカゴ大学、加えてのちにカリフォルニア大学バークレー校で教授職につくころ、ウォッシュバーンはある考えを抱いた。当時身体人類学と呼ばれていた分野（現在でいう生物人類学あるいはヒトの進化生物学）は、霊長類行動学を取り入れるべきだ。こうして、各地のフィールドに派遣された大学院生たちが、類人猿とサルの社会行動、生態学、機能形態学の研究をおこなった。それらは初期人類の行動の再構築を視野に入れたものだった。

ウォッシュバーンは、チンパンジーを初期人類の完璧な相似形とみなした。一九六〇年代の通説では、わたしたちの祖先は、サバンナに棲み、大型動物を狩る、二足歩行の類人猿であったとされていた。実際のところ、チンパンジーの存在は、初期人類が二足歩行の狩りをする類人猿だった証拠にはならない。チンパンジーは大物狩りも二足歩行もしないからだ。にもかかわらず、ウォッシュバーンは自身の穴居人（troglodytian）モデルにこだわり、初期人類の解剖学的特徴の推定に、チンパンジーを代用できると考えた。彼は、二足歩行への移行段階として、初期人類はナックルウォークをしていたと提唱した。[2] 勃興期にあったヒトの進化に関する生化学的アプローーチにより、ヒト族と類人猿の系統分岐はごく最近である証拠が得られたことも、ウォッシュバーンの理論を支えた。現在では、初期人類にナックルウォークの段階があったという、ウォッシュバーンの説を支持する研究者はほとんどいない。類人猿に似た最初期のヒト族は、直立姿勢という決定的な適応をとげたことで、類人猿と決別し、新たな生息環境や新たな資源を利用しはじめた可能性が高い。

このような初期のチンパンジー・モデルは、今のわたしたちから見ると単純すぎるように映るが、論争は終わったわけではない。現在の理論体系において、チンパンジー研究の知見に基づくアプローチは、少なくとも二つに大別される。最初のタイプは、初期人類はチンパンジーによく似ていたと仮定し、チンパンジーから共通祖先をリバースエンジニアリングするもので、これは初期の研究スタイルだ。もうひとつは、さまざまなチンパンジーの生物学的特徴から、初期人類の行動としてもっとも可能性の高いものを三角法で推定するものだ。チンパンジーの道具使用は、ヒトの道具使用の起源にどんな示唆を与えるだろう？　チンパンジーの肉食のパターンから、ヒト族における肉食の開始について何がわかるだろう？　こちらの方が現代的アプローチだが、方法論上の問題が多く、化石証拠というハードデータは乏しい。初期人類の全体像を描き出すというよりも、ある種のリアリティチェックができれば上出来だろう。初期人類の行動に関する、さまざまな予測をひとまとめにして、それと現代の類人猿の実際の行動を比較するのだ。

根本的な問題は、「初期人類」という言葉がいったい何を意味するかだ。チンパンジー、ボノボ、ヒトの最後の共通祖先は、約六〇〇万年前に生きていた。わたしたちが理解しようとしているのは、この最後の共通祖先の行動なのか？　それとも、五〇〇〜六〇〇万年前に生きていた、分岐直後のヒト族の生活を解明したいのか？　後者の重要な時期について、わたしたちは一〇年前までほとんど何も知らなかった。あるいはまた、チンパンジーをモデルに、化石記録のあるさまざまな種の初期人類の行動の特徴を推測することも可能だ。これには、わたしたちと同じホモ属の初期の種も含まれる。進化人類学者は、初期人類のたくさんの種のなかから好きなものを選び、それに合いそうなチンパンジーの特徴をあてはめる傾向がある。こうして都合のいい証拠だけを選ぶのでは、もっともらしい筋書きはできても、まっとうな科学研究とはいえない。以下に実例を見ていこう。

チンパンジーと初期人類

ヒトの化石を発見し記載した研究者たちには、ほとんど例外なく、学問上の隠れた動機があったことを忘れてはいけない。誰の頭の中にも、自身の世界観や、学問的バックグラウンドや、その時点の研究計画に適合する、独自のストーリーがある。例えば、アリゾナ州立大学のドナルド・ジョハンソンとカリフォルニア大学バークレー校のティム・ホワイトは、かの有名な、初めて見つかったアウストラロピテクス・アファレンシス *Australopithecus afarensis* の化石「ルーシー」を記載し、ヒトの起源に関する新説を生み出した。かれらは、ヒトの祖先は直立歩行し、サバンナでの地上生活に完全に適応していたと主張した[3]。この説は、最初の記載に関わった機能形態学者、なかでもケント州立大学のC・オーウェン・ラヴジョイの世界観に合致する。ラヴジョイの専門は二足歩行の生体力学であり、彼は二足歩行と四足歩行を厳密に二分法的に区別する。彼は解剖学的特徴に基づき、ルーシーは二足歩行だったとした[4]。

同じ化石を分析した別の研究チームは、この説に異を唱えている。ストーニーブルック大学のランドール・サスマン、ジャック・スターン、ウィリアム・ジャンガーズは、ルーシーの解剖学的特徴を検討した結果、その骨格は二足歩行と木登りの両方に適応していたと結論づけた。ルーシーはラヴジョイらが想像したよりも、多様な行動を示す生きものだった。大型捕食者がうようよしていて、お気に入りの食料は木の上にある環境に生きていたのだから、骨格の特徴がどうあれ、類人猿に似たヒト族は樹上生活への適応を維持していたと予測するのはもっともな話だ[5]。

ここから、化石から行動を解釈するにあたっての重要な教訓が得られる。機能解剖学者は、化石化した動物が生前とっていた行動は、現代の霊長類をモデルに骨格を分析することで再構成できると考える。だが、現在の地球上に、二足歩行する哺乳類はわたしたち以外にいない。そこでかれらは、さまざまな情報源から外挿して、初期の二足歩行動物の姿を描き出す。ここで問題になるのは、誤差範囲があまりにも大きいことだ。これは機能形態学という分野の本質的な欠陥でもある。動物はさまざまなかたちで生息環境に見事に適応しているが、それでもふつう、生物学的特徴にはかなりの可塑性があり、環境変化に対応できるようになっている。チンパンジーは樹上生活に高度に適応しているが、かれらは起きている時間のほとんどを地上で過ごす。生きた姿を見ることなく、このことを正しく読み取れる機能解剖学者は、いたとしてもわずかだろう。長い腕、回転する肩関節、ブラキエーション（腕渡り）の能力がありながら、チンパンジーは毎日何時間も、ほぼ完全に地上のナックルウォークだけで移動する。かれらが樹上適応を活用するのは、食料を取るか寝床に入るために、木に登る必要に迫られたときだけだ。このような可塑性は、チンパンジーの骨格からは読み取れない。同じように、アウストラロピテクス・アファレンシスは、たとえ直立歩行に適応していたとしても（直立姿勢と二足歩行という特徴自体についても依然として活発な議論が続いている）、木登りと樹上採食を行動レパートリーの一部に残していたはずだ。ラヴジョイらは、姿勢と解剖学的特徴が二足歩行に移行したあとは、樹上で器用に動き回ることはほぼ不可能だと主張した。だが、こんな主張をするのは、生きた類人猿のことも、木登りに長けた現代人のこともよく知らない学者だけだ。

　ラヴジョイはヒトの起源に関して、ルーシーが完全に二足歩行をしていたと、極端に厳密な解釈をしている。彼はまた、初期人類の行動を理解するにあたり、チンパンジーをモデルにすることを批判している。ジョージア州立大学のケン・セイヤーズとラヴジョイは、見当違いなチンパンジー・モデルのせいで、初期人類はチンパンジーに非常によく似ていたという思い込みがはびこっていると主張する。かれらによると、チンパンジーは、姿勢、肉食、道具使用、文化という四つの本質的な違いのために、アウストラロピテクス・アファレンシスや、より最近になって発見されたアルディピテクス・ラミダス *Ardipithecus ramidus* といった初期人類のモデルとしては不適切だ。一連の論文で、ラヴジョイらは、アルディピテクスが歩んだ進化の道のりは、現代のどの類人猿のものとも似ても似つかないとさえ主張している。[6] したがって、チンパンジーからヒトの進化を理解しようとするのは無駄な努力だと、かれらは言う。まったくばかげた批判だ。現生の類人猿がいなければ、ラヴジョイは初期人類のどの種の基礎的特徴も理解できなかったのだから。初期人類の解釈における誤差範囲は、古生物学者が恐竜の暮らしを推測するときと同じくらい大きいのだ。

初期人類と現生類人猿はそっくりだった、などと霊長類学者が主張したことは、ただの一度もない。単に、もっと化石が見つかるまでは、プリズムのように現生類人猿を通して、アウストラロピテクスやアルディピテクスを眺めるのが、ひとつの方法として有効だと考えているだけだ。これらの化石人類は、類人猿からヒトへの移行段階にあたり、ホワイトらが指摘するように、その期間は決して短くはなかった。これらの種は非常に長いあいだ続いた進化の実験の産物であり、わたしたちの直接の祖先もそのなかで誕生したのかもしれない。しかし、ラヴジョイがヒト系統に独自の特徴としてあげた四つのうち、三つには何の根拠もない。アルディピテクスが肉を食べ、道具を使い、個体群間で文化的多様性を示したかどうかは、まったくわかっていないのだ。アルディピテクスが中新世のアフリカ類人猿よりもヒト族に近縁であるのかどうかさえ、議論の余地がある。セイヤーズとラヴジョイは、オオカミなどの肉食獣も狩りをするという理由で、チンパンジーを狩猟のモデルにすべきでないと主張する。また、他の霊長類も道具を使い、文化を示す（文化の定義は常に論争の的となっている）ことから、チンパンジーは適切なモデルではないと言う。かれらの主張がどんな論理の上に成り立っているのか、わたしを含めたほとんどの進化人類学者には、さっぱりわからない。チンパンジーをモデルから除外するには、初期人類が現生類人猿とはまったく違っていたと思い込むしかないが、あらゆる証拠がそれとは逆の事実を示している。ラヴジョイの見方は、半世紀にわたる努力の末に得られたチンパンジーの生物学に関する知見に照らしてみれば、ずいぶんな皮肉だ。

チンパンジーの生物学についての知識が、初期人類の解釈をどれだけ進展させ、影響を与えるかについて、最近発見された有名な二種の初期ヒト族を例に考えてみよう。取り上げるのは、アルディピテクス・ラミダスと、ホモ・ナレディ *Homo naledi* だ。アルディピテクスは初期ヒト族、または前ヒト族の一種で、既知のどの化石人類とも異なる。この種は直立姿勢と二足歩行への移行段階にありながら、木登りに適した四肢を維持していた。犬歯はどの現生類人猿よりも小さいが、より新しいヒト族よりは大きかった。ラヴジョイは、体サイズと犬歯サイズにみられる性的二型がわずかであることを根拠に、アルディピテクスは一夫一妻制であったと推測し、そこからさらに踏み込んで、チンパンジー的な性皮腫脹から、ヒト女性にみられる排卵隠蔽への移行段階にあった可能性に言及した。

アルディピテクスの骨格には、ペアボンドやオスによるメスの世話、性皮腫脹の喪失を示す証拠は何もない。一夫一妻制の進化に関するこのシナリオは、チンパンジーとボノボにみられる、性的二型、オス間競争、乱婚制の進化的相互作用という膨大な証拠を完全に無視したものだ。類人猿に似たわたしたちの最初期の先祖は、現生のアフリカ類人猿がすべてそうであるように、一夫一妻とはまったくの無縁だったと考えるのが妥当だ。一夫一妻制は霊長類において、他の哺乳類よりは多くみられるが、それでもきわめてまれな特徴だ。現代人でさえ、単純に一夫一妻制に分類できるかは疑問だ。道具使用については、約三〇〇万年前から石器が使われていたことはわかっている。しかし、道具使用がいつ出現したかや、アルディピテクスのような初期人類でどんな形をとっていたかについては、経験に基づいて推量をする基準になるものさえない。チンパンジーにおいて道具の文化は多様かつ広範にみられるため、最初期のヒト族も道具を使用していた可能性は高い。チンパンジーや南米のオマキザルがおこなう道具使用についての研究結果を無視するのは、非効率的だ。また、チンパンジーは肉に目がない。初期人類の肉食習慣がどんなものだったかを知りたいなら、論理的に考えて、チンパンジーから類推するのが妥当だ。つまりチンパンジーモデルは、六〇〇万年前の先祖たちの文化について、常識的に推量するための、もっとも理にかなったアプローチなのだ。(7)

チンパンジーは過去の理解にどう役立つか：ホモ・ナレディの場合

近年でもっともエキサイティングなヒト化石の発見として、二〇一五年にウィットウォーターズランド大学のリー・バージャーらが発表した、ホモ・ナレディがあげられる。洞窟探検家が発見した化石は、少なくとも一五個体分の一五〇〇個以上の骨からなり、南アフリカのライジングスター洞窟群の奥深くにあるディナレディ・チャンバーと呼ばれる空洞から採集された。ホモ・

ナレディの化石が見つかった空洞は、あまりに進入が難しいため、発掘は洞窟探検に慣れた古人類学者のチームによっておこなわれた。わたしたちと同じホモ属から、疑問の余地のない新種が記載されることはめったにない。最初の分析により、この種はきわめて原始的な下半身と、現代的な頭蓋骨をもつ、類人猿的特徴とヒト的特徴のモザイクであることがわかった。[8] 発見場所の地理的特徴は年代推定に不向きであるものの、解析が現在おこなわれている。ホモ・ナレディの化石は一〇〇万年ほど前のものである可能性が高い。化石はアルディピテクスやアウストラロピテクスのものよりも明らかにヒト的であり、また最初のヒト族よりも数百万年は新しいことから、野生チンパンジーの研究によって、ホモ・ナレディの生活に関する洞察が得られる見込みは薄いと思うかもしれない。けれども、大型類人猿の生物学からは、ホモ・ナレディの行動について、重要な示唆を引き出すことができる。

化石と発掘地点そのものの分析は、ジェームズ・クック大学のポール・ダークスらがおこなった。かれらは、化石が発見された洞窟の最奥部は、ホモ・ナレディが死体を遺棄した「埋葬室」だと考えている。骨格はチャンバーに入った時点では無傷で、死体の腐敗に伴ってばらばらになったものであると、かれらは主張する。加えて、チャンバーからは事実上、ホモ・ナレディの化石しか見つかっていない。[9] ヒトの墓場を仕事場とする古人類学者には、この仮説は説得力のあるものかもしれない。こうして、初期人類は亡くなった愛する者たちを、洞窟の奥の暗闇へと運び、安らかな最期の眠りにつかせた、ということになった。けれども、大型類人猿を専門とする霊長類学者に言わせれば、この仮説はまったくのナンセンスだ。ホモ・ナレディは小柄で類人猿的な人類で、近縁のホモ・ハビリス *Homo habilis* によく似ていた。ホモ・ハビリスはホモ属でもっとも原始的な種のひとつであり、アウストラロピテクス属に分類する研究者さえいる。かれらはたしかにヒトへの道の途中にいたが、依然として類人猿的だった。

野生チンパンジーは日中、広い森林のなかを移動する。乾燥地域でのかれらの行動圏は広大で、三〇〇平方キロメートルに達することもある。常緑林においても、五〇平方キロメートルの土地を利用する。チンパンジーが死んだときは、原因が事故であれ病気であれ、死んだその場所が墓になる。チンパンジーをはじめとする類人猿は、死に強い関心をもつ。死んだ群れの仲間のそばにとどまり、立ち去るまで何時間も死体をつつきまわす。また、すべての霊長類、そしてほとんどの動物と同じように、チンパンジーも行動圏のうち一部を集中的に利用し、この区画はコアエリアと呼ばれる。現代の狩猟採集民も同様だが、かれらはやや放浪的で、動物集団の季節移動にともなって移住を繰り返す傾向にある。もし、大型類人猿や狩猟採集民が集団の仲間の死体を埋葬場所に運ぶとしたら、何時間もの重労働が必要だ。しかも、ディナレディ・チャンバーのホモ・ナレディの場合は、洞窟の奥深くまで引きずっていかなければならない。原始的で類人猿的な人類が、死体を埋葬地まで何キロメートルも運ぶような葬儀の慣習をもっていたとは想像しがたい。

洞窟が埋葬室であったという仮説に懐疑的な研究者はわたしだけではない。ウィットウォーターズランド大学のオーロア・ヴァルは、ダークスとバージャーの解釈を批判する。死体は無傷の状態で洞窟にたどり着き、堆積物や死肉食動物によって移動されていないというかれらの主張の根拠は疑わしいと、ヴァルは言う。チャンバーはあまりに到達が困難であるため、ホモ・ナレディがそこまで死体を運んだ可能性は低いというのが、ヴァルの考えだ。チャンバーで実際に何が起きたのかは、発掘地点のさらなる調査がおこなわれるまで、結論は出ないだろう。しかし、チンパンジーの生態に基づく推論には説得力がある。ヒト以外の生物が埋葬室を利用する証拠は一切存在しない。有名な「ゾウの墓場」も、事実というより伝承だ。今後のチャンバーの調査で、バージャーとダークスの仮説を支持あるいは棄却する証拠が見つかる可能性はある。だが、現生類人猿の研究から類推するなら、ディナレディ・チャンバーが埋葬室だった可能性は限りなく低い。もしかしたら、洞窟はかつて現在よりも外部にひらけていて、ホモ・ナレディが隠れ家として利用し、時としてそこで死亡する個体がいたのかもしれない。ずっと後になって、洞窟が閉ざされ、地質学的プロセスによって奥深くに閉じ込められたのかもしれない。今後の研究を待たずして、この化石や洞窟の真相を知ることはできないが、類人猿研究から、少なくともひとつの可能性は、ほとんどありえないと判断できる[10]。

初期人類は現生類人猿とほとんど同じだった、などと主張する人はいない。それはチンパンジーがゴリラの小型版ではないのと同じだ。どの生物種も、その種に固有の文脈で理解しなくてはならない。それでも、チンパンジーやその他の霊長類の生物学は、化石研究や古生物ゲノム学と組み合わせることで、わたしたちがどこからきたのかを理解するための強力なツールになりうるのだ。

わたしたちは何を学んできたのか？

この一五年から二〇年の間に、わたしたちのチンパンジーに対する理解はどう変わってきたのだろう？　野生チンパンジーの研究が始まったのは一九六〇年代前半なので、この期間は研究史のもっとも新しい三分の一でしかない。だが、得られた知見は膨大だ。進行中の長期研究を分析することで、いくつもの新たな視点が得られた。例えば、なぜ狩りをするかや、コミュニティの他個体がフードコールをどう理解しているかについて、新たな洞察がもたらされた。わたしたちは今や、社会的優位性の長期的利益とコスト、孤児のたどる運命、コミュニティ間の暴力が自然で常態的なものであることを知っている。あるいは、まったく新しい観察から得られた知見もある。これらの胸踊る発見は、チンパンジーにまだまだ知られざる一面があることを示唆している。例として、フォンゴリでの「槍」を使った狩り、何世代にもわたる石投げの習慣によって木の下に蓄積された石、新たに観察されたコミュニティ内の暴力、複雑な道具セットなどがあげられる。

新発見がもたらされるにつれ、それぞれの観察事例の間のこれまで見えなかった関連性も明らかになってきた。アンドリュー・ホワイテンは、一九九〇年代後半にチンパンジーの文化の事例を収集し、明らかに文化的で秩序立って分布する三九の行動のリストを作成した[11]。最近の研究で、ホワイテンは考古学者のニコラス・トス、キャシー・シックとともに、霊長類の石器使用に関する情報と化石記録を照らし合わせ、統合を試みた。かれらは、チンパンジーの石器文化とホモ属の初期の種のそれが、たがいにどんな知見をもたらしたかを検証した。増えつづけるチンパンジーの打撃的石器使用の証拠は、類人猿と初期人類がもつイノベーションの能力を示唆していると、ホワイテンらは指摘する。[12] チンパンジーの個体群間に多様な文化が存在することは、初期人類においてもそうであったことを強く示唆する。石の片側だけを加工したオルドワン石器は、原始的ながら、切り刻むのに便利な道具だった。こうした道具はおそらく、ヒト族の遺跡の地点ごとに微妙に異なっていただろう。現時点では考古学的証拠に乏しく、サンプルも限られているため、こうした比較調査は難しいかもしれないが。

オックスフォード大学のマイケル・ハスラムは最近、この疑問に取り組み、現代のチンパンジーの道具使用と、ボノボのカンジが見せる器用な石器使用から考えて、初期人類は植物でできた道具（シロアリ釣り棒のようなもの）から石器への移行を経験したと主張した。この移行は更新世の西アフリカで起きたと、彼は考えている。チンパンジーの文化がアフリカ各地にモザイク状に分布しているのは、これまで見てきたとおりだ。さらに、チンパンジーとボノボを対象とした、石器使用の発達と伝播に関する実験的研究は、化石人類においてイノベーションと社会的学習が重要な役割を果たしたことを示している。ハスラムらは、現代のチンパンジーの石器使用の分布図をもとに、二〇〇万年以上前のヒト族の道具文化の地理的分布を推測したのだ。[13]

チンパンジーの食性に注目し、初期人類の食生活を推測することもできる。初期人類の食料として肉の重要性が増したことは、長年にわたってわたし自身の研究に深く関連するテーマだが、動物性たんぱく質は肉からしか獲得できないわけではない。ウィリアム・マグルーは、現生類人猿と絶滅人類の栄養源として、昆虫が重要であったと声高に主張する。彼は、採集や園芸農業をおこなう現代のさまざまな社会集団において、昆虫食がおこなわれていることを指摘する。また、化石人類が昆虫を食べていたことを示す状況証拠もある。[14] ボルドー大学のフランチェスコ・デリコとウィットウォーターズランド大学のルシンダ・ブラックウェルは、南アフリカの複数の地点で発見された骨器の摩耗パターンを顕微鏡を使って分析した。かれらによると、分析の結果、骨器の摩耗パターンは土でできたシロアリの塚をこじ開けるのに使われたことを示している。[15] 現代のチンパンジー個体群でこれと同じ行動はみられないが、コンゴ共和国のグアルゴのチンパンジーは枝を使ってシロアリの塚を穿孔する。[16] 骨器は別の目的で土を掘るのに使われたのかもしれないが、摩耗パターンは、固い土を掘り返したことによる損傷と一致した。もし野生チンパンジーのシロアリ釣りが観察されていなければ、このような目的の道具使用が仮説として提唱されることはなかっただろう。

ひとつのチンパンジー研究が、驚くような新たな行動が見つかるところまで発展するには、長い年月が必要だ。資金面や運営面でのプロジェクトへの長期的支援なくして、エキサイティングな結果は得られない。行動の詳細が観察できるくらいチンパンジーが人づけされている、今ある長期研究はすべて、森林環境でおこなわれている。しかし、セネガルのフォンゴリでは、ジル・プルエッツとケンブリッジ大学のパコ・ベルトラーニが、暑く乾燥したサバンナ地帯でチンパンジーを研究し、これまでのチンパンジーの典型からは外れる行動を発見した。棒を使って樹洞にいるブッシュベイビーを取り出すという、フォンゴリのチンパンジーのユニークな行動についてはすでに見てきた。この地の個体群は、それ以外にも、他の場所のチンパンジーにはみられない独自の特徴を示す。フォンゴリの長い乾季の間、気温は四〇℃を超え、日陰になる木々は乏しい。そこでチンパンジーたちは、夜間に採食し、洞窟を涼しい隠れ家として利用する。それ以上に初期人類の行動を想起させるのが、かれらの水の使い方だ。ほとんどの類人猿は、飲むとき以外は水を避ける。しかしフォンゴリのチンパンジーは、もっとも暑い時期、水たまりに体を浸すのだ[17]。

フォンゴリのチンパンジーの行動が、必ずしも他の現生チンパンジーの個体群の行動以上に、初期人類に似ているとは限らない。しかしかれらは、初期ヒト族が暮らしていたことが判明している環境に適応しているため、初期人類がとっていたと予測される行動の幅を広げることとなった。洞窟、水、日常的な夜間移動が、野生チンパンジーに予測される行動レパートリーに新たに加わった。また、フォンゴリのチンパンジーは、コミュニティ全体に占める割合でみた場合、どの個体群よりも大きなパーティで移動する。したがって、今後、同様の環境に棲む他のチンパンジー個体群が、同じように大集団で移動することがわかったとしても、驚くにはあたらない。こうした発見は、原始的ヒト族が同じ行動を示したと推測する根拠になる。古人類学者は、初期人類の行動を再構築するにあたり、測定可能な環境要因に注目する。食料、捕食者、季節性、その他のさまざまな考慮すべき要因が、ヒトの進化にどう影響したかについて、現実的なシナリオを描き出すためだ。フォンゴリのチンパンジーのような観察研究は、タイムマシンをもっていないわたしたちが、既知の環境要因から予測を立てるのに役立つ、決定的な手がかりを与えてくれる[18]。

最後に、忘れてはいけないのは、チンパンジーの世界で胸躍るような新発見が相次いでいるとはいえ、それらがヒトの起源にどうあてはまるかは、あくまで推測の域を出ないということだ。

樹洞への石投げと石の蓄積は、このことを端的に示している。この行動はじつに興味深く、明確な目的を欠いている。[19] もし、このような石の溜まり場がチンパンジーの分布域の外で見つかれば、研究者はそれを現代人あるいは化石人類の行動の結果と解釈するだろう。チンパンジーがなぜ、とりたてて特徴もなさそうな木に、このようにエネルギーをつぎ込むのかはわかっていない。おそらく、まだ解明されていない何らかの機能、例えばコミュニケーションや生息環境の創出があるのだろう。この行動の発見者たちは、論文を締めくくるにあたり、儀式的と思われる行動の意味と、この発見が初期人類の遺跡の解釈にどう応用可能かについて、数行にわたって言及した。この慎重な言い回しから、メディアは石の聖地や宗教の起源といった物語をでっち上げた。すでに述べたが、これほどばかげた話はない。今後の研究でも、この行動を論理的に説明することができないとなれば、実用的かつ科学的な議論から離れて、哲学的な意味を模索するのもいいだろう。しかしそれまでは、こうした憶測は研究の妨げでしかない。

チンパンジー研究はチンパンジーを救えるか？

過去一五年間のフィールド研究により、チンパンジーに関する知見は大幅に増加した。加えて、本章で見てきたとおり、チンパンジーの生物学からは、ヒトの起源と進化について、多くの教訓が得られた。しかし、分野全体を俯瞰したとき、研究は実際のところどれだけ進展していて、いまだ手つかずの大きなテーマには何があるのだろう？　チンパンジーは非ヒト霊長類のなかでもっとも徹底的に研究されている種のひとつだ。それでも、わたしたちが何としても知りたいと思う、かれらの一面はまだ残されている。こうした残る疑問に答えが出るのは、ずっと先になるだろう。というのも、疑問の多くは、この先何世代分もの観察とデータがなければ扱えないからだ。類人猿の個体群と生息地が急速に減少している今、チンパンジーに残された時間は長くはないかもしれない。

二〇一二年、わたしは著書『Planet without Apes（猿なき惑星）』で、大型類人猿が現在直面している数々の脅威を明らかにした。農地や集落の開発を目的とした、森林伐採による生息地破壊の影響は壊滅的であり、そのペースは加速する一方だ。アフリカ類人猿の肉は西アフリカ・中央アフリカの人々に珍重されており、残された森林の奥深くへ通じる道路が建設されると、類人猿はまっさきに犠牲となる。この現象は、自然保護従事者から「ブッシュミート・クライシス」と呼ばれている。林業会社の労働者や鉱山労働者は、銃を与えられ、自分の食料は自分で賄えと指示されていて、野生霊長類がしばしばそのような食料になる。類人猿の肉はきわめて価値が高いため、違法な輸出がおこなわれ、アフリカ大陸内だけでなく、パリやブリュッセル、ニューヨークにまで市場が存在する。エボラ熱や炭疽菌といった伝染病で死亡するゴリラやチンパンジーは、ヒトの犠牲者以上に多い。大型類人猿の生息地でおこなわれる希少鉱石の採掘と、鉱山労働者による森林内での狩猟によって、ヒガシローランドゴリラは激減した。チンパンジーをはじめとする大型類人猿に対する脅威は枚挙にいとまがない[20]。

野生チンパンジーのすばらしい研究のなかには、保全に直接役に立たないものが少なくない。自然保護従事者からは、長年対象種の研究をしていながら、保全に直接関わっていないと、霊長類学者に対して批判があがることもある。実際には、多くの霊長類学者が結局は保全に携わるのだが、この批判で見落とされている、重要な事実がひとつある。大型類人猿のフィールド研究にできる、保全への最大の貢献のひとつは、現場に研究者が滞在することそのものなのだ。現在、大型類人猿が生息する有名な自然保護区の多くは、霊長類学者がそこで長期研究をしてきたからこそ、保全上重要視されるようになった。ダイアン・フォッシーがヴィルンガ火山帯に長期滞在し、研究をおこなったのは、この場所が最後のマウンテンゴリラの重要生息地と認識されるよりずっと前だった。マハレ山塊は、二番目に古いチンパンジーの長期フィールド研究拠点だ。プロジェクトは現在も続いており、マハレ山塊国立公園ではタンガニーカ湖畔の豊かな生物多様性が守られている。これと同じことが、ブドンゴ森林保護区、タイ国立公園といった、その他多くの重要保全地域にもあてはまる。

皮肉なことに、チンパンジーのフィールド研究がチンパンジー自体にもたらす最大の利益は、かれらの存在に注目が集まり、保護の必要性が認識されることだ。これは長期的にみれば、どんな研究成果よりも重要だ。わたしたちは、チンパンジーのコミュニティにどれだけの空間が必要なのか、多様な食料のどんな構成が最適なのかを知りたいと思う。道具使用や文化の多様性について、驚くべき知見も得られるだろう。しかし、研究のもっとも重要な要素は、将来の保全プロジェクトに活用できる枠組みだ。研究結果が発表されると、保護に値する新たなチンパンジー文化の存在が、世界に知れ渡る。こうした情報は、当該国政府への保護区設立の提案に利用可能だ。将来エコツーリズムがもたらす経済的利益や、後世のため国家の財産として森林を守ることの意義をアピールするのもいいだろう。自然保護関係者や政府関係者は、国際的な援助機関や自然保護団体に資金援助を求め、書面上だけでなく現実に自然保護を実践する、長いプロセスに着手することができる。名ばかりの保護区など、多くの発展途上国においては、何の意味もないのだ。

チンパンジーの生息地に保護区を設立することによる保全上の意義は、チンパンジー一種だけにとどまらず、はるかに広範囲に及ぶ。チンパンジーは広大な森林を利用するため、かれらを保護することで、生息地を共有するすべての動植物を守ることができる。かれらが森林生態系全体を保全するためのフラッグシップ種になり、結果として、頂点捕食者から希少植物まで、生きとし生けるものすべてが聖域を獲得するのだ。

フィールド研究には、現地フィールドアシスタントの訓練や、プロジェクトの運営に欠かせない、ポーターや運転手といった現地スタッフの雇用がつきものだ。こうした人々は、単なる労働者ではない。かれらは、たいていは欧米諸国から来たよそものである研究者と、地元集落の住民たちをつなぐ、親善大使の役割を担っている。現地住民は経験上、自分たちの土地にやってくる外国人をある程度警戒し、時には敵視さえする。カメラと双眼鏡を持った外国人が森林調査の許可を願い出たかと思えば、ほどなく政府がかれらの土地を勝手に保護区に変えてしまうといった話を、飽きるほど聞かされているからだ。正当な補償もなしに先祖代々の土地から住民を追放するといったケースも、決して珍しくない。

一九九〇年代なかば、わたしが小規模なチームとともにブウィンディ原生国立公園でチンパンジーとマウンテンゴリラの研究プロジェクトを開始したとき、ブホマのメインキャンプではすでにエコツーリズムが活況を呈していた。わたしたちは国立公園内のより辺鄙な一画、ンクリンゴにキャンプを構えた。初めてキャンプ地を訪れたとき、わたしたちがンクリンゴに来るという噂はすでに広まっていた。わたしは大勢の求職者たちに迎えられた。フィールド研究にはアシスタントに加え、料理人、キャンプ管理人、その他さまざまなスタッフの助けが必要なことを、かれらは知っていたのだ。わたしが雇ったあるフィールドアシスタントの親戚が農家をしていて、国立公園に隣接する土地区画を貸していたので、わたしたちはそこにキャンプを設立した。彼は有能な補佐役として、長年にわたりプロジェクトを支えてくれた。二〇年後、彼は地方議員となり、今も大型類人猿保全の重要性を地域コミュニティに説いてまわっている。一九九〇年代にわたしたちが切り拓いた山道は、今ではパークレンジャーが美しい景色を楽しむ観光客を連れて歩くネイチャートレイルになっている。

自然保護の現場に直接かかわる大型類人猿研究者は多い。これには、森の周辺の集落でおこなわれるコミュニティアウトリーチプログラムがしばしば含まれる。信じがたいことだが、チンパンジーの棲む森のすぐ隣の集落で暮らす子どもたちの多くは、一度もチンパンジーを近くで見たことがない。グドールをはじめ、多くのフィールド研究者たちの使命は、今やデータ収集から、自然保護への意識啓発に移っている。自分たちがキャリアを捧げてきた動物たちを救うことに、道義的責任を感じているのだ。アフリカの現地の人々が、同じ世界に生きる野生類人猿を大切に思うようになれば、類人猿を守るための闘いを、永続的な勝利に導ける見込みは高くなる。

わたしは二〇一二年の著書で、二二世紀に入るまでにアフリカの広大な熱帯林地帯は消失し、集落、農地、都市、残存する森林のパッチワークに置き換わるだろうと予測した。同書の刊行後、自然界の未来を悲観するわたしに対して、一部の読者から批判もあった。そして今、二二世紀まではあと八〇年余り、つまりヒト一人の生涯ほどしかない。アフリカで進む人為的開発によって、今ある野生動物の個体群が必要とする土地は、ごく一部を除いて、すべて失われるだろう。そう考えない理由が、わたしには思い当たらない。それどころか、密猟をこれまでになく厳しく取り締まらなければ、それすら実現は危うい。何種かの霊長類は間違いなく絶滅するだろう。すでに絶滅寸前のサルや原猿があまりにも多いのだ。類人猿を中心としたエコツーリズムの機会が、いくつもの新たな場所で生まれるかもしれないが、観光は万能ではない。貧困と政府の機能不全が、政情不安と戦争の連鎖に拍車をかけ、現在類人猿が生息する森林が国立公園内も含めて失われる可能性も、同じくらい高い。来世紀までに、チンパンジーはおそらく、保護区の外にはほぼいなくなり、保護区内に包囲された状況になるだろう。今のわたしたちは、全力を尽くして、最低限の目標を達成しようとしているだけだ。かれらを絶滅させないように。

あまりに暗い予測に聞こえるかもしれないが、前世紀の自然保護従事者たちは、北米について同じことを言ったかもしれない。一八〇〇年の時点では、グリズリーはグレートプレーンズを超えて西は太平洋沿岸まで分布し、砂漠と高山を除くあらゆる環境に生息していた。オオカミのパックが東部の森林を徘徊し、ヒトによってすでに根絶されていたのはニューイングランド地方だけだった。バイソンの大群は、今ではイエローストーンなどいくつかの保護区だけのものと思われているが、当時はミシシッピ川の東側にも生息していた。現在、これら堂々たる大型動物たちはすべて、少数の保護区に細々と生き残っているだけで、そうした土地のほとんどは、一九世紀の開拓者が放牧にも農業にも使えなかった、急峻な山岳地にある。一七〇〇年代後半、リョコウバトは西半球でもっとも個体数の多い脊椎動物だった。それが一八〇〇年代後半までにほぼ完全に姿を消し、かつて空を覆うほどいた大群は、消えゆく運命のわずかな生存個体だけになっていた。一八〇〇年の時点で、二一世紀にはこれらの動物たちがすべて、絶滅するか、かつての大群とは比較にもならないほど減少すると予測すれば、笑い者になっていただろう。黎明期の自然保護意識に芽生えた当時の人々にとって、今のわたしたちが生きる二一世紀は、どうしようもなく絶望的に思えたはずだ。それでも、当時の絶滅危惧種はほぼすべて、今なお生き延びている。かつてあった光景は厳重に管理され、動物たちの王国の尊厳は、大きく損なわれはしたものの、保護のもとで生きつづけている。

もし野生チンパンジーを次の一〇〇年にわたって守り抜くことができなければ、本書で取り上げてきたすべての研究結果、すべての発見は、ほろ苦い後味を残すことになる。かつて隆盛を誇った種の最後の末裔として、チンパンジーは来世紀も、今以上のさらなる脅威にさらされつつ、どうにか生きつづけるだろう。かれらは、類人猿の一員だったわたしたちの進化的過去と、高度な技術をもち世代を追うごとにルーツから遠ざかってゆく二一世紀の人類との間の、架け橋となる存在なのだ。

原注

第一章　チンパンジーの観察

（1）Goodall 1971.

（2）De Waal 2001.

（3）国際自然保護連合（ＩＵＣＮ）のレッドリストの最新評価（Humle et al. 2016）では、野生チンパンジーは「絶滅危惧（Endangered）」とされている。一九九六年の「危急（Vulnerable）」からの引き上げで、一九七五年から二〇五〇年の間に全野生個体群の半分が失われるという、現在の減少率の推定に基づく。ＩＵＣＮは、アフリカ全体の個体数を一七万二七〇〇～二九万九七〇〇頭と見積もっている。ただし、この数値は二〇〇三年の古い推定によるもので、現在の個体数がこれを下回っているのはほぼ確実だ。現在認められている四亜種の推定個体数は以下の通り。ヒガシチンパンジー（*Pan troglodytes schweinfurthii*；ゴンベ、マハレ、カニャワラ、ンゴゴなどタンザニア各地、ウガンダ、ルワンダ、ブルンジ、コンゴ民主共和国東部の亜種）一七万三〇〇〇～二四万八〇〇〇頭。チュウオウチンパンジー（*P. t. troglodytes*；グアルゴなどコンゴ共和国各地、ガボン、アンゴラ、赤道ギニア、中央アフリカ共和国、カメルーン）約一四万頭。ニシチンパンジー（*P. t. verus*；タイ、フォンゴリ、ボッソウなどコートジボワール各地、ブルキナファソ、ガーナ、マリ、リベリア、ギニア、シエラレオネ、セネガル）一万八〇〇〇～六万五〇〇〇頭。ナイジェリア・カメルーン亜種（*P. t. ellioti*；ガシャカ＝グムティなどナイジェリア各地とカメルーン）六〇〇〇～九〇〇〇頭。

（4）タイソン（[1699]1972）が実際におこなったのは、チンパンジー、オランウータンおよび中央アフリカの「ピグミー族」の解剖学的比較だった。

（5）Kirk 2011 における記述。

（6）Kortlandt 1986 における記述。
（7）Nishida 1968, 1983a, 1990, 1997; Nishida, Uehara and Nyundo 1979. McGrew 2017 も参照のこと。
（8）Boesch and Boesch-Achermann 2000.
（9）McGrew 2017.

第二章　食料と離合集散

（1）イチジクは世界に一〇〇〇種近くが存在し、*Ficus* 属はすべての植物の属のなかでも屈指の種数を誇る。分類をめぐっては大々的な議論と修正が続いている。ほとんどの種は雌雄異株だが、一部の種は雌雄同株であり、両者の関係について植物学者の見解は一致していない。
（2）Wrangham 1977.
（3）Emery Thompson 2013.
（4）二〇一七年の時点で、ウガンダのンゴゴ・コミュニティの個体数は二〇〇頭近く、記録のあるかぎり群を抜いた最大のチンパンジーのコミュニティだ。Watts and Mitani 2015 を参照のこと。
（5）Janmaat, Ban, and Boesch 2013.
（6）Mitani, Watts, and Muller 2002; Newton-Fisher, Reynolds, and Plumptre 2000; Goodall 1986; Stanford 1998.
（7）Murray et al. 2007.
（8）Miller et al. 2014.
（9）Watts et al. 2012a, 2012b.
（10）McCarthy, Lester, and Stanford 2017.
（11）Potts, Watts, and Wrangham 2011; Potts et al. 2015.
（12）N'guessan, Ortmann, and Boesch 2009; Ban et al. 2016.
（13）Chancellor, Rundus, and Nyandwi 2012.

（14）Newton-Fisher, Reynolds, and Plumptre 2000.

（15）Hashimoto, Furuichi, and Tashiro 2001; Hashimoto et al. 2003.

（16）以下を参照：Crook and Gartlan 1966; Clutton-Brock and Harvey 1977.

（17）Wrangham 1980.

（18）メスのチンパンジーは複数のコミュニティに同時に所属し、遺伝子を品定めしている可能性がある。コミュニティのなかに人づけされていないものがある場合、それらを渡り歩くメスを追跡するのは難しい。いわばフィールド研究の限界だ。以下を参照：Goodall 1986; Nishida 1990; Hobaiter et al. 2014; Watts and Mitani 2015.

（19）Lehmann and Boesch 2004, 2008.

（20）Wittiger and Boesch 2013.

（21）Wakefield 2013.

（22）Matsumoto-Oda et al. 1998.

（23）Wittiger and Boesch 2013.

（24）ブウィンディでわたしたちがおこなったチンパンジーとゴリラのフィールド研究では、チンパンジーが他のサイトでよりも頻繁に地上で眠るところが観察された。これはおそらく、ヒョウなどの大型捕食者が近年姿を消したためだと、わたしたちは考えている。ただし、一九六〇年代にブウィンディを訪れた博物学者も地上の寝床を観察しているが、当時はヒョウやライオンがまだ生息していた。チンパンジーの地上寝床は文化的慣習であると考えられ、また森林構造の影響も受けているだろう。地上で眠りやすい森林とそうでない森林があるのだ。ブウィンディでは、ゴリラも平均して週一回のペースで樹上に寝床をつくるが、近隣のヴィルンガ火山帯に生息するマウンテンゴリラは樹上に寝床をつくらない。これはおそらく、ヴィルンガには高い木が乏しいためだろう。Stanford and Nkurunungi 2003 も参照のこと。

（25）Samson and Hunt, 2012, 2014; Hernandez-Aguilar 2009; Hernandez- Aguilar, Moore, and Stanford 2013.

（26）Koops et al. 2006, 2012.

（27）Samson and Hunt 2014.

（28）Zamma 2013.

(29) Stewart 2011.
(30) Fedurek, Donnellan, and Slocombe 2014; Fedurek, Slocombe, and Zuberbühler 2015.
(31) Fedurek et al. 2013.
(32) Clark Arcadi, Robert, and Boesch 1998; Mitani, Hundley, and Murdoch 1999.
(33) Clark Arcadi, Robert, and Boesch 1998.
(34) Kalan and Boesch 2015; Kalan, Mundry, and Boesch 2015.
(35) Slocombe et al. 2010.
(36) Crockford et al. 2012.
(37) Fedurek, Slocombe, and Zuberbühler 2015.
(38) Langergraber, Mitani, and Vigilant 2009.

第三章　政治とは流血なき戦争である

(1) 以下を参照：DeVore 1965; Rowell 1974.
(2) Sandel, Reddy, and Mitani 2017.
(3) Sherrow 2012.
(4) Nishida 1990; Nishida et al. 1992.
(5) Nakamura et al. 2015.
(6) Feldblum et al. 2015.
(7) Machanda, Gilby, and Wrangham 2014.
(8) Mitani 2009.
(9) Arnold and Whiten 2001, 2003.
(10) Watts 2000.

(11) Nishida 1990.
(12) Bygott 1979.
(13) 例として、DeVore 1965.
(14) 例として以下を参照：Langergraber, Mitani, and Vigilant 2007, 2009.
(15) Muehlenbein and Watts 2010; Muller and Wrangham 2004b; Sapolsky 1992.
(16) Hausfater 1975; Alberts, Buchan, and Altmann 2006; Strum 1982; Smuts 1985.
(17) Stumpf and Boesch 2005.
(18) 一九九三年のわたしの観察による。
(19) Wroblewski et al. 2009.
(20) Boesch et al. 2006.
(21) Sugiyama et al. 1993.
(22) Olshansky 2011.
(23) McCarthy, Finch, and Stanford 2013. チンパンジーの寿命の長さ、多くのアルファオスの在位期間の長さ、それに長期研究拠点が限られていることにより、順位と寿命の関係について有意義な分析をおこなうのはきわめて難しい。将来世代の研究者たちが、この効果の詳細を検討してくれることを願う。
(24) Goodall 1968; Bygott 1979.
(25) Newton-Fisher 2004.
(26) Laporte and Zuberbühler 2010.
(27) 霊長類の性行動に関する包括的解説として、以下を参照：Dixson 2012.
(28) Fedurek et al. 2016.
(29) Wingfield 1984.
(30) Sapolsky 1992.
(31) Muller and Lipson 2003; Muller and Wrangham 2004b.
(32) Wittig et al. 2015.

(33) Muehlenbein, Watts, and Whitten 2004.
(34) Sapolsky 1992, 2005.
(35) Muller and Wrangham 2004a, 2004b; Muller and Lipson 2003.
(36) Rowell 1974.
(37) Murray, Mane, and Pusey 2007.
(38) Foerster et al. 2016.
(39) Wrangham et al. 2016.
(40) Fawcett 2000.
(41) Wittig and Boesch 2003.
(42) Pusey, Williams, and Goodall 1997.
(43) 同上、829–830.
(44) Boesch 1997.
(45) Murray, Mane, and Pusey 2007.
(46) これらのオスたちがすべてゴンベのカセケラ・コミュニティで有力なF家系に属することに注意。優位性に遺伝的要素があるのかどうか、わたしたちはまだ完全に理解できていない。ある家系に生まれた個体がなんらかの利益を継承するのか、それとも有力な家系に生まれることそれ自体が利益なのだろうか？　おそらく両方の要因が合わさっているのだろう。

第四章　平和のための戦争

(1) Boehm 1994, 1999.
(2) Wrangham, Wilson, and Muller 2006; Wrangham 1999.
(3) Wrangham 1996. 著書『男の凶暴性はどこからきたか』で、ランガムは暴力犯罪を実行した服役囚の男女比に言及し、これをチンパンジーにおいて致命傷や重傷に至る攻撃をする個体のほとんどがオスである事実と対比した。彼がヒトの暴力は不可避だと主張したかのような誤解が広まっているが、実際には、人間行動に影響を与える可能性のある生物学的要因を特定することは、その行動を矯正するための第一歩だ。

(4) 例として、Power 1991.

(5) このできごとの顛末だが、Wrangham(1996) などの記述によれば、ステラ・ブリューワーはセネガルの国立公園内にレスキューセンターを設立し、救護されたチンパンジー個体の野生復帰を試みた。しかし、飼育施設は近隣の森に棲む野生オスの集団から繰り返し襲撃を受け、一度など夜間の急襲に遭った。言い換えるなら、この地の野生コミュニティのなわばり意識は、囲いに入った飼育下個体さえも攻撃対象にするほど、著しく強かったのだ。

(6) Power 1991; Sussman and Marshack 2013.

(7) M. L. Wilson et al. (2014) は、チンパンジーのコミュニティ間暴力のパターンに関するもっとも包括的かつ詳細な分析だ。

(8) Fawcett and Muhumuza 2000.

(9) Nakamura and Itoh 2015.

(10) Wallis との私信、Stanford の個人的観察による。

(11) Watts 2004.

(12) Nishida 1983b, 1996.

(13) Watts 2004.

(14) Muller, Kahlenberg, and Wrangham 2009.

(15) Feldblum et al. 2014.

(16) Stumpf and Boesch 2005, 2006 (タイ); Feldblum et al. 2014 (ゴンベ).

(17) Newton-Fisher 2006.

(18) Mech 1994 (オオカミ); Pusey and Packer 1994 (ライオン); Aureli et al. 2006 (クモザル).

(19) Samuni et al. 2017.

(20) Wrangham 1999.

(21) M. L. Wilson et al. 2014.
(22) Takahata 2015.
(23) Goodall 1986; Wrangham 1999.
(24) チンパンジーとヒトの視覚、聴覚、嗅覚能力は同等だが、かれらは明らかに、後ろから追いかける研究者よりも、自分たちの棲む森林環境を鋭敏に知覚している。チンパンジーはしばしば、無作為に選んだかに見える道筋をたどって、下層植生を抜け丘を越えた先で、他個体と落ち合う。研究者の聞くかぎり、コールは発せられなかった。何年も森の中を移動しつづけているかれらは環境を熟知しているし、コミュニティの他のメンバーがいることは、漂うにおいからも判別できるかもしれない。ひょっとしたら、ヒトが足音だけで家の前を通ったのが誰かわかるのと同じように、森の中を近づいてくる足音だけで個体を識別しているかもしれない。
(25) Bates and Byrne 2009.
(26) Watts and Mitani 2001; Watts, Mitani, and Sherrow 2002; Watts et al. 2006.
(27) Boesch et al. 2008.
(28) Watts and Mitani 2001.
(29) Sobolewski, Brown, and Mitani 2012.
(30) Watts and Mitani 2001; Watts, Mitani, and Sherrow 2002; Watts et al. 2006; Mitani, Watts, and Amsler 2010; Boesch et al. 2008.
(31) Boesch et al. 2008.
(32) Boesch et al. 2008.
(33) Goodall(1986) において詳述されている。
(34) Feldblum et al. 2015.
(35) Goodall 1986.
(36) Nishida 1990; Takahata 2015.
(37) Boesch et al. 2008.
(38) Williams et al. 2004.

(39) Pradhan, Pandit, and Van Schaik 2014.
(40) Manson and Wrangham 1991; Wrangham 1999; Wrangham and Wilson 2004; Wrangham, Wilson, and Muller 2006.
(41) M. L. Wilson, Hauser, and Wrangham 2001, 2007.
(42) Watts et al. 2006.
(43) Williams et al. 2004.
(44) Hrdy 1977, 1979.
(45) M. L. Wilson et al. 2014.
(46) Murray, Wroblewski, and Pusey 2007.
(47) Wallauer との私信による。
(48) Goodall 1986.
(49) De Waal and van Roosmalen 1979.
(50) De Waal and Aureli 1997; de Waal and Luttrell 1998.
(51) Arnold and Whiten 2001, 2003.
(52) Hartel 2015.
(53) Wittig and Boesch 2003.

第五章　セックスと繁殖

(1) Watts 2007.
(2) 以下を参照：Dixson 2012.
(3) Kret and Tomonaga 2016.
(4) Wallis 1982, 1992, 1995.

（5） Hrdy 1979.
（6） Emery and Whitten 2003.
（7） Deschner et al. 2004.
（8） Dixson and Mundy 1994. 哺乳類における陰茎骨の有無は興味深い話題だ。非ヒト霊長類のオスの多くが陰茎骨をもつが、ヒトにはない。Brindle and Opie(2016) は、陰茎骨は精子競争が存在する種において進化し、オス間競争が直接的闘争や求愛ディスプレイの形をとる種では進化しなかったと主張する。この説が正しいとすると、陰茎骨のサイズはオスの精巣のサイズと負の相関を示すはずだと考えるかもしれないが（精子の生産量は精巣サイズに比例することがいくつかの種で示されている）、論文ではこのような結果はみられなかった。かわりに、乱交性の配偶をおこなう種は陰茎骨をもつ傾向にあり、また明瞭な交尾期のある種や交尾にかける時間が長い種にもその傾向がみられた。これらの結果はすべて、一夫一妻制の種では陰茎骨の必要性が薄いことを示している。チンパンジーはきわめて乱交的であるため、この結果には納得がいく。一方、ヒトが本来一夫一妻制であるかどうかについては議論の余地がある。
（9） Dixson 2012.
（10） Harcourt et al. 1981.
（11） Emery Thompson 2013.
（12） Townsend, Deschner, and Zuberbühler 2008, 2011.
（13） Fallon et al. 2016.
（14） Matsumoto-Oda 1999.
（15） Watts 2007.
（16） Stumpf and Boesch 2005, 2007.
（17） Wallis 1995, 1997.
（18） Nishida 1997.
（19） Watts 2015.
（20） Matsumoto-Oda et al. 2007; Matsumoto-Oda and Ihara 2011.

(21) Duffy, Wrangham, and Silk 2007.
(22) 詳しくは以下を参照：Goodall 1986.
(23) Nishida 1990, 1997.
(24) Goodall 1986.
(25) Wroblewski et al. 2009.
(26) Muller, Emery Thompson, and Wrangham 2006.
(27) Watts 1998.
(28) Muller et al. 2007, 2011; Muller, Kahlenberg, and Wrangham 2009.
(29) Feldblum et al. 2014.
(30) Boesch et al. 2006.
(31) Feldblum et al. 2014. 以下も参照：Emery Thompson 2014.
(32) Emery Thompson, Newton-Fisher, and Reynolds 2006.
(33) Langergraber, Rowney, Crawford, et al. 2014.
(34) Kahlenberg et al. 2008.
(35) Newton-Fisher 2006, 2014.
(36) Stumpf et al. 2009.
(37) Luncz and Boesch 2014.
(38) Emery Thompson 2013.
(39) Atsalis and Videan 2009.
(40) Emery Thompson 2013.
(41) Jones et al. 2010.
(42) Hawkes and Smith 2010.
(43) Emery Thompson et al. 2007.
(44) Hawkes 2004.

(45) Emery Thompson 2013.
(46) Langergraber, Mitani, and Vigilant 2009.

第六章　チンパンジーの発達

(1) Ely et al. 2006.
(2) Wallauer との私信による。
(3) Hinde and Milligan 2011.
(4) Boesch 1997.
(5) Lehmann, Fickenscher, and Boesch 2007.
(6) Emery Thompson et al. 2016.
(7) Lonsdorf, Anderson, et al. 2014; Lonsdorf, Markham, et al. 2014. 以下も参照：Lonsdorf, Eberly, and Pusey 2004.
(8) Fröhlich, Wittig, and Pika 2016.
(9) Plooij 1984.
(10) Lonsdorf, Anderson, et al. 2014.
(11) Murray et al. 2014.
(12) Heintz 2013.
(13) Lonsdorf 2005; Lonsdorf, Anderson, et al. 2014.
(14) Goodall 1968, 1971.
(15) Botero, MacDonald, and Miller 2013.
(16) Kalcher-Sommersguter et al. 2015.
(17) Nakamura et al. 2014.
(18) Nishida 1983a.

(19) Boesch et al. 2010.
(20) 同上。
(21) Hobaiter, Schel, et al. 2014.
(22) Pontzer and Wrangham 2006.
(23) Pusey 1983, 1990.
(24) 野生下の寿命に関する情報は以下を参照：Muller and Wrangham 2014（カニャワラ）; Hill et al. 2001（ゴンベ、タイ）; Nishida et al. 2003（マハレ）; Sugiyama et al. 1993; および Williams et al. 2008.
(25) Muller and Wrangham 2014.
(26) Wood et al. 2016.
(27) Gillespie et al. 2010; Terio et al. 2011, 2016.
(28) Hanamura et al. 2008.
(29) Boesch et al. 2008.
(30) Muller and Wrangham 2014.

第七章　なぜ狩りをするのか

(1) Goodall 1963, 1968.
(2) Teleki 1973.
(3) この開墾地は給餌場と呼ばれ、人為的に伐採されたのち、セメントでできたバナナ貯蔵庫と二つのプレハブの観察小屋が設置された。ここは、臆病なチンパンジーにバナナを与えるためだけでなく、映像作家のヒューゴ・ファン・ラーヴィックが大型の撮影機材を動物たちの近くにセットし、山中へ持ち運ばずにすむようにするための場所でもあった。ゴンベのチンパンジーの社会行動を捉えた初期の映像は、ほぼすべてここで撮影された。小屋ははるか昔に撤去され、バナナの給餌も現在はおこなわれていないが、チンパンジーたちは数十年前に確立された慣習的行動のまま、日常的にこの開墾地を通り、社交場としている。

（4）Teleki 1973.

（5）Busse 1977, 1978.

（6）Teleki 1973.

（7）Nishida, Uehara, and Nyundo 1979.

（8）Boesch 1994a, 1994b, 1994c.

（9）アカコロブスのおとなとこどもで味や栄養などの要因が異なる可能性はあるが、この仮説の検証は難しい。アカコロブスは西アフリカ全域でブッシュミートとして食用にされており、サルのなかでも美味な種といわれている。ブッシュミート取引を後押ししかねないという倫理的問題から、わたしたちはアカコロブスの死体を入手して栄養学的分析をおこなうことを断念した。若い個体はカロリーや栄養の含有量で劣るとしても、肉が柔らかいことがそれらを上回る魅力になっている可能性はある。

（10）Stanford 1996, 1998.

（11）Wrangham and van Zinnicq Bergmann-Riss 1990.

（12）Stanford 1996, 1998.

（13）Stanford, Wallis, Matama, et al. 1994; Stanford, Wallis, Mpongo, et al. 1994. チンパンジーもまた、アカコロブスが進化させた対捕食者防衛行動や、獲物の集団構成、個体群生物学的特徴から影響を受けているのは確実だ。以下を参照：Stanford 1995, 1999.

（14）Pruetz and Bertolani 2007; Pruetz et al. 2015. フォンゴリのチンパンジーにおける狩猟時の道具使用に関するプルエッツの報告は、メディアでは槍の作成と使用の証拠として紹介されたが、プルエッツ本人がこのような記述をしたことはない。チンパンジーは、歯で先端を尖らせた枝を使ってガラゴを打ちのめし、けがを負わせるか動けなくしたあと、手で樹洞から引きずり出す。

（15）Speth and Davis 1976.

（16）Stanford et al. 1994a; Stanford 1998; Gilby 2006.

（17）Stanford 1998.

（18）Watts and Mitani 2002.
（19）Stanford 1998; Gilby et al. 2015.
（20）Watts and Mitani 2002.
（21）Stanford 1998.
（22）Watts and Mitani 2002.
（23）Fahy et al. 2013.
（24）Watts 2008.
（25）南カリフォルニア大学ジェーン・グドール・リサーチ・センターが保有する一九八七年のアーカイヴ映像より。
（26）Newton-Fisher 1999.
（27）Tennie, O'Malley, and Gilby 2014.
（28）Uehara et al. 1992.
（29）Muller and Lipson 2003; Muller and Wrangham 2004.
（30）Watts and Mitani 2002.
（31）Gilby and Wrangham 2007.
（32）Wrangham et al. 1993, 1998.
（33）Boesch 1994a.
（34）Tennie, O'Malley, and Gilby 2014.
（35）Teleki 1973.
（36）Gilby et al. 2010.
（37）Watts and Mitani 2002.
（38）Gilby 2006; Gilby et al. 2010.
（39）Watts and Mitani 2002; 以下も参照：Stanford et al. 1994a, 1994b, 1995, and 1998.
（40）Stanford et al. 1994b; Stanford 1998.
（41）Gilby et al. 2010.

（42）Boesch and Boesch 1989.
（43）Gomes and Boesch 2009.
（44）O'Malley et al. 2016.
（45）Washburn and Lancaster 1968.

第八章　文化はあるのか？

（1）McGrew 1992. 以下も参照：McGrew 2004.
（2）Wrangham et al. 2016.
（3）Whiten et al. 1999. 以下も参照：Whiten et al. 2001.
（4）Nishida, Matsusaka, and McGrew 2009.
（5）Hobaiter, Poisot, et al. 2014.
（6）Gruber, Clay, and Zuberbühler 2010. ボノボとの比較については以下も参照：Gruber and Clay 2016.
（7）Boesch and Boesch 1982.
（8）Sirianni, Mundry, and Boesch 2015.
（9）Arroyo et al. 2016.
（10）Boesch and Boesch 1982
（11）Matsuzawa 2006.
（12）Inoue-Nakamura 1997.
（13）Musgrave et al. 2016.
（14）Schrauf et al. 2012.
（15）Toth et al. 1993; Toth and Schick 2009.
（16）Tomasello 1996.

(17) Mercader, Panger, and Boesch 2002; Mercader et al. 2007.
(18) Sanz, Schöning, and Morgan 2010. 以下も参照：Sanz, Morgan, and Gulick 2004.
(19) Hernandez-Aguilar 2009. 以下も参照：Haslam et al. 2009.
(20) Schöning et al. 2007. 以下も参照：Schöning et al. 2008.
(21) Stanford et al. 2000. ブウィンディのチンパンジーは蜂蜜が大好物で、高い木の上のハチの巣がどこにあるか、木の根元に落ちた折れた枝の山をもとに、ヒトにも判別できるほどだ。枝には蜂蜜の匂いが残っている。
(22) McLennan 2011, 2014.
(23) Hicks, Fouts, and Fouts 2005.
(24) McLennan 2015.
(25) Boesch, Head, and Robbins 2009.
(26) Gruber et al. 2009. 以下も参照：Gruber et al. 2011.
(27) Bogart and Pruetz 2011. 以下も参照：Bogart and Pruetz 2008.
(28) Lonsdorf 2005.
(29) Lonsdorf, Anderson, 2014; Lonsdorf, Markham, et al. 2014.
(30) O'Malley and Power 2012.
(31) McGrew 2014.
(32) Schöning et al. 2008.
(33) Koops, Schöning, Isaji, et al. 2015; Koops, Schöning, McGrew, et al. 2015.
(34) Schöning et al. 2008.
(35) O'Malley et al. 2012.
(36) Huffman and Kalunde 1993.
(37) Pruetz and Bertolani 2007.
(38) Pruetz et al. 2015.
(39) Sanz, Morgan, and Hopkins 2016.

（40）Lonsdorf and Hopkins 2005.
（41）Humle and Matsuzawa 2009.
（42）Kühl et al. 2016.
（43）同上。
（44）Lycett, Collard, and McGrew 2010. 以下も参照：Lycett, Collard, and McGrew 2011.
（45）Langergraber and Vigilant 2011.
（46）Gruber et al. 2012.
（47）同上。
（48）Kamilar and Marshack 2012.

第九章　血は水よりも濃い

（1）Tyson 1699 (1972).
（2）Humle et al. (2016) の引用から。
（3）McBrearty and Jablonski 2005.
（4）Sarich and Wilson 1967.
（5）Sibley and Ahlquist 1984.
（6）Ruvolo 1997.
（7）Gagneux et al. 1999.
（8）Goodman et al. 1998.
（9）Chen and Li 2001.
（10）Wilson and King 1975.
（11）Varki and Atheide 2005.

（12）Dorus et al. 2004.
（13）Bustamante et al. 2005.
（14）Ennard et al. 2002.
（15）Rogers, Iltis, and Wooding 2004.
（16）Finch and Stanford 2004. 飽和脂肪酸やコレステロールを多量に含む食品の摂取を心配する人は多い。わたしたちの研究は、そのなかで見落とされている重要なポイントを指摘した。ヒトの体は、肉中心の食事を、チンパンジーよりもはるかに効率的に処理できるのだ。初期ヒト族は遺伝子変異のおかげで、健康リスクを負うことなく食事に占める肉の量を増やすことができたという、わたしたちの研究から得られた洞察をもとに、原因遺伝子を特定する研究が進むことを願っている。
（17）Keele et al. 2009.
（18）同上。
（19）Moorjani et al. 2016; Langergraber et al. 2012.
（20）Wilson and King 1975.
（21）Prüfer et al. 2015.
（22）Prado-Martinez et al. 2013.
（23）Sarmiento, Butynski, and Kalina 1996; Garner and Ryder 1996.
（24）Gonder et al. 1997; Gonder et al. 2006. 第1章の原注（3）も参照のこと。
（25）Fischer et al. 2011. 以下も参照：Fischer et al. 2006.
（26）Fischer et al. 2011, Fünfstück et al. 2015. ヒトの人種間変異も含め、生物を種や亜種へと小分けにする慣行には長い歴史がある。近年の遺伝学研究から、種の境界はしばしば曖昧であり、種を構成する遺伝子プールは不変のものではなく、動的な存在とみなすべきだとわかった。
（27）Takemoto, Kawamoto, and Furuichi 2015.
（28）Goldberg and Wrangham 1997.
（29）Vigilant et al. 2001.

(30) Inoue et al. 2008.
(31) Langergraber, Rowney, Schubert, et al. 2014.
(32) Patterson et al. 2006.
(33) McCarthy et al. 2015.

第十章　類人猿からヒトへ

(1) Darwin 1871.
(2) Washburn 1968.
(3) Johanson and White 1979.
(4) Lovejoy 1978.
(5) Stern and Susman 1983; Susman, Stern, and Jungers 1984.
(6) Sayers and Lovejoy 2008; Lovejoy 2009; White et al. 2009, 2015.
(7) 以下も参照：Stanford 2012a.
(8) Berger et al. 2015.
(9) Dirks et al. 2015.
(10) Val 2016.
(11) Whiten et al. 1999, 2001.
(12) Whiten, Schick, and Toth 2009. 以下も参照：Toth et al. 1993; Toth and Schick 2009.
(13) Haslam 2014. 以下も参照：Haslam et al. 2009.
(14) McGrew 2014.
(15) D'Errico and Blackwell 2009.
(16) Sanz, Morgan, and Gulick 2004; Sanz, Schöning, and Morgan 2010.

（17） Pruetz 2007; Pruetz and Bertolani 2009.
（18） Pruetz et al. 2015.
（19） Kühl et al. 2016.
（20） Stanford 2012b.

参考文献

Alberts, S. C., J. C. Buchan, and J. Altmann. 2006. "Sexual selection in wild baboons: From mating opportunities to paternity success." *Animal Behaviour*, 72: 1177–1196.

Alberts, S. C., H. Watts, and J. Altmann. 2003. "Queuing and queue jumping: Long-term patterns of reproductive skew in male savannah baboons, *Papio cynocephalus*." *Animal Behaviour*, 65: 821–840.

Anderson, M. J., S. J. Chapman, E. N. Videan, E. Evans, J. Fritz, T. S. Stoinski, A. F. Dixson, and P. Gagneux. 2007. "Functional evidence for differences in sperm competition in humans and chimpanzees." *American Journal of Physical Anthropology*, 134: 274–280.

Arnold, K., and A. Whiten. 2001. "Post-conflict behaviour of wild chimpanzees (*Pan troglodytes schweinfurthii*) in Budongo Forest, Uganda." *Behaviour*, 138: 649–690.

———. 2003. "Grooming interactions among the chimpanzees of the Budongo forest, Uganda: Tests of five explanatory models." *Behaviour*, 140: 519–552.

Arroyo, A., S. Hirata, T. Matsuzawa, and I. de la Torre. 2016. "Nut cracking tools used by captive chimpanzees (*Pan troglodytes*) and their comparison with Early Stone Age percussive artefacts from Olduvai Gorge." *PLoS ONE*, 11 (11): e0166788.

Atsalis, S., and E. Videan. 2009. "Reproductive aging in captive and wild common chimpanzees: Factors influencing the rate of follicular depletion." *American Journal of Primatology*, 71: 271–282.

Aureli, F., C. M. Schaffner, J. Verpooten, K. Slater, and G. Ramos-Fernandez. 2006. "Raiding parties of male spider monkeys: Insights into human warfare." *American Journal of Physical Anthropology*, 131: 486–497.

Babiszewska, M., S. A. Schel, C. Wilke, and K. E. Slocombe. 2015. "Social, contextual, and individual factors affecting the occurrence and acoustic structure of drumming bouts in wild chimpanzees (*Pan troglodytes*)." *American Journal of Physical Anthropology,* 156: 125–134.

Ban, S. D., C. Boesch, A. N'guessan, E. K. N' Goran, A. Tako, and K. R. L. Janmaat. 2016. "Taï chimpanzees change their travel direction for rare feeding trees providing fatty fruits." *Animal Behaviour,* 118: 135–147.

Basabose, A. K. 2004. "Fruit availability and chimpanzee party size at Kahuzi montane forest, Democratic Republic of Congo." *Primates,* 45: 211–219.

———. 2005. "Ranging patterns of chimpanzees in a montane forest of Kahuzi, Democratic Republic of Congo." *International Journal of Primatology,* 26: 33–53.

Bates, L. A., and R. W. Byrne. 2009. "Sex differences in the movement patterns of free-ranging chimpanzees (*Pan troglodytes schweinfurthii*): Foraging and border checking." *Behavioral Ecology and Sociobiology,* 64: 247–255.

Bearzi, M., and C. B. Stanford. 2007. "Dolphins and African apes: Comparisons of sympatric socio-ecology." *Contributions to Zoology,* 76: 235–254.

Benito-Calvo, A., S. Carvalho, A. Arroyo, T. Matsuzawa, and I. de la Torre. 2015. "First GIS analysis of modern stone tools used by wild chimpanzees (*Pan troglodytes verus*) in Bossou, Guinea, West Africa." *PLoS ONE,* 10 (3): e0121613.

Berger, L. R., J. Hawks, D. J. de Ruiter, S. E. Churchill, P. Schmid, L. K. Delezne, T. L. Kivell, et al. 2015. "Homo naledi, a new species of the genus *Homo* from the Dinaledi Chamber, South Africa." *eLife,* 4: e09560.

Bertolani, P., and J. D. Pruetz. 2011. "Seed reingestion in savannah chimpanzees (*Pan troglodytes verus*) at Fongoli, Senegal." *International Journal of Primatology,* 32: 1123–1132.

Boehm, C. 1994. "Pacifying interventions at Arnhem Zoo and Gombe." In *Chimpanzee Cultures,* edited by R. W. Wrangham, W. C. McGrew, F. B. M. de Waal, and P. G. Heltne, 211–226. Cambridge, Mass.: Harvard University Press.

———. 1999. *Hierarchy in the Forest: The Evolution of Egalitarian Behavior.* Cambridge, Mass.: Harvard University Press.

Boesch, C. 1994a. "Chimpanzees—red colobus monkeys: A predator-prey system." *Animal Behaviour,* 47: 1135–1148.

———. 1994b. "Cooperative hunting in wild chimpanzees." *Animal Behaviour*, 48: 653–667.

———. 1994c. "Hunting strategies of Gombe and Taï chimpanzees." In *Chimpanzee Cultures*, edited by R. W. Wrangham, W. C. McGrew, F. B. M. de Waal, and P. G. Heltne, 77–92. Cambridge, Mass.: Harvard University Press.

———. 1997. "Evidence for dominant wild female chimpanzees investing more in sons." *Animal Behaviour*, 54: 811–815.

Boesch, C., and H. Boesch 1982. "Optimization of nut-cracking with natural hammers by wild chimpanzees." *Behaviour*, 3: 265–286.

———. 1989. "Hunting behavior of wild chimpanzees in the Taï National Park." *American Journal of Physical Anthropology*, 78: 547–573.

Boesch, C., and H. Boesch-Achermann. 2000. *The Chimpanzees of the Taï Forest*. Oxford: Oxford University Press.

Boesch, C., C. Bolé, N. Eckhardt, and H. Boesch. 2010. "Altruism in forest chimpanzees: The case of adoption." *PLoS ONE*, 5 (1): e8901.

Boesch, C., C. Crockford, I. Herbinger, R. Wittig, Y. Moebius, and E. Normand. 2008. "Intergroup conflicts among chimpanzees in Taï National Park: Lethal violence and the female perspective." *American Journal of Primatology*, 70: 519–532.

Boesch, C., J. Head, and M. M. Robbins. 2009. "Complex tool sets for honey extraction among chimpanzees in Loango National Park, Gabon." *Journal of Human Evolution*, 56: 560–569.

Boesch, C., G. Kohou, H. Néné, and L. Vigilant. 2006. "Male competition and paternity in wild chimpanzees of the Taï forest." *American Journal of Physical Anthropology*, 130: 103–115.

Bogart, S. L., and J. D. Pruetz. 2008. "Ecological context of savanna chimpanzee (*Pan troglodytes verus*) termite fishing at Fongoli, Senegal." *American Journal of Primatology*, 70: 605–612.

———. 2011. "Insectivory of savanna chimpanzees (*Pan troglodytes verus*) at Fongoli, Senegal." *American Journal of Physical Anthropology*, 145: 11–20.

Botero, M., S. E. MacDonald, and R. S. Miller. 2013. "Anxiety-related behavior of orphan chimpanzees (*Pan troglodytes schweinfurthii*) at Gombe National Park, Tanzania." *Primates*, 54: 21–26.

Bradley, B. J., M. M. Robbins, E. A. Williamson, H. D. Steklis, N. Gerald Steklis, N. Eckhardt, C. Boesch, and L. Vigilant. 2005. "Mountain gorilla tug-of-war: Silverbacks have limited control over reproduction in multimale groups." *Proceedings of the National Academy of Sciences*, 102: 9418–9423.

Brindle, M., and C. Opie. 2016. "Postcopulatory sexual selection influences baculum evolution in primates and carnivores." *Proceedings of the Royal Society B* (*Biological Sciences*), 283: 201617361.

Busse, C. D. 1977. "Chimpanzee predation as a possible factor in the evolution of red colobus monkey social organization." *Evolution*, 31: 907–911.

———. 1978. "Do chimpanzees hunt cooperatively?" *American Naturalist*, 112: 767–770.

Bustamante, C., A. Fledel-Alon, S. Willamson, R. Nielsen, M. Todd Hubisz, S. Glanowski, D. M. Tanenbaum, et al. 2005. "Natural selection on proteincoding genes in the human genome." *Nature*, 437: 1153–1157.

Bygott, D. 1979. "Agonistic behavior and dominance among wild chimpanzees." *In The Great Apes*, edited by D. Hamburg and E. McCown, 405–427. Menlo Park, Calif.: B. Cummings.

Carvalho, J. S., L. Vicente, and T. A. Marques. 2015. "Chimpanzee (*Pan troglodytes verus*) diet composition and food availability in a humanmodified landscape at Lagoas de Cufada Natural Park, Guinea-Bissau." *International Journal of Primatology*, 36: 802–822.

Chancellor, R. L., A. S. Rundus, and S. Nyandwi. 2012. "The influence of seasonal variation on chimpanzee (*Pan troglodytes schweinfurthii*) fallback food consumption, nest group size, and habitat use in Gishwati, a montane rain forest fragment in Rwanda." *International Journal of Primatology*, 33: 115–133.

Chapman, C. A., F. J. White, and R. W. Wrangham. 1994. "Party size in chimpanzees and bonobos." In *Chimpanzee Cultures*, edited by R. W. Wrangham, W. C. McGrew, F. B. M. de Waal, and P. Heltne, 41–57. Cambridge, Mass.: Harvard University Press.

Check, E. 2004. "Geneticists study chimp-human divergence." *Nature*, 428: 242.

Chen, F., and W. Li. 2001. "Genomic divergence between humans and other hominoids and the effective population size of the common ancestor of humans and chimpanzees." *American Journal of Human Genetics*, 68: 444–456.

Clark Arcadi, A., D. Robert, and C. Boesch. 1998. "Buttress drumming by wild chimpanzees: Temporal patterning, phase integration into loud calls, and preliminary evidence for individual distinctiveness." *Primates*, 39: 505–518.

Clark Arcadi, A., and R. W. Wrangham. 1999. "Infanticide in chimpanzees: Review of cases and a new within-group observation from the Kanyawara study group in Kibale National Park." *Primates*, 40: 337–351.

Clutton-Brock, T. H., and P. H. Harvey. 1977. "Primate ecology and social organisation." *Journal Zoology* (*London*), 183: 1–39.

Creel, S. 2001. "Social dominance and stress hormones." *Trends in Ecology and Evolution*, 16: 491–497.

Crockford, C., R. M. Wittig, R. Mundry, and K. Zuberbühler. 2012. "Wild chimpanzees inform ignorant group members of danger." *Current Biology*, 22: 142–146.

Crook, J. H., and S. J. Gartlan. 1966. "On the evolution of primate societies." *Nature*, 210: 1200–1203.

Darwin, C. 1871. *The Descent of Man and Selection in Relation to Sex*. London: J. Murray.〔チャールズ・ダーウィン『人間の由来』上・下、長谷川眞理子訳、講談社学術文庫、二〇一六年〕

D'Errico, F., and L. Blackwell. 2009. "Assessing the function of early hominin bone tools." *Journal of Archaeological Science*, 36: 1764–1773.

De Ruiter, J. R., W. Scheffrahn, G. Trommelen, A. Uitterlinden, R. Martin, and J. Van Hoof. 1992. "Male social rank and reproductive success in wild long-tailed macaques." In *Paternity in Primates: Genetic Tests and Theories*, edited by R. Martin, A. Dixson, and E. Wickings, 175–191. Basel, Switzerland: Karger.

De Ruiter, J. R., and J. A. R. A. M. van Hooff. 1993. "Male dominance rank and reproductive success in primate groups." *Primates*, 34: 513–523.

Deschner, T., M. Heistermann, K. Hodges, and C. Boesch. 2004. "Female swelling size, timing of ovulation, and male behavior in wild West African chimpanzees." *Hormones and Behavior*, 46, 204–215.

DeVore, I. 1965. "Male dominance and mating behavior in baboons." In *Sex and Behavior*, edited by F. Beach, 266–290. New York: Wiley.

De Waal, F. B. M. 1982. *Chimpanzee Politics: Power and Sex among Apes*. Baltimore: Johns Hopkins University Press.〔フ

ランス・ドゥ・ヴァール『政治をするサル――チンパンジーの権力と性』西田利貞訳、平凡社、一九九四年〕

———. 2001. *The Ape and the Sushi Master*. New York: Basic Books.〔フランス・ドゥ・ヴァール『サルとすし職人――「文化」と動物の行動学』西田利貞、藤井留美訳、原書房、二〇〇二年〕

De Waal, F. B. M., and F. Aureli. 1997. "Conflict resolution and distress alleviation in monkeys and apes." *Annals of the New York Academy of Sciences*, 807: 317–328.

De Waal, F. B. M., and L. Luttrell. 1988. "Mechanisms of social reciprocity in three primate species: Symmetrical relationship characteristics or cognition?" *Ethology and Sociobiology*, 9: 101–118.

De Waal, F. B. M., and M. van Roosmalen. 1979. "Reconciliation and consolation among chimpanzees." *Behavioral Ecology and Sociobiology*, 5: 55–66.

Dirks, P. H. G. M., L. R. Berger, E. M. Roberts, J. D. Kramers, J. Hawks, P. S. Randolph-Quinney, M. Elliott, et al. 2015. "Geological and taphonomic context for the new hominin species *Homo naledi* from the Dinaledi Chamber, South Africa." *eLife*, 4: e09561.

Dixson, A. F. 2012. *Primate Sexuality: Comparative Studies of the Prosimians, Monkeys, Apes and Humans*. 2nd ed. Oxford: Oxford University Press.

Dixson, A. F., and N. I. Mundy. 1994. "Sexual behavior, sexual swelling, and penile evolution in chimpanzees (*Pan troglodytes*)." *Archives of Sexual Behavior*, 23: 267–280.

Dorus, S., E. J. Vallender, P. D. Evans, J. R. Anderson, S. L. Gilbert, M. Mahowald, G. J. Wyckoff, C. M. Malcolm, and B. T. Lahn. 2004. "Accelerated evolution of nervous system genes in the origin of *Homo sapiens*." *Cell*, 119: 1027–1040.

Duffy, K. G., R. W. Wrangham, and J. B. Silk. 2007. "Male chimpanzees exchange political support for mating opportunities." *Current Biology*, 17: R586–R587.

Dutton, P., and H. Chapman. 2015. "New tools suggest local variation in tool use by a montane community of the rare Nigeria-Cameroon chimpanzee, *Pan troglodytes ellioti*, in Nigeria." *Primates*, 56: 89–100.

Ely, J. J., W. I. Frels, S. Howell, M. K. Izard, M. E. Keeling, and D. R. Lee. 2006. "Twinning and heteropaternity in chimpanzees (*Pan troglodytes*)." *American Journal of Physical Anthropology*, 130: 96–102.

Emery, M. A., and P. L. Whitten. 2003. "Size of sexual swellings reflects ovarian function in chimpanzees (*Pan troglodytes*)." *Behavioral Ecology and Sociobiology*, 54: 340–351.

Emery Thompson, M. 2005. "Reproductive endocrinology of wild female chimpanzees (*Pan troglodytes schweinfurthii*): Methodological considerations and the role of hormones in sex and conception." *American Journal of Primatology*, 67: 137–158.

———. 2013. "Reproductive ecology of female chimpanzees." *American Journal of Primatology*, 75: 222–237.

———. 2014. "Sexual conflict: Nice guys finish last." *Current Biology*, 24: R1125–R1126.

Emery Thompson, M., J. H. Jones, A. E. Pusey, S. Brewer-Marsden, J. Goodall, D. Marsden, T. Matsuzawa, et al. 2007. "Aging and fertility patterns in wild chimpanzees provide insights into the evolution of menopause." *Current Biology*, 17: 2150–2156.

Emery Thompson, M., M. N. Muller, K. Sabbi, Z. P. Machanda, E. Otali, and R. W. Wrangham. 2016. "Faster reproductive rates trade off against offspring growth in wild chimpanzees." *Proceedings of the National Academy of Sciences*, 113: 7780–7785.

Emery Thompson, M., M. N. Muller, and R. W. Wrangham. 2014. "Male chimpanzees compromise the foraging success of their mates in Kibale National Park, Uganda." *Behavioral Ecology and Sociobiology*, 68: 1973–1983.

Emery Thompson, M., N. Newton-Fisher, and V. Reynolds. 2006. "Probable community transfer of parous adult female chimpanzees in the Budongo Forest, Uganda." *International Journal of Primatology*, 1601–1617.

Emery Thompson, M., and R. W. Wrangham. 2008. "Diet and reproductive function in wild female chimpanzees (*Pan troglodytes schweinfurthii*) at Kibale National Park, Uganda." *American Journal of Physical Anthropology*, 135: 171–181.

Ennard, W., M. Przeworski, S. E. Fisher, C. S. Lai, V. Wiebe, T. Kitano, A. P. Monaco, and S. Pääbo. 2002. "Molecular evolution of FOXP2, a gene involved in speech and language." *Nature*, 418: 869–872.

Fahy, G. E., M. Richards, J. Riedel, J. J. Hublin, and C. Boesch. 2013. "Stable isotope evidence of meat eating and hunting specialization in adult male chimpanzees." *Proceedings of the National Academy of Sciences*, 110: 5829–5833.

Fallon, B. L., C. Newmann, R. W. Byrne, and K. Zuberbühler. 2016. "Female chimpanzees adjust copulation calls according to reproductive status and level of female competition." *Animal Behaviour*, 113: 87–92.

Fanshawe, J. H. and C. D. Fitzgibbon (1993). "Factors influencing the hunting success of an African wild dog pack." *Animal Behaviour*, 45: 479–490.

Fawcett, K. A. 2000. "Female relationships and food availability in a forest community of chimpanzees." PhD diss., University of Edinburgh.

Fawcett, K. A., and G. Muhumuza. 2000. "Death of a wild chimpanzee community member: Possible outcome of intense sexual competition?" *American Journal of Primatology*, 51: 243–247.

Fedurek, P., E. Donnellan, and K. E. Slocombe. 2014. "Social and ecological correlates of long-distance pant hoot calls in male chimpanzees." *Behavioral Ecology and Sociobiology*, 68: 1345–1355.

Fedurek, P., Z. P. Machanda, A. M. Schel, and K. E. Slocombe. 2013. "Pant hoot chorusing and social bonds in male chimpanzees." *Animal Behaviour*, 86: 189–196.

Fedurek, P., K. E. Slocombe, D. E. Enigk, M. Emery Thompson, R. W. Wrangham, and M. N. Muller. 2016. "The relationship between testosterone and long-distance calling in wild male chimpanzees." *Behavioral and Ecology and Sociobiology*, 70: 659–679.

Fedurek, P., K. E. Slocombe, and K. Zuberbühler. 2015. "Chimpanzees communicate to two different audiences during aggressive interactions." *Animal Behaviour*, 110: 21–28.

Fedurek, P., K. Zuberbühler, and C. D. Dahl. 2016. "Sequential information in a great ape utterance." *Scientific Reports*, 6: 38226.

Feldblum, J. T., C. Krupenye, E. E. Wroblewski, R. S. Rudicell, B. H. Hahn, A. E. Pusey, and I. C. Gilby. 2015. "The adaptive value of male relationships in the chimpanzees of Gombe National Park, Tanzania." *American Journal of Physical Anthropology*, 156 (S60): 132 (abstract).

Feldblum, J. T., E. E. Wroblewski, R. R. Rudicell, B. H. Hahn, T. Paiva, M. Cetinkaya-Rundel, A. E. Pusey, and I. C. Gilby. 2014. "Sexually coercive male chimpanzees sire more offspring." *Current Biology*, 24: 2855–2860.

Finch, C. E., and C. B. Stanford. 2004. "Meat-adaptive genes and the evolution of slower aging in humans." *Quarterly Review of Biology*, 79: 1–50.

Fischer, A., J. Pollack, O. Thalmann, B. Nickel, and S. Pääbo. 2006. "Demographic history and genetic differentiation in apes." *Current Biology*, 16: 1133–1138.

Fischer, A., K. Prüfer, J. M. Good, M. Halbwax, V. Wiebe, C. André, R. Atencia, L. Mugisha, S. E. Ptak, and S. Pääbo. 2011. "Bonobos fall within the genomic variation of chimpanzees." *PLoS ONE*, 6 (6): e21605.

Foerster, S., M. Franz, C. M. Murray, I. C. Gilby, J. T. Feldblum, K. K. Walker, and A. E. Pusey. 2016. "Chimpanzee females queue but males compete for social status." *Scientific Reports*, 6: 35404.

Foerster, S., K. McLellan, K. Schroepfer-Walker, C. M. Murray, C. Krupenye, I. C. Gilby, and A. E. Pusey. 2015. "Social bonds in the dispersing sex: Partner preferences among adult female chimpanzees." *Animal Behaviour*, 105: 139–152.

Foster, M. W., I. C. Gilby, C. M. Murray, A. Johnson, E. E. Wroblewski, and A. E. Pusey. 2009. "Alpha male chimpanzee grooming patterns: Implications for dominance 'style.'" *American Journal of Primatology*, 71: 136–144.

Fowler, A., Y. Koutsioni, and V. Sommer. 2007. "Leaf-swallowing in Nigerian chimpanzees: Evidence for assumed self-medication." *Primates*, 48: 73–76.

Fowler, A., and V. Sommer. 2007. "Subsistence technology in Nigerian chimpanzees." *International Journal of Primatology*, 28: 997–1023.

Fröhlich, M., R. M. Wittig, and S. Pika. 2016. "Should I stay or should I go? Initiation of joint travel in mother-infant dyads of two chimpanzee communities in the wild." *Animal Cognition*, 19 (3): 483–500.

Fry, D. P., and P. Söderberg. 2013. "Lethal aggression in mobile forager bands and implications for the origins of war." *Science*, 341: 270–273.

Fujisawa, M., K. J. Hockings, A. G. Soumah, and T. Matsuzawa. 2016. "Placentophagy in wild chimpanzees (*Pan troglodytes verus*) at Bossou, Guinea." *Primates*, 57: 175–180.

Fünfstück, T., M. Arandjelovic, D. B. Morgan, C. Sanz, P. Reed, S. H. Olson, K. Cameron, A. Ondzie, M. Peeters, and L. Vigilant. 2015. "The sampling scheme matters: *Pan troglodytes troglodytes* and *P. t. schweinfurthii* are characterized by clinal genetic variation rather than a strong subspecies break." *American Journal of Physical Anthropology*, 156: 181–191.

Funston, P. J., M. G. L. Mills, and H. C. Biggs. 2001. "Factors affecting the hunting success of male and female lions in the Kruger National Park." *Journal of Zoology*, 253: 419–431.

Furuichi, T. 2009. "Factors underlying party size differences between chimpanzees and bonobos: A review and hypotheses for future study." *Primates*, 50: 197–209.

Gagneux, P., C. Wills, U. Gerloff, D. Tautz, P. A. Morin, C. Boesch, B. Fruth, G. Hohmann, O. A. Ryder, and D. S. Woodruff. 1999. "Mitochondrial sequences show diverse evolutionary histories of African hominoids." *Proceedings of the National Academy of Sciences*, 96: 5077–5082.

Garner, K. J., and O. A. Ryder. 1996. "Mitochondrial DNA diversity in gorillas." *Molecular Phylogenetics and Evolution*, 6: 39–48.

Georgiev, A. V., A. F. Russell, M. E. Thompson, E. Otali, M. N. Muller, and R. W. Wrangham. 2014. "The foraging costs of mating effort in male chimpanzees (*Pan troglodytes schweinfurthii*)." *International Journal of Primatology*, 35: 725–745.

Ghiglieri, M. P. 1987. "Sociobiology of the great apes and the hominid ancestor." *Journal of Human Evolution*, 16: 319–357.

Gibbons, A. 1998. "Comparative genetics: Which of our genes make us human?" *Science*, 281: 1432–1434.

Gilby, I. C. 2006. "Meat sharing among the Gombe chimpanzees: Harassment and reciprocal exchange." *Animal Behaviour*, 71: 953–963.

Gilby, I. C., L. J. N. Brent, E. E. Wroblewski, R. S. Rudicell, B. H. Hahn, J. Goodall, and A. E. Pusey. 2013. "Fitness benefits of coalitionary aggression in male chimpanzees." *Behavioral Ecology and Sociobiology*, 67: 373–381.

Gilby, I. C., and R. C. Connor. 2010. "The role of intelligence in group hunting: Are chimpanzees different from other social predators?" In *The Mind of the Chimpanzee: Ecological and Experimental Perspectives*, edited by E. V. Lonsdorf, S. R. Ross, and T. Matsuzawa, 220–233. Chicago: University of Chicago Press.

Gilby, I. C., M. Emery Thompson, J. Ruane, and R. W. Wrangham. 2010. "No evidence of short-term exchange of meat for sex among chimpanzees." *Journal of Human Evolution*, 59: 44–53.

Gilby, I. C., Z. P. Machanda, D. C. Mjungu, J. Rosen, M. N. Muller, A. E. Pusey, and R. W. Wrangham. 2015. "Impact hunters catalyse cooperative hunting in two wild chimpanzee communities." *Philosophical Transactions of the Royal Society Series B*, 370: 20150005.

Gilby, I. C., M. L. Wilson, and A. E. Pusey. 2013. "Ecology rather than psychology explains co-occurrence of predation and border patrols in male chimpanzees." *Animal Behaviour*, 86: 61–74.

Gilby, I. C., and R. W. Wrangham. 2007. "Risk-prone hunting by chimpanzees (*Pan troglodytes schweinfurthii*) increases during periods of high diet quality." *Behavioral Ecology and Sociobiology*, 61: 1771–1779.

Gillespie, T. R., E. V. Lonsdorf, E. P. Canfield, D. J. Meyer, Y. Nadler, J. Raphael, A. E. Pusey, et al. 2010. "Demographic and ecological effects on patterns of parasitism in eastern chimpanzees (*Pan troglodytes schweinfurthii*) in Gombe National Park, Tanzania." *American Journal of Physical Anthropology*, 143: 534–544.

Glazko, G., V. Veeramachaneni, M. Nei, and W. Makalowski. 2005. "Eighty percent of proteins are different between humans and chimpanzees." *Gene*, 346: 215–219.

Glowacki, L., A. Isakov, R. W. Wrangham, R. McDermott, J. H. Fowler, and N. A. Christakis. 2016. "Formation of raiding parties for intergroup violence mediated by social network structure." *Proceedings of the National Academy of Sciences*, 113: 12114–12119.

Goldberg, A., and R. W. Wrangham. 1997. "Genetic correlates of social behaviour in chimpanzees: Evidence from mitochondrial DNA." *Animal Behaviour*, 54: 559–570.

Gomes, C. M., and C. Boesch. 2009. "Wild chimpanzees exchange meat for sex on a long-term basis." *PLoS ONE*, 4 (4): e5116. Gomes, C. M., R. Mundry, and C. Boesch. 2009. "Long-term reciprocation of grooming in wild West African chimpanzees." *Proceedings of the Royal Society B* (*Biological Sciences*), 276: 699–706.

Gonder, M. K., T. R. Disotell, and J. F. Oates. 2006. "New genetic evidence on the evolution of chimpanzee populations and implications for taxonomy." *International Journal of Primatology*, 27: 1103–1127.

Gonder, M. K., J. F. Oates, T. R. Disotell, M. R. Forstner, J. C. Morales, and D. J. Melnick. 1997. "A new West African chimpanzee subspecies?" *Nature*, 388: 337.

Goodall, J. 1963. "Feeding behaviour of wild chimpanzees: A preliminary report." *Symposia of the Zoological Society of London*, 10: 39–48.

———. 1968. "Behaviour of free-living chimpanzees of the Gombe Stream area." *Animal Behaviour Monographs*, 1:163–311.

———. 1971. *In the Shadow of Man*. With H. van Lawick. Boston: Houghton Mifflin. 〔ジェーン・グドール『森の隣人――チンパンジーと私』河合雅雄訳、朝日選書、一九九六年〕

———. 1986. *The Chimpanzees of Gombe: Patterns of Behavior*. Cambridge, Mass.: Harvard University Press. 〔ジェーン・グドール『野生チンパンジーの世界 新装版』杉山幸丸、松沢哲郎監訳、ミネルヴァ書房、二〇一七年〕

Goodman, M., C. A. Porter, J. Czelusniak, S. L. Page, H. Schneider, J. Shoshani, G. Gunnell, and C. P. Groves. 1998. "Toward a phylogenetic classification of primates based on DNA evidence complemented by fossil evidence." *Molecular Phylogenetics and Evolution*, 9: 585–598.

Graham, C. E. 1979. "Reproductive function in aged female chimpanzees." *American Journal of Physical Anthropology*, 50: 291–300.

Gross-Camp, N. D., M. Masozera, and B. A. Kaplin. 2009. "Chimpanzee seed dispersal quantity in a tropical montane forest of Rwanda." *American Journal of Primatology*, 71: 901–911.

Gruber, T., and Z. Clay. 2016. "A comparison between bonobos and chimpanzees: A review and update." *Evolutionary Anthropology*, 25: 239–252.

Gruber, T., Z. Clay, and K. Zuberbühler. 2010. "A comparison of bonobo and chimpanzee tool use: Evidence for a female bias in the *Pan* lineage." *Animal Behaviour*, 80: 1023–1033.

Gruber, T., M. N. Muller, V. Reynolds, R. Wrangham, and K. Zuberbühler. 2011. "Community-specific evaluation of tool affordances in wild chimpanzees." *Scientific Reports*, 1: 128.

Gruber, T., M. N. Muller, P. Strimling, R. Wrangham, and K. Zuberbühler. 2009. "Wild chimpanzees rely on cultural knowledge to solve an experimental honey acquisition task." *Current Biology*, 19: 1806–1810.

Gruber, T., K. B. Potts, C. Krupenye, M. Byrne, C. Mackworth-Young, W. C. McGrew, V. Reynolds, and K. Zuberbühler. 2012. "The influence of ecology on chimpanzee (*Pan troglodytes*) cultural behavior: A case study of five Ugandan chimpanzee communities." *Journal of Comparative Psychology*, 126: 446–457.

Gruber, T., K. Zuberbühler, and C. Newmann. 2016. "Travel fosters tool use in wild chimpanzees." *eLife*, 5: e16371.

Grueter, C. C. 2015. "Home range overlap as a driver of intelligence in primates." *American Journal of Primatology*, 77: 418–424.

Haile-Selassie, Y., B. M. Latimer, M. Alene, A. L. Deino, L. Gibert, S. M. Melillo, B. Z. Saylor, G. R. Scott, and C. O. Lovejoy. 2010. "An early Australopithecus afarensis postcranium from Woranso-Mille, Ethiopia." *Proceedings of the National Academy of Sciences*, 107: 12121–12126.

Haley, M. P., C. J. Deutsch, and B. J. Le Boeuf. 1994. "Size, dominance and copulatory success in male northern elephant seals, Mirounga angustirostris." *Animal Behaviour*, 48: 1249–1260.

Hanamura, S., M. Kiyono, M. Lukasik-Braum, T. Mlengeya, M. Fujimoto, M. Nakamura, and T. Nishida. 2008. "Chimpanzee deaths at Mahale caused by a flu-like disease." *Primates*, 49: 77–80.

Harcourt, A. H., P. H. Harvey, S. G. Larson, and R. V. Short. 1981. "Testis size, body weight and breeding system in primates." *Nature*, 293: 55–57.

Harcourt, A. H., and K. J. Stewart. 1987. "The influence of help in contests on dominance rank in primates: Hints from gorillas." *Animal Behaviour*, 35: 182–190.

Hartel, J. A. 2015. "Social dynamics of intragroup aggression and conflict resolution in wild chimpanzees (*Pan troglodytes*) at Kanyawara, Kibale National Park, Uganda." PhD diss., University of Southern California.

Hasegawa, T., M. Hiraiwa, T. Nishida, and H. Takasaki. 1983. "New evidence on scavenging behavior in wild chimpanzees." *Current Anthropology*, 24: 231–232.

Hashimoto, C., T. Furuichi, and T. Tashiro. 2001. "What factors affect the size of chimpanzee parties in the Kalinzu Forest, Uganda? Examination of fruit abundance and number of estrous females." *International Journal of Primatology*, 22:

947–959.

Hashimoto, C., M. Isaji, K. Koops, and T. Furuichi. 2015. "First records of tool-set use for ant-dipping by eastern chimpanzees (*Pan troglodytes schweinfurthii*) in the Kalinzu Forest, Uganda." *Primates*, 56: 301–305.

Hashimoto, C., S. Suzuki, Y. Takenoshita, J. Yamagiwa, A. K. Basabose, and T. Furuichi. 2003. "How fruit abundance affects the chimpanzee party size: A comparison between four study sites." *Primates*, 44: 77–81.

Haslam, M. 2014. "On the tool use behavior of the bonobo-chimpanzee last common ancestor, and the origins of hominine stone tool use." *American Journal of Primatology*, 76: 910–918.

Haslam, M., A. Hernandez-Aguilar, V. Ling, S. Carvalho, I. de la Torre, A. DeStefano, A. Du, et al. 2009. "Primate archaeology." *Nature*, 460: 339–344.

Hausfater, G. 1975. *Dominance and Reproduction in Baboons* (Papio cynocephalus). Contributions to Primatology, vol. 7. Basel, Switzerland: Karger.

Hawkes, K. 2004. "The grandmother effect." Nature, 428: 128.

Hawkes, K., and K. R. Smith. 2010. "Do women stop early? Similarities in fertility decline in humans and chimpanzees." *Annals of the New York Academy of Sciences*, 1204: 43–53.

Hayakawa, T. 2015. "Taste of chimpanzee foods." In *Mahale Chimpanzees: 50 Years of Research*, edited by M. Nakamura, K. Hosaka, N. Itoh, and K. Zamma, 246–258. Cambridge: Cambridge University Press.

Heintz, M. R. 2013. "The immediate and long-term benefits of social play in wild chimpanzees (*Pan troglodytes*)." PhD diss., University of Chicago.

Hernandez-Aguilar, R. A. 2009. "Chimpanzee nest distribution and site reuse in a dry habitat: Implications for early hominin ranging." *Journal of Human Evolution*, 57: 350–364.

Hernandez-Aguilar, R. A., J. Moore, and T. R. Pickering. 2007. "Savanna chimpanzees use tools to harvest the underground storage organs of plants." *Proceedings of the National Academy of Sciences*, 104: 19210–19123.

Hernandez-Aguilar, R. A., J. Moore, and C. B. Stanford. 2013. "Chimpanzee nesting patterns in savanna habitat: Environmental influences and preferences." *American Journal of Primatology*, 75: 979–994.

Hicks, T. C., R. S. Fouts, and D. H. Fouts. 2005. "Chimpanzee (*Pan troglodytes troglodytes*) tool use in the Ngotto Forest, Central African Republic." *American Journal of Primatology*, 65: 221–237.

Hill, K., C. Boesch, J. Goodall, A. Pusey, J. Williams, and R. W. Wrangham. 2001. "Mortality rates among wild chimpanzees." *Journal of Human Evolution*, 40: 437–450.

Hinde, K., and L. A. Milligan. 2011. "Primate milk: Proximate mechanisms and ultimate perspectives." *Evolutionary Anthropology*, 20: 9–23.

Hobaiter, C., T. Poisot, K. Zuberbühler, W. Hoppit, and T. Gruber. 2014. "Social network analysis shows direct evidence for social transmission of tool use in wild chimpanzees." *PLoS Biology*, 12 (9): e1001960.

Hobaiter, C., A. M. Schel, K. Langergraber, and K. Zuberbühler. 2014. "'Adoption' by maternal siblings in wild chimpanzees." *PLoS ONE*, 9 (8): e103777.

Holekamp, K. E., L. Smale, R. Berg, and S. M. Cooper. 1997. "Hunting rates and hunting success in the spotted hyena (*Crocuta crocuta*)." *Journal of Zoology*, 242: 1–15.

Horner, V., D. Proctor, K. E. Bonnie, A. Whiten, and F. B. M. de Waal. 2010. "Prestige affects cultural learning in chimpanzees." *PLoS ONE*, 5 (5): e10625.

Hosaka, K., T. Nishida, M. Hamai, A. Matsumoto-Oda, and S. Uehara. 2001. "Predation of mammals by the chimpanzees of the Mahale Mountains, Tanzania." In *All Apes Great and Small*, vol. 1, *African Apes*, edited by B. M. F. Galdikas, N. E. Briggs, L. K. Sheeran, G. L. Shapiro, and J. Goodall, 107–130. Developments in Primatology: Progress and Prospects. New York: Kluwer.

Houle, A., C. Chapman, and W. L. Vickery. 2010. "Intratree vertical variation of fruit density and the nature of contest competition in frugivores." *Behavioral Ecology and Sociobiology*, 64: 429–441.

Hrdy, S. B. 1977. *The Langurs of Abu*. Cambridge, Mass.: Harvard University Press.

———. 1979. "Infanticide among animals: A review, classification, and examination of the implications for the reproductive strategy of females." *Ethology and Sociobiology*, 1: 13–40.

Huffman, M. A. "Chimpanzee self-medication: A historical perspective of the key findings." In *Mahale Chimpanzees: 50*

Years of Research, edited by M. Nakamura, K. Hosaka, N. Itoh, and K. Zamma, 340–353. Cambridge: Cambridge University Press.

Huffman, M. A., and M. S. Kalunde. 1993. "Tool-assisted predation on a squirrel by a female chimpanzee in the Mahale Mountains, Tanzania." *Primates*, 34: 93–98.

Hughes, J. F., H. Skaletsky, T. Pyntikova, T. A. Graves, S. K. van Daalen, P. J. Minx, R. S. Fulton, et al. 2015. "Chimpanzee and human Y chromosomes are remarkably divergent in structure and gene content." *Nature*, 463: 536–539.

Humle, T., F. Maisels, J. F. Oates, A. Plumptre, and E. A. Williamson. 2016. Pan troglodytes: *The IUCN Red List of Threatened Species 2016*. Cambridge, UK: International Union for Conservation of Nature and Natural Resources. http://dx.doi.org/10.2305/IUCN.UK.2016-2.RLTS. T15933A17964454.en.

Humle, T., and T. Matsuzawa. 2002. "Ant-dipping among the chimpanzees of Bossou, Guinea, and some comparisons with the other sites." *American Journal of Primatology*, 58: 133–148.

———. 2009. "Laterality in hand use across four tool-use behaviors among the wild chimpanzees of Bossou, Guinea, West Africa." *American Journal of Primatology*, 71: 40–48.

Inoue, E., M. Inoue-Murayama, L. Vigilant, O. Takenaka, and T. Nishida. 2008. "Relatedness in wild chimpanzees: Influence of paternity, male philopatry, and demographic factors." *American Journal of Physical Anthropology*, 137: 256–262.

Inoue-Nakamura, N. 1997. "Development of stone tool use by wild chimpanzees (*Pan troglodytes*)." *Journal of Comparative Psychology*, 111: 159–173.

Itoh, N., and T. Nishida. 2007. "Chimpanzee grouping patterns and food availability in Mahale Mountains National Park, Tanzania." *Primates*, 48: 87–96.

Janmaat, K. R. L., S. D. Ban, and C. Boesch. 2013. "Chimpanzees use long-term spatial memory to monitor large fruit trees and remember feeding experiences across seasons." *Animal Behaviour*, 86: 1183–1205.

Johanson, D. C., and T. D. White. 1979. "A systematic assessment of early African hominids." *Science*, 202: 321–330.

Jones, J. H., M. L. Wilson, C. Murray, and A. Pusey. 2010. "Phenotypic quality influences fertility in Gombe chimpanzees."

Journal of Animal Ecology, 79: 1262–1269.

Kaburu, S. S. K., and N. E. Newton-Fisher. 2015. “Egalitarian despots: Hierarchy steepness, reciprocity and the grooming-trade model in wild chimpanzees, *Pan troglodytes*.” *Animal Behaviour*, 99: 61–71.

Kachel, A. F., L. S. Premo, and J. J. Hublin 2011. “Grandmothering and natural selection.” *Proceedings of the Royal Society B* (*Biological Sciences*), 278: 384–391.

Kahlenberg, S. M., M. Emery Thompson, M. N. Muller, and R. W. Wrangham. 2008. “Immigration costs for female chimpanzees and male protection as an immigrant counterstrategy to intrasexual aggression.” *Animal Behaviour*, 76: 1497–1509.

Kahlenberg, S. M., and R. W. Wrangham. 2010. “Sex differences in chimpanzees’ use of sticks as play objects resembles those of children.” *Current Biology*, 20: R1067–R1068.

Kalan, A. K., and C. Boesch. 2015. “Audience effects in chimpanzee food calls and their potential for recruiting others.” *Behavioral Ecology and Sociobiology*, 69: 1701–1712.

Kalan, A. K., R. Mundry, and C. Boesch. 2015. “Wild chimpanzees modify food call structure with respect to tree size for a particular fruit species.” *Animal Behaviour*, 101: 1–9.

Kalcher-Sommersguter, E., S. Preuschoft, C. Franz-Schaider, C. K. Hemelrijk, K. Crailsheim, and J. J. M. Massen. 2015. “Early maternal loss affects social integration of chimpanzees throughout their lifetime.” *Scientific Reports*, 5 (November 10): 16439.

Kamilar, J. M., and J. L. Marshack. 2012. “Does geography or ecology best explain ‘cultural’ variation among chimpanzee communities?” *Journal of Human Evolution*, 62: 256–260.

Keele, B. F., J. H. Jones, K. A. Terio, J. D. Estes, R. S. Rudicell, M. L. Wilson, Y. Li, et al. 2009. “Increased mortality and AIDS-like immunopathology in wild chimpanzees infected with SIVcpz.” *Nature*, 460: 515–519.

Kehrer-Sawatzki, H., and D. N. Cooper. 2007. “Understanding the recent evolution of the human genome: Insights from human-chimpanzee genome comparisons.” *Human Mutation*, 28: 99–130.

King, M. C., and A. C. Wilson. 1975. “Evolution at two levels in humans and chimpanzees.” *Science*, 188: 107–116.

Kirk, J. 2011. *Kingdom under Glass: A Tale of Obsession, Adventure, and One Man's Quest to Preserve the World's Great Animals*. New York: Picador.

Koops, K., T. Furuichi, C. Hashimoto, and C. P. van Schaik. 2015. "Sex differences in object manipulation in wild immature chimpanzees (*Pan troglodytes schweinfurthii*) and bonobos (*Pan paniscus*): Preparation for tool use?" *PLoS ONE*, 10 (10): e0139909.

Koops, K., T. Humle, E. Sterck, and T. Matsuzawa. 2006. "Ground-nesting by the chimpanzees of the Nimba Mountains, Guinea: Environmentally or socially determined?" *American Journal of Primatology*, 65: 1–13.

Koops, K., W. C. McGrew, T. Matsuzawa, and L. A. Knapp. 2012. "Terrestrial nest-building by wild chimpanzees (*Pan troglodytes troglodytes*): Implications for the tree-to-ground sleep transition in early hominins." *American Journal of Physical Anthropology*, 148: 351–361.

Koops, K., C. Schöning, M. Isaji, and C. Hashimoto. 2015. "Cultural differences in ant-dipping tool length between neighboring chimpanzee communities at Kalinzu, Uganda." *Scientific Reports*, 5: 12456.

Koops, K., C. Schöning, W. McGrew, and T. Matsuzawa. 2015. "Chimpanzees prey on army ants at Seringbara, Nimba Mountains, Guinea: Predation patterns and tool use characteristics." *American Journal of Primatology*, 77: 319–329.

Kortlandt, A. 1986. "The use of stone tools by wild-living chimpanzees and earliest hominids." *Journal of Human Evolution*, 15: 77–132.

Kret, M. E., and M. Tomonaga. 2016. "Getting to the bottom of face processing: Species-specific inversion effects for faces and behinds in humans and chimpanzees (*Pan troglodytes*)." *PLoS ONE*, 11 (11): e0165357.

Krief, S., M. A. Huffman, T. Sevenet, C. M. Hladik, P. Grellier, P. M. Loiseau, and R. W. Wrangham. 2006. "Bioactive properties of plant species ingested by chimpanzees (*Pan troglodytes schweinfurthii*) in the Kibale National Park, Uganda." *American Journal of Primatology*, 68: 51–71.

Kühl, H. S., A. K. Kalan, M. Arandjelovic, F. Aubert, L. D'Auvergne, A. Goedmakers, S. Jones, et al. 2016. "Chimpanzee accumulative stone throwing." *Scientific Reports*, 6: 22219.

Kühl, H. S., A. N'Guessan, J. Riedel, S. Metzger, and T. Deschner. 2012. "The effect of climate fluctuation on chimpanzee birth sex ratio." *PLoS ONE*, 7 (4): e35610.

Kutsukake, N., M. Teramoto, S. Homma, Y. Mori, K. Matsudaira, H. Kobayashi, T. Ishida, K. Okanoya, and T. Hasegawa. 2011. "Individual variation in behavioural reactions to unfamiliar conspecific vocalization and hormonal underpinnings in male chimpanzees." *Ethology*, 18: 269–280.

Langergraber, K. E., C. Boesch, E. Inoue, M. Inoue-Murayama, J. C. Mitani, T. Nishida, A. Pusey, et al. 2010. "Genetic and 'cultural' similarity in wild chimpanzees." *Proceedings of the Royal Society B* (*Biological Sciences*), 278: 408–416.

Langergraber, K. E., J. C. Mitani, and L. Vigilant. 2007. "The limited impact of kinship on cooperation in wild chimpanzees." *Proceedings of the National Academy of Sciences*, 104: 7786–7790.

———. 2009. "Kinship and social bonds in female chimpanzees (*Pan troglodytes*)." *American Journal of Primatology*, 71: 840–851.

Langergraber, K. E., J. C. Mitani, D. P. Watts, and L. Vigilant. 2013. "Malefemale socio-spatial relationships and reproduction in wild chimpanzee." *Behavioral Ecology and Sociobiology*, 67: 861–873.

Langergraber, K. E., K. Prüfer, C. Rowney, C. Boesch, C. Crockford, K. Fawcett, E. Inoue, et al. 2012. "Generation times in wild chimpanzees and gorillas suggest earlier divergence times in great ape and human evolution." *Proceedings of the National Academy of Sciences*, 109: 15716–15721.

Langergraber, K. E., C. Rowney, C. Crockford, R. Wittig, K. Zuberbühler, and L. Vigilant. 2014. "Genetic analyses suggest no immigration of adult females and their offspring into the Sonso community of chimpanzees in the Budongo Forest Reserve, Uganda." *American Journal of Primatology*, 76: 640–648.

Langergraber, K. E., C. Rowney, G. Schubert, C. Crockford, C. Hobaiter, R. Wittig, R. W. Wrangham, K. Zuberbühler, and L. Vigilant. 2014. "How old are chimpanzee communities? Time to most recent common ancestor of the Y-chromosome in highly patrilocal societies." *Journal of Human Evolution*, 69: 1–7.

Langergraber, K. E., and L. Vigilant. 2011. "Genetic differences cannot be excluded from generating behavioural differences among chimpanzee groups." *Proceedings of the Royal Society B* (*Biological Sciences*), 278: 2094–2095.

Laporte, M. N. C., and K. Zuberbühler. 2010. "Vocal greeting behaviour in wild chimpanzee females." Animal Behaviour,

80: 467–473. Launhardt, K., C. Borries, C. Hardt, J. T. Epplen, and P. Winkler. 2001. "Paternity analysis of alternative male reproductive routes among the langurs (*Semnopithecus entellus*) of Ramnagar." *Animal Behaviour*, 61: 53–64.

Lehmann, J., and C. Boesch. 2004. "To fission or to fusion: Effects of community size on wild chimpanzee (*Pan troglodytes verus*) social organization." *Behavioral Ecology and Sociobiology*, 56: 207–216.

———. 2008. "Sexual differences in chimpanzee sociality." *International Journal of Primatology*, 29: 65–81.

Lehmann, J., G. Fickenscher, and C. Boesch. 2007. "Kin biased investment in wild chimpanzees." *Behaviour*, 143: 931–955.

Lind, J., and P. Lindenfors. 2010. "The number of cultural traits is correlated with female group size but not with male group size in chimpanzee communities." *PLoS ONE*, 5 (3): e9241.

Llorente, M., D. Riba, L. Palou, L. Carrasco, M. Mosquera, M. Colell, and O. Feliu. 2011. "Population-level right-handedness for a coordinated bimanual task in naturalistic housed chimpanzees: Replication and extension in 114 animals from Zambia and Spain." *American Journal of Primatology*, 73: 281–290.

Locatelli, S., R. J. Harrigan, P. R. S. Clee, M. W. Mitchell, K. A. Mckean, T. B. Smith, and M. K. Gonder. 2016. "Why are Nigeria-Cameroon chimpanzees (*Pan troglodytes ellioti*) free of SIVcpz infection?" *PLoS ONE*, 11 (8): e0160788.

Locatelli, S., K. A. McKean, P. R. Sesink Clee, and M. K. Gonder. 2014. "The evolution of resistance to simian immunodeficiency virus (SIV): A review." *International Journal of Primatology*, 35: 349–375.

Lonsdorf, E. V. 2005. "Sex differences in the development of termite-fishing skills in the wild chimpanzees, *Pan troglodytes schweinfurthii*, of Gombe National Park, Tanzania." *Animal Behaviour*, 70: 673–683.

Lonsdorf, E. V., K. E. Anderson, M. A. Stanton, M. Shender, M. R. Heintz, J. Goodall, and C. M. Murray. 2014. "Boys will be boys: Sex differences in wild infant chimpanzee social interactions." *Animal Behaviour*, 88: 79–83.

Lonsdorf, E. V., L. E. Eberly, and A. E. Pusey. 2004. "Sex differences in learning in chimpanzees." *Nature*, 428: 715–716.

Lonsdorf, E. V., and W. D. Hopkins. 2005. "Wild chimpanzees show population-level handedness for tool use." *Proceedings of the National Academy of Sciences*, 102: 12634–12638.

Lonsdorf, E. V., A. C. Markham, M. R. Heintz, K. E. Anderson, D. J. Ciuk, J. Goodall, and C. M. Murray. 2014. "Sex differences in wild chimpanzee behavior emerge during infancy." *PLoS ONE*, 9 (6): e99099.

Loudon, J. E., P. A. Sandberg, R. W. Wrangham, B. Fahey, and M. Sponheimer. 2016. "The stable isotope ecology of Pan in Uganda and beyond." *American Journal of Primatology*, 78: 1070–1085.

Lovejoy, C. O. 1978. "A biomechanical review of the locomotor diversity of early hominids." In *Early Hominids of Africa*, edited by C. J. Jolly, 403–429. New York: St. Martin's.

———. 2009. "Reexamining human origins in light of *Ardipithecus ramidus*." *Science*, 326: 74.

Lukas, D., and E. Huchard. 2014. "The evolution of infanticide by males in mammalian societies." *Science*, 346: 841–844.

Luncz, L. V., and C. Boesch. 2014. "Tradition over trend: Neighboring chimpanzee communities maintain differences in cultural behavior despite frequent immigration of adult females." *American Journal of Primatology*, 76: 649–657.

———. 2015. "The extent of cultural variation between adjacent chimpanzee (*Pan troglodytes verus*) communities: A microecological approach." *American Journal of Physical Anthropology*, 156: 67–75.

Lycett, S. J., M. Collard, and W. C. McGrew. 2010. "Are behavioral differences among wild chimpanzee communities genetic or cultural? An assessment using tool-use data and phylogenetic methods." *American Journal of Physical Anthropology*, 142: 461–467.

———. 2011. "Correlations between genetic and behavioural dissimilarities in wild chimpanzees (*Pan troglodytes*) do not undermine the case for culture." *Proceedings of the Royal Society B* (*Biological Sciences*), 278: 2091–2093.

Machanda, Z. P., I. C. Gilby, and R. W. Wrangham. 2014. "Mutual grooming among adult male chimpanzees: The immediate investment hypothesis." *Animal Behaviour*, 87: 165–174.

Makanga, B., P. Yangari, N. Rahola, V. Rougeron, E. Elguero, L. Boundenga, N. D. Moukodoum, et al. 2016. "Ape malaria transmission and potential for ape-to-human transfers in Africa." *Proceedings of the National Academy of Sciences*, 113: 5329–5334.

Manson, J. H., and R. W. Wrangham. 1991. "Intergroup aggression in chimpanzees and humans." *Current Anthropology*, 32: 369–390.

Markham, A. C., E. V. Lonsdorf, A. E. Pusey, and C. M. Murray. 2015. "Maternal rank influences the outcome of aggressive interactions between immature chimpanzees." *Animal Behaviour*, 100: 192–198.

Matsumoto, T., N. Itoh, S. Inoue, and M. Nakamura. 2016. "An observation of a severely disabled infant chimpanzee in the wild and her interactions with her mother." *Primates*, 57: 3–7.

Matsumoto-Oda, A. 1999. "Female choice in the opportunistic mating of wild chimpanzees (*Pan troglodytes schweinfurthii*) at Mahale." *Behavioral Ecology and Sociobiology*, 46: 258–266.

Matsumoto-Oda, A., M. Hamai, H. Hayaki, K. Hosaka, K. D. Hunt, E. Kasuya, K. Kawanaka, J. C. Mitani, H. Takasaki, and Y. Takahata. 2007. "Estrus cycle asynchrony in wild female chimpanzees, *Pan troglodytes schweinfurthii*." *Behavioral Ecology and Sociobiology*, 61: 661–668.

Matsumoto-Oda, A., and Y. Hayashi. 1999. "Nutritional aspects of fruit choice by chimpanzees." *Folia Primatologica*, 70: 154–162.

Matsumoto-Oda, A., K. Hosaka, M. A. Huffman, and K. Kawanaka. 1998. "Factors affecting party size in chimpanzees of the Mahale Mountains." *International Journal of Primatology*, 19: 999–1011.

Matsumoto-Oda, A., and Y. Ihara. 2011. "Estrous asynchrony causes low birth rates in wild female chimpanzees." *American Journal of Primatology*, 73: 180–188.

Matsuzawa, T. 2006. "Sociocognitive development in chimpanzees: A synthesis of laboratory work and fieldwork." In *Cognitive Development in Chimpanzees*, edited by T. Matsuzawa, M. Tomonaga, and M. Tanaka, 3–33. Tokyo: Springer.

McBrearty, S., and N. G. Jablonski. 2005. "First fossil chimpanzee." *Nature*, 437: 105–108.

McCarthy, M. S., C. E. Finch, and C. B. Stanford. 2013. "Alpha male status predicts longevity in wild male chimpanzees." *American Journal of Physical Anthropology*, 150: 193 (abstract).

McCarthy, M. S., J. D. Lester, E. J. Howe, M. Arandelovic, C. B. Stanford, and L. Vigilant. 2015. "Genetic censusing identifies an unexpectedly sizeable population of an endangered large mammal in a fragmented forest landscape." *BMC Ecology*, 15: 21.

McCarthy, M. S., J. D. Lester, and C. B. Stanford. 2017. "Chimpanzees (*Pan troglodytes*) flexibly use introduced species for nesting and bark feeding in a human-dominated habitat." *International Journal of Primatology*, 38: 321–337.

McGrew, W. C. 1992. *Chimpanzee Material Culture*. Cambridge: Cambridge University Press.〔ウィリアム・C・マックグルー『文化の起源をさぐる――チンパンジーの物質文化』西田利貞監訳、中山書店、一九九六年〕

———. 2004. *The Cultured Chimpanzee. Cambridge*: Cambridge University Press.

———. 2014. "The 'other faunivory' revisited: Insectivory in human and non-human primates and the evolution of human diet." *Journal of Human Evolution*, 71: 4–11.

———. 2015. "Snakes as hazards: Modeling risk by chasing chimpanzees." *Primates*, 56: 107–111.

———. 2017. "Field studies of Pan troglodytes reviewed and comprehensively mapped, focussing on Japan's contribution to cultural primatology." *Primates*, 58: 237–258.

McGrew, W. C., P. J. Baldwin, and C. E. G. Tutin. 1981. "Chimpanzees in a hot, dry and open habitat: Mt. Assirik, Senegal, West Africa." *Journal of Human Evolution*, 10: 227–244.

McGrew, W. C., and L. F. Marchant. 1997. "On the other hand: Current issues in and meta-analysis of the behavioral laterality of hand function in nonhuman primates." *Yearbook of Physical Anthropology*, 40: 201–232.

McGrew, W. C., L. F. Marchant, and T. Nishida. 1996. *Great Ape Societies*. Cambridge: Cambridge University Press.

McLennan, M. R. 2011. "Tool-use to obtain honey by chimpanzees at Bulindi: New record from Uganda." *Primates*, 52: 315–322.

———. 2014. "Chimpanzee insectivory in the northern half of Uganda's Rift Valley: Do Bulindi chimpanzees conform to a regional pattern?" *Primates*, 55: 173–178.

———. 2015. "Is honey a fallback food for wild chimpanzees or just a sweet treat?" *American Journal of Physical Anthropology*, 158: 685–695. Mech, L. D. 1994. "Buffer zones of territories of gray wolves as regions of intraspecific strife." *Journal of Mammalogy*, 75: 199–202.

Mech, L. D., D. W. Smith, K. M. Murphy, and D. R. MacNulty. 2001. "Winter severity and wolf predation on a formerly wolf-free elk herd." *Journal of Wildlife Management*, 65: 998–1003.

Mercader, J., H. Barton, J. Gillespie, J. Harris, S. Kuhn, R. Tyler, and C. Boesch. 2007. "4,300-year-old chimpanzee sites and the origins of percussive stone technology." *Proceedings of the National Academy of Sciences* 104: 3043–3048.

Mercader, J., M. Panger, and C. Boesch. 2002. "Excavation of a chimpanzee stone tool site in the African rainforest." *Science*, 296: 1452–1455.

Mikkelsen, T. S., L. W. Hillier, E. E. Eichler, M. C. Zody, D. B. Jaffe, S. P. Yang, W. Enard et al. 2005. "Initial sequence of the chimpanzee genome and comparison with the human genome." *Nature*, 437: 69–87.

Miller, J. A., A. E. Pusey, I. C. Gilby, K. Schroepfer-Walker, A. C. Markham, and C. M. Murray. 2014. "Competing for space: Female chimpanzees are more aggressive inside than outside their core areas." *Animal Behaviour* 87: 147–152.

Mills, M. G. L., L. S. Broomhall, and J. T. du Toit. 2004. "Cheetah *Acinonyx jubatus* feeding ecology in the Kruger National Park and a comparison across African savanna habitats: Is the cheetah only a successful hunter on open grassland plains?" *Wildlife Biology*, 10: 177–186.

Mitani, J. C. 2009. "Male chimpanzees form enduring and equitable social bonds." *Animal Behaviour*, 77: 633–640.

Mitani, J. C., K. L. Hundley, and M. E. Murdoch. 1999. "Geographic variation in the calls of wild chimpanzees: A reassessment." *American Journal of Primatology*, 47: 133–151.

Mitani, J. C., D. P. Watts, and S. J. Amsler. 2010. "Lethal intergroup aggression leads to territorial expansion in wild chimpanzees." *Current Biology*, 20: R507–R508.

Mitani, J. C., D. P. Watts, and M. N. Muller. 2002. "Recent developments in the study of wild chimpanzee behavior." *Evolutionary Anthropology*, 11: 9–25.

Moore, D. L., K. E. Langergraber, and L. Vigilant. 2015. "Genetic analyses suggest male philopatry and territoriality in savanna-woodland chimpanzees (*Pan troglodytes schweinfurthii*) of Ugalla, Tanzania." *International Journal of Primatology*, 36: 377–397.

Moore, J. 1996. "Savanna chimpanzees, referential models and the last common ancestor." In *Great Ape Societies*, edited by W. C. McGrew, L. F. Marchant, and T. Nishida, 275–292. Cambridge: Cambridge University Press.

Moorjani, P., C. E. Amorim, P. F. Arndt, and M. Przeworski. 2016. "Variation in the molecular clock of primates." *Proceedings of the National Academy of Sciences*, 113: 10607–10612.

Morgan, D., and C. Sanz. 2006. "Chimpanzee feeding ecology and comparisons with sympatric gorillas in the Goualougo Triangle, Republic of Congo." In *Feeding Ecology in Apes and Other Primates*, edited by G. Hohmann, M. M. Robbins, and C. Boesch, 97–122. Cambridge: Cambridge University Press.

Muehlenbein, M. P., and D. P. Watts. 2010. "The costs of dominance: Testosterone, cortisol and intestinal parasites in wild male chimpanzees." *BioPscyhoSocial Medicine*, 4: 21–22.

Muehlenbein, M. P., D. P. Watts, and P. L. Whitten. 2004. "Dominance rank and fecal testosterone levels in adult male chimpanzees (*Pan troglodytes schweinfurthii*) at Ngogo, Kibale National Park, Uganda." *American Journal of Primatology*, 64: 71–82.

Muller, M. N. 2007. "Chimpanzee violence: Femmes fatales." *Current Biology*, 17: R355–R356.

Muller, M. N., M. Emery Thompson, S. M. Kahlenberg, and R.W. Wrangham. 2011. "Sexual coercion by male chimpanzees shows that female choice may be more apparent than real." *Behavioral Ecology and Sociobiology*, 65: 921–933.

Muller, M. N., M. Emery Thompson, and R. W. Wrangham. 2006. "Male chimpanzees prefer mating with old females." *Current Biology*, 16: 2234–2238.

Muller, M. N., S. M. Kahlenberg, M. Emery Thompson, and R. W. Wrangham. 2007. "Male coercion and the costs of promiscuous mating for female chimpanzees." *Proceedings of the Royal Society B* (*Biological Sciences*), 274: 1009–1014.

Muller, M. N., S. M. Kahlenberg, and R. W. Wrangham. 2009. "Male aggression against females and sexual coercion in chimpanzees." In *Sexual Coercion in Primates and Humans: An Evolutionary Perspective on Male Aggression against Females*, edited by M. N. Muller and R. W. Wrangham, 184–217. Cambridge, Mass.: Harvard University Press.

Muller, M. N., and S. F. Lipson. 2003. "Diurnal patterns of urinary steroid excretion in wild chimpanzees." *American Journal of Primatology*, 60: 161–166.

Muller, M. N., and R. W. Wrangham. 2004a. "Dominance, aggression and testosterone in wild chimpanzees: A test of the 'challenge hypothesis.'" *Animal Behaviour*, 67: 113–123.

———. 2004b. "Dominance, cortisol and stress in wild chimpanzees (*Pan troglodytes schweinfurthii*)." *Behavioral Ecology and Sociobiology*, 55: 332–340.

———. 2014. "Mortality rates among Kanyawara chimpanzees." *Journal of Human Evolution*, 66: 107–114.

Murray, C. M., I. C. Gilby, S. V. Mane, and A. E. Pusey. 2008. "Adult male chimpanzees inherit maternal ranging patterns." *Current Biology*, 18: 20–24.

Murray, C. M., E. V. Lonsdorf, M. A. Stanton, K. R. Wellens, J. A. Miller, J. Goodall, and A. E. Pusey. 2014. "Early social exposure in wild chimpanzees: Mothers with sons are more gregarious than mothers with daughters." *Proceedings of the National Academy of Sciences*, 111: 18189–18194.

Murray, C. M., S. V. Mane, and A. E. Pusey. 2007. "Dominance rank influences female space use in wild chimpanzees, *Pan troglodytes*: Towards an ideal despotic distribution." *Animal Behaviour*, 74: 1795–1804.

Murray, C. M., E. E. Wroblewski, and A. E. Pusey. 2007. "New case of intragroup infanticide in the chimpanzees of Gombe National Park." *International Journal of Primatology*, 28: 23–37.

Musgrave, S., D. Morgan, E. Lonsdorf, R. Mundry, and C. Sanz. 2016. "Tool transfers are a form of teaching among chimpanzees." *Scientific Reports*, 6: 34783.

Nakamura, M., H. Hayaki, K. Hosaka, N. Itoh, and K. Zamma. 2014. "Brief communication: Orphaned male chimpanzees die young even after weaning." *American Journal of Physical Anthropology*, 153: 139–143.

Nakamura, M., and K. Hosaka. 2015. "Orphans and allomothering." In *Mahale Chimpanzees: 50 Years of Research*, edited by M. Nakamura, K. Hosaka, N. Itoh, and K. Zamma, 421–432. Cambridge: Cambridge University Press.

Nakamura, M., K. Hosaka, N. Itoh, and K. Zamma, eds. 2015. *Mahale Chimpanzees: 50 Years of Research*. Cambridge: Cambridge University Press.

Nakamura, M., and N. Itoh. 2015. "Conspecific killings." In *Mahale Chimpanzees: 50 Years of Research*, edited by M. Nakamura, K. Hosaka, N. Itoh, and K. Zamma, 372–383. Cambridge: Cambridge University Press.

Newton-Fisher, N. E. 1999. "The diet of chimpanzees in the Budongo Forest." *African Journal of Ecology*, 34: 344–354.

———. 2004. "Hierarchy and social status in Budongo chimpanzees." *Primates*, 45: 81–87.

———. 2006. "Female coalitions against male aggression in wild chimpanzees of the Budongo Forest." *International*

Journal of Primatology, 27: 1589–1599.

———. 2014. "Roving females and patient males: A new perspective on the mating strategies of chimpanzees." *Biological Reviews*, 89: 356–374. Newton-Fisher, N. E., V. Reynolds, and A. J. Plumptre. 2000. "Food supply and chimpanzee (*Pan troglodytes schweinfurthii*) party size in the Budongo Forest Reserve, Uganda." *International Journal of Primatology*, 21: 613–628.

Newton-Fisher, N. E., M. Emery Thompson, V. Reynolds, C. Boesch, and L. Vigilant. 2010. "Paternity and social rank in wild chimpanzees (*Pan troglodytes*) from the Budongo Forest, Uganda." *American Journal of Physical Anthropology*, 142: 417–428.

N'guessan, A. K., S. Ortmann, and C. Boesch. 2009. "Daily energy balance and protein gain among Pan troglodytes verus in the Taï National Park, Cote d'Ivoire." *International Journal of Primatology*, 30: 481–496. Nishida, T. 1968. "The social group of wild chimpanzees in the Mahali Mountains." *Primates*, 9: 167–224.

———. 1983a. "Alloparental behavior in wild chimpanzees of the Mahale Mountains, Tanzania." *Folia Primatologica*, 41: 1–33.

———. 1983b. "Alpha status and agonistic alliance in wild chimpanzees (*Pan troglodytes schweinfurthii*)." *Primates*, 24: 318–336.

———. 1990. *The Chimpanzees of the Mahale Mountains*. Tokyo: Tokyo University Press.

———. 1996. "The death of Ntologi, the unparalleled leader of M-group." *Pan Africa News*, 3: 1–4.

———. 1997. "Sexual behavior of adult male chimpanzees of the Mahale Mountains National Park, Tanzania." *Primates*, 38: 379–398.

Nishida, T., N. Corp, M. Hamai, T. Hasegawa, M. Hiraiwa-Hasegwawa, K. Hoskaa, K. D. Hunt, et al. 2003. "Demography, female life history, and reproductive profiles among the chimpanzees of Mahale." *American Journal of Primatology*, 59: 99–121.

Nishida, T., T. Hasegawa, H. Hayaki, Y. Takahata, and S. Uehara. 1992. "Meat-sharing as a coalition strategy by an alpha male chimpanzee?" In *Topics in Primatology*, vol. 1, *Human Origins*, edited by T. Nishida, W. C. McGrew, P. Marler,

M. Pickford, and F. de Waal, 159–174. Tokyo: Tokyo University Press.

Nishida, T., T. Matsusaka, and W. C. McGrew. 2009. "Emergence, propagation or disappearance of novel behavioral patterns in the habituated chimpanzees of Mahale: A review." *Primates*, 50: 23–36.

Nishida, T., S. Uehara, and R. Nyundo. 1979. "Predatory behavior among wild chimpanzees of the Mahale Mountains." *Primates*, 20: 1–20.

Normand, E., S. D. Ban, and C. Boesch. 2009. "Forest chimpanzees (*Pan troglodytes verus*) remember the location of numerous fruit trees." *Animal Cognition*, 12: 797–807.

Oelze, V. M., G. Fahy, G. Hohmann, M. M. Robbins, V. Leinert, K. Lee, H. Eshuis, et al. 2016. "Comparative isotope ecology of African great apes." *Journal of Human Evolution*, 101: 1–16.

Olsen, M. V., and A. Varki. 2003. "Sequencing the chimpanzee genome: Insights into human evolution and disease." *Nature Reviews Genetics*, 4: 20–28.

Olshansky, S. J. 2011. "Aging of U.S. presidents." *Journal of the American Medical Association*, 306 (21): 2328–2329.

O'Malley, R. C., and M. L. Power. 2012. "Nutritional composition of actual and potential insect prey for the Kasekela chimpanzees of Gombe National Park, Tanzania." *American Journal of Physical Anthropology*, 149: 493–503.

O'Malley, R. C., M. A. Stanton, I. C. Gilby, E. V. Lonsdorf, A. Pusey, A. C. Markham, and C. M. Murray. 2016. "Reproductive state and rank influence patterns of meat consumption in wild female chimpanzees (*Pan troglodytes schweinfurthii*)." *Journal of Human Evolution*, 90: 16–28.

O'Malley, R. C., W. Wallauer, C. M. Murray, and J. Goodall. 2012. "The appearance and spread of ant fishing among the Kasekela chimpanzees." *Current Anthropology*, 53: 650–663.

Oshawa, H., M. Ioue, and O. Takenaka. 1993. "Mating strategy and reproductive success of male patas monkeys (*Erythrocebus patas*)." *Primates*, 34: 533–544.

Otali, E., and J. S. Gilchrist. 2006. "Why chimpanzee (*Pan troglodytes schweinfurthii*) mothers are less gregarious than nonmothers and males: The infant safety hypothesis." *Behavioral Ecology and Sociobiology*, 59: 561–570.

Pascual-Garrido, A., B. Umaru, O. Allon, and V. Sommer. 2013. "Apes finding ants: Predator-prey dynamics in a chimpanzee habitat in Nigeria." *American Journal of Primatology*, 75: 1231–1244.

Patterson, N., D. J. Richter, S. Gnerre, E. S. Lander, and D. Reich. 2006. "Genetic evidence for complex speciation of humans and chimpanzees." *Nature*, 441: 1103–1108.

Pearson, H. C. 2011. "Sociability of female bottlenose dolphins (*Tursiops spp.*) and chimpanzees (*Pan troglodytes*): Understanding evolutionary pathways toward social convergence." *Evolutionary Anthropology*, 20: 85–95.

Pemberton, J. M., S. D. Albon, F. E. Guinness, T. H. Clutton-Brock, and G. A. Dover. 1992. "Behavioral estimates of male mating success tested by DNA fingerprinting in a polygynous mammal." *Behavioral Ecology*, 3: 66–75.

Phillips, C. A., and T. C. O'Connell. 2016. "Fecal carbon and nitrogen isotopic analysis as an indicator of diet in Kanyawara chimpanzees, Kibale National Park, Uganda." *American Journal of Physical Anthropology*, 161: 685–697.

Plooij, F. X. 1984. *The Behavioral Development of Free-Living Chimpanzee Babies and Infants*. Norwood, N.J.: Ablex.

Pontzer, H., and R. W. Wrangham. 2006. "Ontogeny of ranging in wild chimpanzees." *International Journal of Primatology*, 27: 295–309.

Pope, T. 1990. "The reproductive consequences of male cooperation in the red howler monkey: Paternity exclusion in multi-male and single male troops using genetic markers." *Behavioral Ecology and Sociobiology*, 27: 439–446.

Potts, K. B., E. Baken, A. Leaving, and D. P. Watts. 2016. "Ecological factors influencing habitat use by chimpanzees at Ngogo, Kibale National Park, Uganda." *American Journal of Primatology*, 78: 432–440.

Potts, K. B., E. Baken, S. Ortman, D. P. Watts, and R. W. Wrangham. 2015. "Variability in population density is paralleled by large differences in foraging efficiency in chimpanzees." *International Journal of Primatology*, 36: 1101–1119.

Potts, K. B., D. P. Watts, and R. W. Wrangham. 2011. "Comparative feeding ecology of two communities of chimpanzees (*Pan troglodytes*) in Kibale National Park, Uganda." *International Journal of Primatology*, 32: 669–690.

Port, M., and P. M. Kappeler. 2010. "The utility of reproductive skew models in the study of male primates, a critical evaluation." *Evolutionary Anthropology*, 19: 46–56.

Power, M. 1991. *The Egalitarians—Human and Chimpanzee: An Anthropological View of Social Organization*. Cambridge: Cambridge University Press.

Pradhan, G. R., S. A. Pandit, and C. P. Van Schaik. 2014. "Why do chimpanzee males attack the females of neighboring communities?" *American Journal of Physical Anthropology*, 155: 430–435.

Prado-Martinez, J., P. H. Sudmant, J. M. Kidd, H. Li, J. L. Kelley, B. Lorente-Galdos, K. R. Veeramah, et al. 2013. "Great ape genetic diversity and population history." *Nature*, 499: 471–475.

Pruetz, J. D. 2007. "Evidence of cave use by savanna chimpanzees (*Pan troglodytes verus*) at Fongoli, Senegal: Implications for thermoregulatory behavior." *Primates*, 48: 316–319.

Pruetz, J. D., and P. Bertolani. 2007. "Savanna chimpanzees, Pan troglodytes verus, hunt with tools." *Current Biology*, 17: 412–417.

———. 2009. "Chimpanzee (*Pan troglodytes verus*) behavioral responses to stress associated with living in a savanna-mosaic environment: Implications for hominin adaptations to open habitats." *PaleoAnthropology*, 2009: 252–262.

Pruetz, J. D., P. Bertolani, K. Boyer Ontl, S. Lindshield, M. Shelley, and E. G. Wessling. 2015. "New evidence on the tool-assisted hunting exhibited by chimpanzees (*Pan troglodytes verus*) in a savannah habitat at Fongoli, Senegal." *Royal Society Open Science*, 2: 140507.

Pruetz, J. D., K. Boyer Ontl, E. Cleaveland, S. Lindshield, J. Marshack, and E. G. Wessling. 2017. "Intragroup lethal aggression in West African chimpanzees (*Pan troglodytes verus*): Inferred killing of a former alpha male at Fongoli, Senegal." *International Journal of Primatology*, 38 (1): 31–57.

Pruetz, J. D., and S. Lindshield. 2012. "Plant-food and tool transfer among savanna chimpanzees at Fongoli, Senegal." *Primates*, 53: 133–145.

Prüfer, K., K. Munch, I. Hellman, K. Akagi, J. R. Miller, B. Walenz, S. Koren, et al. 2015. "The bonobo genome compared with the chimpanzee and human genomes." *Nature*, 486: 527–531.

Pusey, A. E. 1983. "Mother-infant relationships in chimpanzees after weaning." *Animal Behaviour*, 31: 363–377.

———. 1990. "Behavioural changes at adolescence in chimpanzees." *Behaviour*, 115: 203–246.

Pusey, A. E., and C. Packer. 1994. "Infanticide in lions: Consequences and counterstrategies." In *Infanticide and Parental Care*, edited by S. Parmigiani and F. vom Saal, 277–299. London: Harwood Academic.

Pusey, A. E., J. Williams, and J. Goodall. 1997. "The influence of dominance rank on the reproductive success of female chimpanzees." *Science,* 277: 828–831.

Pusey, A. E., M. L. Wilson, and D. A. Collins, 2008. "Human impacts, disease risk and population dynamics in the chimpanzees of Gombe National Park, Tanzania." *American Journal of Primatology,* 70: 738–744.

Reidel, J., M. Franz, and C. Boesch. 2011. "How feeding competition determines female chimpanzee gregariousness and ranging in the Taï National Park, Cote d'Ivoire." *American Journal of Primatology,* 73: 305–313.

Roberts, A. I., and S. G. B. Roberts. 2016. "Wild chimpanzees modify modality of gestures according to strength of social bonds and personal network size." *Scientific Reports,* 6: 33864.

Rogers, A., D. Iltis, and S. Wooding. 2004. "Genetic variation at the MC1R locus and the time since loss of human body hair." *Current Anthropology,* 45: 105–108.

Rowell, T. E. 1974. "The concept of social dominance." *Behavioral Biology,* 11: 131–154.

Ruvolo, M. 1997. "Molecular phylogeny of the hominoids: Inferences from multiple independent DNA sequence data sets." *Molecular Biology and Evolution,* 14: 248–265.

Samson, D. R., and K. D. Hunt. 2012. "A thermodynamic comparison of arboreal and terrestrial sleeping sites for dry-habitat chimpanzees (*Pan troglodytes schweinfurthii*) at the Toro-Semliki Wildlife Reserve, Uganda." *American Journal of Primatology,* 74: 811–818.

———. 2014. "Chimpanzees preferentially select sleeping platform construction tree species with biomechanical properties that yield stable, firm, but compliant nests." *PLoS ONE,* 9 (4): e95361.

Samuni, L., A. Preis, R. Mundry, T. Deschner, C. Crockford, and R. M. Wittig. 2017. "Oxytocin reactivity during intergroup conflict in wild chimpanzees."*Proceedings of the National Academy of Sciences,* 114: 268–273.

Sand, H., C. Wikenros, P. Wabakken, and O. Liberg. 2006. "Effects of hunting group size, snow depth and age on the success of wolves hunting moose." *Animal Behaviour,* 72: 781–789.

Sandel, A. A., R. B. Reddy, and J. C. Mitani. 2017. "Adolescent male chimpanzees do not form a dominance hierarchy with their peers." *Primates,* 58: 39–49.

Sanz, C. M., and D. B. Morgan. 2009. "Flexible and persistent tool-using strategies in honey gathering by wild chimpanzees." *International Journal of Primatology*, 30: 411–427.

Sanz, C. M., D. B. Morgan, and S. Gulick. 2004. "New insights into chimpanzees, tools, and termites from the Congo basin." *American Naturalist*, 164: 567–581.

Sanz, C. M., D. B. Morgan, and W. D. Hopkins. 2016. "Lateralization and performance asymmetries in the termite fishing of wild chimpanzees in the Goualougo Triangle, Republic of Congo." *American Journal of Primatology*, 78: 1190–1200.

Sanz, C. M., C. Schöning, and D. B. Morgan. 2010. "Chimpanzees prey on army ants with specialized tool set." *American Journal of Primatology*, 72: 17–24.

Sapolsky, R. M. 1992. "Cortisol concentrations and the social significance of rank instability among wild baboons." *Psychoneuroendocrinology*, 17: 701–709.

———. 2005. "The influence of social hierarchy on primate health." *Science*, 308: 648–652.

Sarich, V. M., and A. C. Wilson. 1967. "Immunological time scale for hominid evolution." *Science*, 158: 1200–1203.

Sarmiento, E., T. Butynski, and J. Kalina. 1996. "Ecological, morphological, and behavioral aspects of gorillas of Bwindi-Impenetrable and Virungas National Parks, with implications for gorilla taxonomic affinities." *American Journal of Primatology*, 40: 1–21.

Sayers, K., and C. O. Lovejoy. 2008. "The chimpanzee has no clothes: A critical examination of *Pan troglodytes* in models of modern evolution." *Current Anthropology*, 49: 87–114.

Schel, A. M., Z. Machanda, S. W. Townsend, K. Zuberbühler, and K. E. Slocombe. 2013. "Chimpanzee food calls are directed at specific individuals." *Animal Behaviour*, 86: 955–965.

Schoeninger, M. J., J. Moore, and J. M. Sept. 1999. "Subsistence strategies of two 'savanna' chimpanzee populations: The stable isotope evidence." *American Journal of Primatology*, 49: 297–314.

Schoeninger, M. J., C. A. Most, J. J. Moore, and A. D. Somerville. 2016. "Environmental variables across *Pan troglodytes* study sites correspond with the carbon, but not the nitrogen, stable isotope ratios of chimpanzee hair." *American*

Journal of Primatology, 78: 1055–1069.

Schöning, C., D. Ellis, A. Fowler, and V. Sommer. 2007. "Army ant prey availability and consumption by chimpanzees at Gashaka (Nigeria)." *Journal of Zoology*, 271: 125–133.

Schöning, C., T. Humle, Y. Möbius, and W. C. McGrew. 2008. "The nature of culture: Technological variation in chimpanzee predation on army ants revisited." *Journal of Human Evolution*, 55: 48–59.

Schrauf, C., J. Call, K. Fuwa, and S. Hirata. 2012. "Do chimpanzees use weight to select hammer tools?" *PLoS ONE*, 7 (7): e41044.

Schubert, G., L. Vigilant, C. Boesch, R. Klenke, K. Langergraber, R. Mundry, M. Surbeck, and G. Hohmann. 2013. "Co-residence between males and their mothers and grandmothers is more frequent in bonobos than chimpanzees." *PLoS ONE*, 8 (12): e83870.

Schülke, O., and J. Ostner. 2012. "Ecological and social influences on sociality." In *The Evolution of Primate Societies*, edited by J. C. Mitani, J. Call, P. M. Kappeler, R. A. Palombit, and J. B. Silk, 195–219. Chicago: University of Chicago Press.

Sherrow, H. 2012. "Adolescent male chimpanzees at Ngogo, Kibale National Park, Uganda have decided dominance relationships." *Folia Primatologica*, 83: 67–75.

Shimada, M. 2013. "Dynamics of the temporal structures of playing clusters and cliques among wild chimpanzees in Mahale Mountains National Park." *Primates*, 54: 245–257.

Sibley, C. G., and J. E. Ahlquist. 1984. "The phylogeny of the hominoid primates, as indicated by DNA–DNA hybridization." *Journal of Molecular Evolution*, 20: 2–15.

Silk, J. B. 2014. "The evolutionary roots of lethal conflict." *Nature*, 513: 321–322.

Sirianni, G., R. Mundry, and C. Boesch. 2015. "When to choose which tool: Multidimensional and conditional selection of nut-cracking hammers in wild chimpanzees." *Animal Behaviour*, 100: 152–165.

Slocombe, K. E., T. Kaller, L. Turman, S. W. Townsend, S. Papworth, P. Squibbs, and K. Zuberbühler. 2010. "Production of food-associated calls in wild male chimpanzees is dependent on the composition of the audience." *Behavioral Ecology and Sociobiology*, 64: 1959–1966.

Smith, T. M., Z. Machanda, A. B. Bernard, R. M. Donovan, A. M. Papakyrikos, M. N. Muller, and R. W. Wrangham. 2013. "First molar eruption, weaning, and life history in living wild chimpanzees." *Proceedings of the National Academy of Sciences*, 110: 2787–2791.

Smuts, B. B. 1985. *Sex and Friendship in Baboons*. New York: Aldine.

Sobolewski, M. E., J. L. Brown, and J. C. Mitani. 2012. "Territoriality, tolerance and testosterone in wild chimpanzees." *Animal Behaviour*, 84: 1469–1474.

Sommer, V., U. Buba, G. Jesus, and A. Pascual-Garrido. 2012. "Till the last drop: Honey gathering in Nigerian chimpanzees." *Ecotropica*, 18: 55–64.

Speth, J. D., and D. D. Davis. 1976. "Seasonal variability in early hominid predation." *Science*, 192: 441–445.

Stanford, C. B. 1995. "The influence of chimpanzee predation on group size and anti-predator behaviour in red colobus monkeys." *Animal Behaviour*, 49: 577–587.

———. 1996. "The hunting ecology of wild chimpanzees: Implications for the behavioral ecology of Pliocene hominids." *American Anthropologist*, 98: 96–113.

———. 1998. *Chimpanzee and Red Colobus: The Ecology of Predator and Prey*. Cambridge, Mass.: Harvard University Press.

———. 1999. *The Hunting Apes: Meat-Eating and the Origins of Human Behavior*. Princeton, N.J.: Princeton University Press.〔クレイグ・B・スタンフォード『狩りをするサル――肉食行動からヒト化を考える』瀬戸口美恵子、瀬戸口烈司訳、青土社、二〇〇一年〕

———. 2001. "The subspecies concept in primatology: The case of mountain gorillas." *Primates*, 42: 309–318.

———. 2006. "Arboreal bipedalism in wild chimpanzees: Implications for the evolution of hominid posture and locomotion." *American Journal of Physical Anthropology*, 129: 225–231.

———. 2012a. "Chimpanzees and the behavior of *Ardipithecus ramidus*." *Annual Reviews in Anthropology*, 41: 139–149.

———. 2012b. *Planet without Apes*. Cambridge, Mass.: Harvard University Press.

Stanford, C. B., C. Gamboneza, J. B. Nkurunungi, and M. L. Goldsmith. 2000. "Chimpanzees in Bwindi-Impenetrable National Park, Uganda, use different tools to obtain different types of honey." *Primates*, 41: 337–341.

Stanford, C. B., and J. B. Nkurunungi. 2003. "Behavior ecology of sympatric chimpanzees and gorillas in Bwindi Impenetrable National Park, Uganda: Diet." *International Journal of Primatology*, 24: 901–918.

Stanford, C. B., and R. C. O'Malley. 2008. "Sleeping tree choice by Bwindi chimpanzees." *American Journal of Primatology*, 70: 642–649.

Stanford, C. B., J. Wallis, H. Matama, and J. Goodall. 1994a. "Patterns of predation by chimpanzees on red colobus monkeys in Gombe National Park, Tanzania, 1982–1991." *American Journal of Physical Anthropology*, 94: 213–228.

Stanford, C. B., J. Wallis, E. Mpongo, and J. Goodall. 1994b. "Hunting decisions in wild chimpanzees." *Behaviour*, 131: 1–20.

Stanton, M. A., E. V. Lonsdorf, A. E. Pusey, J. Goodall, and C. M. Murray. 2014. "Maternal behavior by birth order in wild chimpanzees (*Pan troglodytes*)." *Current Anthropology*, 55: 483–489.

Stern, J. T., and R. L. Susman. 1983. "The locomotor anatomy of *Australopithecus afarensis*." *American Journal of Physical Anthropology*, 60: 279–317.

Stewart, F. A. 2011. "Why sleep in a nest? Empirical testing of the function of simple shelters made by wild chimpanzees." *American Journal of Physical Anthropology*, 146: 313–318.

Stewart, F. A., and A. K. Piel. 2014. "Termite fishing by wild chimpanzees: New data from Ugalla, western Tanzania." *Primates*, 55: 35–40.

Stewart, F. A., and J. D. Pruetz. 2013. "Do chimpanzee nests serve an antipredatory function?" *American Journal of Primatology*, 75: 593–604.

Strum, S. C. 1982. "Agonistic dominance in male baboons: An alternative view." *International Journal of Primatology*, 3: 175–202.

Stumpf, R. M., and C. Boesch. 2005. "Does promiscuous mating preclude female choice? Female sexual strategies in chimpanzees (*Pan troglodytes verus*) of the Taï National Park, Cote d'Ivoire." *Behavioral Ecology and Sociobiology*, 57:

511–524.

———. 2006. "The efficacy of female choice in chimpanzees of the Taï Forest, Cote d'Ivoire." *Behavioral Ecology and Sociobiology*, 60: 749–765.

———. 2010. "Male aggression and sexual coercion in wild West African chimpanzees, *Pan troglodytes verus*." *Animal Behaviour*, 79: 333–342.

Stumpf, R. M., M. Emery Thompson, M. N. Muller, and R. W. Wrangham. 2009. "The context of female dispersal in Kanyawara chimpanzees." *Behaviour*, 146: 629–656.

Sugiyama, Y., S. Kawamoto, O. Takenaka, K. Kumazaki, and N. Miwa. 1993. "Paternity discrimination and inter-group relationships of chimpanzees at Bossou." *Primates*, 34: 545–552.

Sugiyama, Y., and J. Koman. 1979. "Social structure and dynamics of wild chimpanzees at Bossou, Guinea." *Primates*, 20: 513–524.

Susman, R. L., J. T. Stern, and W. L. Jungers. 1984. "Arboreality and bipedality in the Hadar hominids." *Folia Primatologica*, 43: 113–156.

Sussman, R. W. and J. L. Marshack 2013. "Are humans inherently killers?" Global Nonkilling Working Papers 1, Center for Global Nonkilling, Honolulu. Tagg, N., J. Willie, C. A. Petre, and O. Haggis. 2013. "Ground night nesting in chimpanzees: New insights from central chimpanzees (*Pan troglodytes troglodytes*) in South-East Cameroon." *Folia Primatologica*, 84: 362–383.

Takahata, Y. 1990. "Adult males' social relations with adult females." In *The Chimpanzees of the Mahale Mountains: Sexual and Life-History Strategies*, edited by T. Nishida, 149–170. Tokyo: University of Tokyo Press.

———. 2015. "Disappearance of K-group male chimpanzees: Re-examination of group extinction." In *Mahale Chimpanzees: 50 Years of Research*, edited by M. Nakamura, K. Hosaka, N. Itoh, and K. Zamma, 119–127. Cambridge: Cambridge University Press.

Takahata, Y., T. Hasegawa, and T. Nishida. 1984. "Chimpanzee predation in the Mahale Mountains from August 1979 to May 1982." *International Journal of Primatology*, 5: 213–233.

Takemoto, H., Y. Kawamoto, and T. Furuichi. 2015. "How did bonobos come to range south of the Congo River? Reconsideration of the divergence of Pan paniscus from other *Pan* populations." *Evolutionary Anthropology*, 24: 170–184.

Teleki, G. 1973. *The Predatory Behavior of Wild Chimpanzees*. Lewisburg, Pa.: Bucknell University Press.

Tennie, C., R. O. O'Malley, and I. C. Gilby. 2014. "Why do chimpanzees hunt? Considering the benefits and costs of acquiring and consuming vertebrate versus invertebrate prey." *Journal of Human Evolution*, 71: 38–45.

Terio, K. A., M. J. Kinsel, J. Raphael, T. Mlengeya, I. Lipende, C. A. Kirchoff, B. Gilagiza, et al. 2011. "Pathologic lesions in chimpanzees (*Pan troglodytes schweinfurthii*) from Gombe National Park, 2004–2010." *Journal of Zoo and Wildlife Medicine*, 42: 597–607.

Terio, K. A., E. V. Lonsdorf, M. J. Kinsel, J. Raphael, I. Lipende, A. Collins, Y. Li, B. H. Hahn, D. A. Travis, and T. R. Gillespie. 2016. "Oesophagostomiasis in non-human primates of Gombe National Park, Tanzania." *American Journal of Primatology*, advance online publication, doi:10.1002/ajp.22572.

Tomasello, M. 1996. "Do apes ape?" In *Social Learning in Animals: The Roots of Culture*, edited by C. Heyes and B. Galef Jr., 319–46. New York: Academic Press.

Toth, N., and K. D. Schick. 2009. "The Oldowan: The tool making of early hominins and chimpanzees compared." *Annual Review of Anthropology*, 38: 289–305.

Toth, N., K. D. Schick, E. S. Savage-Rumbaugh, R. A. Sevcik, and D. M. Rumbaugh. 1993. "*Pan* the tool-maker: Investigations into the stone tool-making and tool-using capabilities of a bonobo (*Pan paniscus*)." *Journal of Archaeological Science*, 20: 81–91.

Townsend, S. W., T. Deschner, and K. Zuberbühler. 2008. "Female chimpanzees use copulation calls flexibly to prevent social competition." *PLoS ONE*, 3 (6): e2431.

———. 2011. "Copulation calls in female chimpanzees (*Pan troglodytes schweinfurthii*) convey identity but do not accurately reflect fertility." *International Journal of Primatology*, 32: 914–923.

Townsend, S. W., K. E. Slocombe, M. Emery Thompson, and K. Zuberbühler. 2007. "Female-led infanticide in wild chimpanzees." *Current Biology*, 17: R355–R356.

Tyson, E. (1699) 1972. "Orang-outang sive *Homo sylvestris*: Or the anatomy of pygmie." In *Climbing Man's Family Tree*, edited by T. D. McCown and K. A. R. Kennedy, 41–48. Englewood Cliffs, N.J.: Prentice Hall.

Uehara, S. 1986. "Sex and group differences in feeding on animals by wild chimpanzees in the Mahale Mountains National Park, Tanzania." *Primates*, 27: 1–13.

Uehara, S., T. Nishida, M. Hamai, T. Hasegawa, H. Hayaki, M. Huffman, K. Kawanaka, et al. 1992. "Characteristics of predation by the chimpanzees in the Mahale Mountains National Park, Tanzania." In *Topics in Primatology*, vol. 1, *Human Origins*, edited by T. Nishida, W. C. McGrew, P. Marler, M. Pickford, and F. B. M. de Waal, 143–58. Tokyo: University of Tokyo Press.

Val, A. 2016. "Deliberate body disposal by hominins in the Dinaledi Chamber, Cradle of Humankind, South Africa?" *Journal of Human Evolution*, 96: 145–148.

Varki, A., and T. K. Atheide. 2005. "Comparing the human and chimpanzee genomes: Searching for needles in a haystack." *Genome Research*, 15: 1746–1758.

Vigilant, L., M. Hofreiter, H. Seidel, and C. Boesch. 2001. "Paternity and relatedness in wild chimpanzee communities." *Proceedings of the National Academy of Sciences*, 98: 12890–12895.

Wakefield, M. L. 2013. "Social dynamics among females and their influence on social structure in an East African chimpanzee community." *Animal Behaviour*, 85: 1303–1313.

Wallis, J. 1982. "Sexual behavior of captive chimpanzees (*Pan troglodytes*): Pregnant versus cycling females." *American Journal of Primatology*, 3: 77–88.

———. 1992. "Chimpanzee genital swelling and its role in the pattern of sociosexual behavior." *American Journal of Primatology*, 28: 101–113.

———. 1995. "Seasonal influence on reproduction in chimpanzees of Gombe National Park." *International Journal of Primatology*, 16: 435–451.

———. 1997. "A survey of reproductive parameters in the free-ranging chimpanzees of Gombe National Park." *Journal of*

Reproduction and Fertility, 109: 297–307.

Washburn, S. L. 1968. "Speculation on the problem of man's coming to the ground." In *Changing Perspectives on Man*, edited by B. Rothblatt, 191–206. Chicago: University of Chicago Press.

Washburn, S. L., and C. Lancaster. 1968. "The evolution of hunting." In *Man the Hunter*, edited by R. B. Lee and I. DeVore, 293–303. Chicago: Aldine.

Watts, D. P. 1998. "Coalitionary mate guarding by male chimpanzees at Ngogo, Kibale National Park, Uganda." *Behavioral Ecology and Sociobiology*, 44: 43–55.

———. 2000. "Grooming between male chimpanzees at Ngogo, Kibale National Park: II. Influence of male rank and possible competition for partners." *International Journal of Primatology*, 21: 211–238.

———. 2004. "Intracommunity coalitionary killing of an adult male chimpanzee at Ngogo, Kibale National Park, Uganda." *International Journal of Primatology*, 25: 507–521.

———. 2007. "Effects of male group size, parity, and cycle stage on female chimpanzee copulation rates at Ngogo, Kibale National Park, Uganda." *Primates*, 48: 222–231.

———. 2008. "Scavenging by chimpanzee at Ngogo and the relevance of chimpanzee scavenging to early hominin behavioral ecology." *Journal of Human Evolution*, 54: 125–133.

———. 2010. "Dominance, power, and politics in nonhuman and human primates." In *Mind the Gap*, edited by P. M. Kappeler and J. B. Silk, 109–138. New York: Springer.

———. 2015. "Mating behavior of adolescent male chimpanzees (*Pan troglodytes*) at Ngogo, Kibale National Park, Uganda." *Primates*, 56: 163–172.

———. 2016. "Production of grooming-associated sounds by chimpanzees (*Pan troglodytes*) at Ngogo: Variation, social learning, and possible functions." *Primates*, 57: 61–72. Watts, D. P., and S. J. Amsler. 2013. "Chimpanzee–red colobus encounter rates show a red colobus population decline associated with predation by chimpanzees at Ngogo." *American Journal of Primatology*, 75: 927–937.

Watts, D. P., and J. C. Mitani. 2000. "Infanticide and cannibalism by male chimpanzees at Ngogo, Kibale National Park,

Uganda." *Primates*, 41: 357–365.

———. 2001. "Boundary patrols and intergroup encounters in wild chimpanzees." *Behaviour*, 138: 299–327.

———. 2002. "Hunting behavior of chimpanzees at Ngogo, Kibale National, Park, Uganda." *International Journal of Primatology*, 23: 1–28.

———. 2015. "Hunting and prey switching by chimpanzees (*Pan troglodytes schweinfurthii*) at Ngogo." *International Journal of Primatology*, 36: 728–748.

Watts, D. P., J. C. Mitani, and H. M. Sherrow. 2002. "New cases of intercommunity infanticide by male chimpanzees at Ngogo, Kibale National Park, Uganda." *Primates*, 43: 263–270.

Watts, D. P., M. N. Muller, S. J. Amsler, G. Mbabazi, and J. C. Mitani. 2006. "Lethal intergroup aggression by chimpanzees in Kibale National Park, Uganda." *American Journal of Primatology*, 68: 161–180.

Watts, D. P., K. B. Potts, J. S. Lwanga, and J. C. Mitani. 2012a. "Diet of chimpanzees (*Pan troglodytes schweinfurthii*) at Ngogo, Kibale National Park, Uganda, 1: Diet composition and diversity." *American Journal of Primatology*, 74: 114–129.

———. 2012b. "Diet of chimpanzees (*Pan troglodytes schweinfurthii*) at Ngogo, Kibale National Park, Uganda, 2: Temporal variation and fallback foods." *American Journal of Primatology*, 74: 130–144.

White, T. D., B. Asfaw, Y. Beyene, Y. Haile-Selassie, C. O. Lovejoy, G. Suwa, and G. Woldegabriel. 2009. "*Ardipithecus ramidus* and the paleobiology of early hominids." *Science*, 326: 75–86.

White, T. D., C. O. Lovejoy, B. Asfaw, J. P. Carlson, and G. Suwa. 2015. "Neither chimpanzee nor human, *Ardipithecus* reveals the surprising ancestry of both." *Proceedings of the National Academy of Sciences*, 112: 4877–4884.

Whiten, A. 2014. "Incipient tradition in wild chimpanzees." *Nature*, 514: 178–179.

Whiten, A., J. Goodall, W. C. McGrew, T. Nishida, V. Reynolds, Y. Sugiyama, C. E. G. Tutin, R. W. Wrangham, and C. Boesch. 1999. "Cultures in chimpanzees." *Nature*, 399: 682–685.

———. 2001. "Charting cultural variation in chimpanzees." *Behaviour*, 138: 1481–1516.

Whiten, A., K. Schick, and N. Toth. 2009. "The evolution and cultural transmission of percussive technology: Integrating evidence from palaeoanthropology and primatology." *Journal of Human Evolution*, 57: 420–435.

Wilfried, E. E. G., and J. Yamagiwa. 2014. "Use of tool sets by chimpanzees for multiple purposes in Moukalaba-Doudou National Park, Gabon." *Primates*, 55: 467–472.

Williams, J. M., E. V. Lonsdorf, M. L. Wilson, J. Schumacher-Stankey, J. Goodall, and A. E. Pusey. 2008. "Causes of death in the Kasekela chimpanzees of Gombe National Park, Tanzania." *American Journal of Primatology*, 70: 766–777.

Williams, J. M., G. Oehlert, J. Carlis, and A. Pusey. 2004. "Why do male chimpanzees defend a group range?" *Animal Behaviour*, 68: 523–532.

Wilson, A. C., and M. C. King. 1975. "Evolution at two levels in humans and chimpanzees." *Science*, 188: 107–116.

Wilson, M. L., C. Boesch, B. Fruth, T. Furuichi, I. C. Gilby, C. Hashimoto, C. L. Hobaiter, et al. 2014. "Lethal aggression in Pan is better explained by adaptive strategies than human impacts." *Nature*, 513: 414–419.

Wilson, M. L., M. D. Hauser, and R. W. Wrangham. 2001. "Does participation in intergroup conflict depend on numerical assessment, range location, or rank for wild chimpanzees?" *Animal Behaviour*, 61: 1203–1216.

———. 2007. "Chimpanzees (*Pan troglodytes*) modify grouping and vocal behaviour in response to location-specific risk." *Behaviour*, 144: 1621–1653.

Wilson, M. L., S. M. Kahlenberg, M. Wells, and R. W. Wrangham. 2012. "Ecological and social factors affect the occurrence and outcomes of intergroup encounters in chimpanzees." *Animal Behaviour*, 83: 277–291.

Wilson, M. L., W. R. Wallauer, and A. E. Pusey. 2004. "New cases of intergroup violence among chimpanzees in Gombe National Park, Tanzania." *International Journal of Primatology*, 25: 523–549.

Wingfield, J. C. 1984. "Androgens and mating systems: Testosterone-induced polygyny in normally monogamous birds." *Auk*, 101: 665–671.

Wittig, R. M., and C. Boesch. 2003. "Food competition and linear dominance hierarchy among female chimpanzees of the Taï National Park." *International Journal of Primatology*, 24: 847–867.

Wittig, R. M., C. Crockford, A. Weltring, T. Deschner, and K. Zuberbuehler. 2015. "Single aggressive interactions increase urinary glucocorticoid levels in wild male chimpanzees." *PLoS ONE*, 10 (2): e0118695.

Wittiger, L., and C. Boesch. 2013. "Female gregariousness in Western Chimpanzees (*Pan troglodytes verus*) is influenced by resource aggregation and the number of females in estrus." *Behavioral Ecology and Sociobiology*, 67: 1097–1111.

Wood, B. M., D. P. Watts, J. C. Mitani, and K. E. Langergraber. 2016. "Low mortality rates among Ngogo chimpanzees: Ecological influences and evolutionary implications." *American Journal of Physical Anthropology*, 159: 338 (abstract).

Worthman, C. M., and M. J. Konner. 1987. "Testosterone levels change with subsistence hunting effort in !Kung San men." *Psychoneuroendocrinology*, 12: 449–458.

Wrangham, R. W. 1977. "Feeding behaviour of chimpanzees in Gombe National Park, Tanzania." In *Primate Ecology*, edited by T. H. Clutton-Brock, 503–538. London: Academic Press.

———. 1980. "An ecological model of female-bonded primate groups." *Behaviour*, 75: 262–292.

———. 1996. *Demonic Males*. Boston: Houghton-Mifflin.

———. 1999. "Evolution of coalitionary killing." *Yearbook of Physical Anthropology*, 42: 1–30.

Wrangham, R. W., N. L. Conklin, G. Etot, J. Obua, K. D. Hunt, M. D. Hauser, and A. P. Clark. 1993. "The value of figs to chimpanzees." *International Journal of Primatology*, 14: 243–256.

Wrangham, R. W., N. L. Conklin-Brittain, and K. D. Hunt. 1998. "Dietary response of chimpanzees and cercopithecines to seasonal variation in fruit abundance: I. Antifeedants." *International Journal of Primatology*, 19: 949–970.

Wrangham, R. W., K. Koops, Z. P. Machanda, S. Worthington, A. B. Bernard, N. F. Brazeau, R. Donovan, et al. 2016. "Distribution of a chimpanzee social custom is explained by matrilineal relationship rather than conformity." *Current Biology*, 26: 1–5.

Wrangham, R. W., and E. van Zinnicq Bergmann-Riss. 1990. "Rates of predation on mammals by Gombe chimpanzees, 1972–1975." *Primates*, 31: 157–170.

Wrangham, R. W., and M. L. Wilson. 2004. "Collective violence: Comparisons between youths and chimpanzees." *Annals of the New York Academy of Sciences*, 1036: 233–256.

Wrangham, R. W., M. L. Wilson, and M. N. Muller. 2006. "Comparative rates of violence in chimpanzees and humans." *Primates*, 47: 14–26.

Wroblewski, E. E., C. M. Murray, B. F. Keele, J. C. Schumacher-Stankey, B. H. Hahn, and A. E. Pusey. 2009. "Male dominance rank and reproductive success in chimpanzees, *Pan troglodytes schweinfurthii.*" *Animal Behaviour*, 77: 873–885.

Yamakoshi, G., and Y. Sugiyama. 1995. "Pestle-pounding behavior of wild chimpanzees at Bossou, Guinea: A newly observed tool-using behavior." *Primates*, 36: 489–500.

Zamma, K. 2002. "Leaf-grooming by a wild chimpanzee in Mahale." *Primates*, 43: 87–90.

———. 2013. "What makes wild chimpanzees wake up at night?" *Primates*, 55: 51–57.

謝辞

わたしは本書を、過去のどの著書もそうだったように、自分自身の学習のために書きはじめた。自身の野生チンパンジーのフィールド研究を終えて数年が経過し、わたしは最新の研究情勢から置いていかれつつあるように感じていた。別の動物種を対象とした新プロジェクトに忙しく、かつてのようにチンパンジー研究が頭の中を占めることがなくなっていた。知識のアップデートをするのに、昔は大学の雑誌閲覧室にこもって学術誌を読み漁り、そのあと何時間も巨大な機械と格闘して、ファイリング用のコピーをとったものだ。今では自分のデスクで、過去一〇年分のチンパンジーについての研究論文をデジタルアーカイヴから読むことができる。昔の同僚や、新世代の若い研究者たちが執筆した論文を読んでいると、ずいぶん遠くまできたものだと、感慨深いものがある。何よりもまず、フィールド研究が以前よりはるかに増えた。同僚のウィリアム・マグルーは最近、最低一本の学術論文が生み出されたチンパンジーのフィールド研究拠点を数えあげ、その数は実に一二〇カ所にのぼった。ほとんどは短期間研究がおこなわれただけだが、数十年前から研究が実施され、今も続いている場所も一〇カ所ほど存在する。発声から排卵まで、どんなトピックについても、かつてないほど詳細な情報が蓄積されている。今では、研究室でおこなわれる性ホルモン、DNA、音響特性の分析が、昔ながらの観察手法を補強している。姿を見たことのない集団の食性を、体毛サンプルの放射性同位体分析によって推定できる。糞や尿のサンプルから、繁殖状態、栄養失調、父性に関する情報を引き出すこともできる。コミュニティ間暴力から子育てまで、さまざまな行動を説明する、新たな理論が誕生している。わたしは、こうした情報すべてを、大型類人猿が専門の霊長類学者だけでなく、知的好奇心に満ちた一般読者にも、有益かつ興味をもってもらえるような形にまとめあげる仕事にとりかかった。わくわくするような発見のニュースは、執筆中にもいくつも飛び込んできた。そこでわたしは、時間軸に区切りを設けることにした。一九九〇年代後半以降、つまり大まかにいって過去二〇年の期間中の、野生チンパンジー研究に関するできごとをすべて盛り込むことにしたのだ。

わたしは本書『新しいチンパンジー学』を、ジェーン・グドールと、彼女の足跡をたどった数世代の霊長類学者たちに捧げる。チンパンジー研究者の内輪のジョークに、ジェーンの名著『In the Shadow of Man』〔訳注：邦題は『森の隣人』〕になぞらえた、彼女との関係を表す言い回しがある。わたしたちはみな、ジェーンのおかげで（in the shadow of Jane）生きて、仕事ができているのだ。彼女の先駆的研究、それに霊長類保護と地球規模の環境問題へのたゆまぬ献身は、わたしたちみなにインスピレーションを与えてくれる。彼女の初期研究は、大型類人猿に対するわたしたちの見方に、他のすべての霊長類学者の研究を合わせたよりも多大な影響を与えた。開始からまもなく六〇年を迎える、ゴンベ国立公園でのグドールのプロジェクトは、史上もっとも長く続く、そしておそらくもっとも重要な野生動物研究だ。もちろん、グドールはこの間ずっとひとりでプロジェクトを運営してきたわけではない。わたしがゴンベで過ごした間とその前後は、アンソニー・コリンズがゴンベでの研究や保全の実施を支援してくれた。最近では、シャドラック・カメニャ、マイケル・ウィルソンらがこの仕事を引き継いでいる。

一九九〇年代のゴンベでのわたしの研究は、勤勉なタンザニア人リサーチアシスタントの助けなしには実現できなかった。わたしはゴンベで、カロリ・アルバート、ヤハヤ・アルマシ、ブルーノ・ハーマン、マドゥア・ジュマ、故ムサフィリ・カトト、ヒラリ・マタマ、トフィッキ・ミキダディ、ハミシ・ムコノ、エスロム・ムポンゴ、デヴィッド・ムサ、ガボ・パウロ、ナシブ・サディキ、イッサ・サララ、メソディ・ヴィアンピ、セレマニ・ヤハヤと共に時を過ごした。研究遂行の許可を与えてくれたタンザニア国立公園局とタンザニア科学技術委員会、またプロジェクトを支援してくれた助成機関である、米国立科学財団、ナショナル・ジオグラフィック協会、リーキー財団にお礼を申し上げる。

ウガンダのブウィンディ原生国立公園でチンパンジーとマウンテンゴリラの共存について研究していた間も、大勢のウガンダ人や在外外国人にお世話になった。かつての教え子、ジョン・ボスコ・ンクルヌンギ博士は、リサーチアシスタントからわたしの研究室の大学院生になり、のちに大学講師となった、わが友人だ。未経験のフィールドアシスタントとして雇われたジャーヴェーズ・トゥムウェバゼは、のちに現地プロジェクトリーダーとして頭角を現し、やがて地元ンクリンゴ・コミュニティの政治指導者となった。長年にわたりブウィンディでの研究遂行許可を与えてくれた、ウガンダ野生生物局、ウガンダ国立科学技術評議会、熱帯林保全研究所にお礼を申し上げる。ウガンダでの研究に協力してくれた、ミシェル・ゴールドスミス、リチャード・マレンキー、アラステア・マクニーレージ、マーサ・ロビンス、ナンシー・トンプソン＝ハンドラーにも感謝している。キース・マサナとブウィンディの番人たち、なかでもクリストファー・オレイエマ、アンブローズ・アヒンビシブエ、ロバート・ベリジェラ、エリック・エドロマ、フェニ・ゴンゴとその父ムジー・ゴンゴ、サイモン・ジェニングス、ジョアンナ・モーン、エヴァリスト・ンボニガバ、ケイレブ・ンガンバネザ、そしてシニアレンジャーのシルヴァ・トゥムウェバゼにも感謝を。一九九九年に反乱軍の襲撃という苦難に見舞われながらも、一年にわたってプロジェクトを運営してくれたミッチェル・キーヴァーには、深い感謝にたえない。

チンパンジーのフィールド研究をおこなう世界中の研究者たちのコミュニティはいまやかなりの規模に成長したが、わたしたちは一握りの先駆者たちの肩の上に立っていて、かれらの研究からひらめきや知識を得ている。グドールほど有名ではないかもしれないが、長年の努力によって、基礎情報をもたらし、観察した事象を説明する理論を構築し、若い研究者たちのキャリアを導いてくれたかれらは、わたしを含む多くの研究者たちにとって、かけがえのない存在だ。かれらの仕事が、わたしたちみなにとっての指針となった。本書で何度も引用したかれらのうち、何人かとは紙面や対面で（たいていは穏当に）論争をしたこともあるが、それこそが科学の本質だ。長年にわたってアドバイスや批判をくれた、クリストフ・ボッシュ、ウィリアム・マグルー、故西田利貞、アン・ピュージー、リチャード・ランガムに感謝したい。

毎度のことだが、本書は謝辞にしか名前を挙げることのできない多くの人々との共同作業の産物だ。かれらは各章の原稿に目を通してくれたり、そこで取りあげたトピックを議論するにあたって長年にわたり相談役を務めてくれた。同僚のジョン・アレン、クリストファー・ボーム、ステファニー・ボガート、ジョー・ハシアに感謝したい。わたしはこれまで、幸いにも大勢の優秀な大学院生たちに恵まれてきた。ジェームズ・アスキュー、アンジェラ・ガービン、ジェス・ハーテル、R・アドリアーナ・エルナンデス＝アギラル、モーリーン・マッカーシー、マーティン・マラー、ロバート・オマリーは、今ではわたしの同僚だ。

本書はHarvard University Pressから出版される五冊目の著書だ。原稿の手直しをしてくれた、前の担当編集者のマイケル・フィッシャーと、現在の担当編集者アンドリュー・キニーに感謝している。オリヴィア・ウッズとステファニー・ヴァイスにもお礼を申し上げる。原稿の準備段階では、複数の匿名校閲者が、内容をチェックし、数えきれないほどの間違いや不自然な文章を修正してくれた。

子どもたちは、わたしが長く家を留守にしたり、毎日長いこと書斎にこもって執筆にふけることを許してくれるようになった。かれらもずいぶん大きくなり、いまやわたしにとって最高の批評家になれる年齢だ。ありがとう、ゲイレン、マリカ、アダム。最後に、変わらず生涯にわたってわたしを愛し支えてくれる、妻エリンに心から感謝する。

訳者あとがき

本書はCraig Stanford "The New Chimpanzee: A Twenty-First-Century Portrait of Our Closest Kin" (Harvard University Press, 2018) の全訳です。

著者のクレイグ・スタンフォードは、南カリフォルニア大学教授で、専門は霊長類学、自然人類学。本書で何度も言及されている、タンザニアのゴンベ国立公園、ウガンダのブウィンディ原生国立公園におけるチンパンジーの研究をはじめ、アフリカや熱帯アジアでの二〇年以上のフィールド経験をもち、一〇〇本以上の学術論文と一〇冊以上の著書・共著書を執筆してきた、分野を代表する研究者のひとりです。そんなエキスパートの手によって、野生チンパンジー研究におけるここ二〇年の主要な発見が網羅された本書は、じつに贅沢な本だといえるでしょう。

野生チンパンジー研究のパイオニアであるジェーン・グドールの名前は、本書を手に取ったみなさんにはおなじみかと思います。「グドールの発見がどれだけ衝撃的だったか、今の学生たちに伝えるのは難しい」と著者は嘆きますが、無理もありません。道具使用、狩り、戦争（コミュニティ間の致死的暴力、と呼ぶのが正確ですが）といった、当時の常識を根底から覆したグドールの発見は、いまではわたしたちのチンパンジー観の中心にあるからです。訳者のわたしも、学生よりは少し（？）上の年代ですが、子どものころから、テレビの自然ドキュメンタリー番組で流れるオスの陰惨な暴力をとらえた映像にぞっとしたり、エンリッチメントの充実した動物園で道具をつくって使う姿を間近で眺め、その器用さに感嘆してきました。

では、グドール以降の野生チンパンジー研究は、どのような発展をとげてきたのでしょう？詳しい内容は本文を読んでいただくとして、ここでごく大雑把に、二つのポイントを挙げておきたいと思います。

ひとつは、研究の地理的・時間的広がりです。すべての始まりであるゴンベと、その直後に日本のチームが拠点をおいたマハレは、いずれも東アフリカ・タンザニアのタンガニーカ湖畔に位置します。やがて、中央アフリカや西アフリカにも長期研究拠点ができ、さまざまな特色をもつチンパンジーが発見されました。二〇〇頭近くからなる巨大な集団、ゴリラと共存する集団、メスも狩りをする集団、蜂蜜採集のために五つもの道具を組み合わせる集団。こうした多様性が明らかになるにつれ、チンパンジーという種の特徴を、柔軟で可塑的な側面と、普遍的な本質の両面から読み解くことが可能になりました。また、それぞれの拠点で数十年にわたって定点観察がおこなわれたことで、ヒトには及ばないもののかなり長生きな、チンパンジーの寿命や子孫の数といったデータが定量的に分析できるようになったほか、新たな道具使用の発明と伝播、養子取りといった、まれな現象も詳細にわたって記録されたことも見逃せません。要するに、研究がぐっと厚みを増したのです。

もうひとつは、新たなテクノロジーによって、これまで不可能だった分析が可能になったことです。なかでも、DNA解析技術の発展により、正確な父性判定や系統分岐の年代推定がおこなわれるようになって、多くの定説が覆されました。例えば、オスどうしの血縁度が、多くのコミュニティで意外なほど低いことや、現在認められている亜種間の遺伝的距離がかなり近いことなどです。また、DNA解析の他にも、性ホルモンやストレスホルモンの変動を記録したり、同位体比から食性を推定するといった手法も、チンパンジー研究に限らず、現代の動物生態学にはなくてはならないものになりました。分野がさらに学際性を増し、アイディアとテクノロジーの組み合わせ次第で、まったく新しいタイプの研究ができるようになったと言ってもいいかもしれません。

さて、本筋からはそれますが、本書には多くの日本人研究者が登場することに、みなさんも気づいたことでしょう。先進国で唯一、ヒト以外の霊長類が野生に分布するという「地の利」を活かし、日本の霊長類学は世界を牽引してきました。京都大学の西田利貞らによる、世界で二番目に古いマハレの研究について、著者は「グドールに引けを取らない」「はかり知れない貢献」であると絶賛しています。その集大成は、西田利貞・上原重男・川中健二（編著）『マハレのチンパンジー――〈パンスロポロジー〉の三七年』（京都大学学術出版会、二〇〇二年）、Michio Nakamura, Kazuhiko Hosaka, Noriko Itoh, Koichiro Zamma (eds.) “Mahale Chimpanzees: 50 Years of Research” (Cambridge University Press, 2015) としてまとめられているほか、多くの日本語の一般向け書籍でも読むことができます。科学において応用面が重視され、また成果達成のサイクルが速くなり、地道な野生動物の長期研究は、洋の東西を問わず予算獲得が難しくなっているようです。そんななか、こうした研究が今も継続し、着実に成果をあげ、世界的に評価されていることを、嬉しく思います。

スタンフォードは、野生チンパンジーがおかれている窮状を訴え、本書を締めくくります。原注にある、一七万三〇〇〇〜三〇万頭という推定個体数は、トラの四〇〇〇頭や、コガシラネズミイルカの三〇頭と比べれば、そこまで危機的には思えないかもしれません。けれども、絶滅危惧の度合いは個体数だけで測られるわけではなく、個体数の減少率、生息地破壊の進行速度などを総合的に評価したものです。性成熟に一〇年以上かかり、一度に一頭しか子を産まず、出産間隔も長いチンパンジーは、人為的な脅威に対してそもそも脆弱です。二〇五〇年までに人口の倍増が予測されるアフリカで、フィールド研究者たちは、多くの現地協力者とともに、「隣人」を失うという最悪の未来を回避すべく、最前線で日夜奮闘しています。ヒトにいちばん近い動物であるチンパンジーについての新発見は、これからもトップニュースを飾るでしょう。せめてそのたびに、かれらが直面する数々の危機にも、関心を向けたいと思います。

最後になりましたが、本書をご紹介いただき、訳者としてご推薦いただいた総合研究大学院大学の長谷川眞理子学長、担当編集者として細やかな気配りをいただいた青土社編集部の足立朋也さんには、大変お世話になりました。この場を借りて深くお礼申し上げます。

二〇一九年二月

的場知之

マ行

ヤ行

ラ行

ワ行

ナ行

ハ行

サ行

タ行

人名索引

ア行

カ行

図 1.1 Base map from http://d-maps.com/carte.php?num_car=736&lang=en.
Copyright © d-maps.com

図 3.1 From Wroblewski et al. 2009, figure 1. Copyright © 2009, The Association for the Study of Animal Behaviour. Published by Elsevier Ltd. All rights reserved. Reprinted with permission from Elsevier.

図 3.2 From Wroblewski et al. 2009, figure 3. Copyright © 2009, The Association for the Study of Animal Behaviour. Published by Elsevier Ltd. All rights reserved. Reprinted with permission from Elsevier.

図 3.3 From Pusey, Williams, and Goodall 1997, figure 3. Copyright © 1997, The American Association for the Advancement of Science. Reprinted with permission from AAAS.

図 3.4 From Murray, Mane, and Pusey 2007, figure 3. Copyright © 2007, The Association for the Study of Animal Behaviour. Published by Elsevier Ltd. All rights reserved. Reprinted with permission from Elsevier.

図 5.1 Redrawn from Emery Thompson 2013, figure 1.

図 6.1 From Muller and Wrangham 2014, figure 2. Copyright © 2013, Elsevier Ltd. All rights reserved. Reprinted with permission from Elsevier.

図 6.2 From Muller and Wrangham 2014, figure 3. Copyright © 2013, Elsevier Ltd. All rights reserved. Reprinted with permission from Elsevier.

図 8.1 From Pruetz et al. 2015, figure 2. Copyright © 2015, The Authors (CC-BY-4.0).

［著者］クレイグ・スタンフォード（Craig Stanford）

1956 年ニュージャージー州生まれ。南カリフォルニア大学人類学科教授。専門は霊長類学、自然人類学。タンザニアのゴンベ国立公園、ウガンダのブウィンディ原生国立公園をはじめ、アフリカや熱帯アジアで 20 年以上のフィールド経験をもち、100 本以上の学術論文と 10 冊以上の著書を執筆してきた。邦訳書に『狩りをするサル――肉食行動からヒト化を考える』（瀬戸口美恵子＋瀬戸口烈司訳）、『直立歩行――進化への鍵』（長野敬＋林大訳、いずれも青土社）がある。

［訳者］的場知之（まとば・ともゆき）

1985 年大阪府生まれ。翻訳家。東京大学教養学部卒業。同大学院総合文化研究科修士課程修了、同博士課程中退。主な訳書にリサ＝アン・ガーシュウィン『世界で一番美しいクラゲの図鑑』、ポール・D・テイラー＋アーロン・オデア『世界を変えた 100 の化石』（いずれもエクスナレッジ）などがある。

新しいチンパンジー学　わたしたちはいま「隣人」をどこまで知っているのか？

2019 年 3 月 15 日　第 1 刷印刷
2019 年 3 月 25 日　第 1 刷発行

著　者　クレイグ・スタンフォード
訳　者　的場知之

発行者　清水一人
発行所　青土社
〒 101-0051　東京都千代田区神田神保町 1-29　市瀬ビル
電話　03-3291-9831（編集部）　03-3294-7829（営業部）
振替　00190-7-192955

印　刷　ディグ
製　本　ディグ

装　幀　大倉真一郎

Printed in Japan　ISBN978-4-7917-7151-6